4桁の原子量表 (2019)

(元素の原子量は，質量数 12 の炭素（^{12}C）を 12 とし，これに対する相対値とする.)

本表は実用上の便宜を考えて，国際純正・応用化学連合(IUPAC)で承認された最新の原子量に基づき，日本化学会原子量専門委員会が独自に作成したものである．本来，同位体存在度の不確定さは，自然に，あるいは人為的に起こりうる変動や実験誤差のために，元素ごとに異なる．従って，個々の原子量の値は正確度が保証された有効数字の桁数が大きく異なる．本表の原子量を引用する際には，このことに注意を喚起することが望ましい．

なお，本表の原子量の信頼性は亜鉛の場合を除き有効数字の 4 桁目で±1 以内である．また，安定同位体がなく，天然で特定の同位体組成を示さない元素については，その元素の放射性同位体の質量数の一例を（ ）内に示した．従って，その値を原子量として扱うことはできない．

原子番号	元素名	元素記号	原子量	原子番号	元素名	元素記号	原子量
1	水素	H	1.008	60	ネオジム	Nd	144.2
2	ヘリウム	He	4.003	61	プロメチウム	Pm	(145)
3	リチウム	Li	6.941†	62	サマリウム	Sm	150.4
4	ベリリウム	Be	9.012	63	ユウロピウム	Eu	152.0
5	ホウ素	B	10.81	64	ガドリニウム	Gd	157.3
6	炭素	C	12.01	65	テルビウム	Tb	158.9
7	窒素	N	14.01	66	ジスプロシウム	Dy	162.5
8	酸素	O	16.00	67	ホルミウム	Ho	164.9
9	フッ素	F	19.00	68	エルビウム	Er	167.3
10	ネオン	Ne	20.18	69	ツリウム	Tm	168.9
11	ナトリウム	Na	22.99	70	イッテルビウム	Yb	173.0
12	マグネシウム	Mg	24.31	71	ルテチウム	Lu	175.0
13	アルミニウム	Al	26.98	72	ハフニウム	Hf	178.5
14	ケイ素	Si	28.09	73	タンタル	Ta	180.9
15	リン	P	30.97	74	タングステン	W	183.8
16	硫黄	S	32.07	75	レニウム	Re	186.2
17	塩素	Cl	35.45	76	オスミウム	Os	190.2
18	アルゴン	Ar	39.95	77	イリジウム	Ir	192.2
19	カリウム	K	39.10	78	白金	Pt	195.1
20	カルシウム	Ca	40.08	79	金	Au	197.0
21	スカンジウム	Sc	44.96	80	水銀	Hg	200.6
22	チタン	Ti	47.87	81	タリウム	Tl	204.4
23	バナジウム	V	50.94				207.2
24	クロム	Cr	52.00				209.0
25	マンガン	Mn	54.94				(210)
26	鉄	Fe	55.85				(210)
27	コバルト	Co	58.93				(222)
28	ニッケル	Ni	58.69				(223)
29	銅	Cu	63.55				(226)
30	亜鉛	Zn	65.38				(227)
31	ガリウム	Ga	69.72	90			232.0
32	ゲルマニウム	Ge	72.63	91	プロトアクチニウム	Pa	231.0
33	ヒ素	As	74.92	92	ウラン	U	238.0
34	セレン	Se	78.97	93	ネプツニウム	Np	(237)
35	臭素	Br	79.90	94	プルトニウム	Pu	(239)
36	クリプトン	Kr	83.80	95	アメリシウム	Am	(243)
37	ルビジウム	Rb	85.47	96	キュリウム	Cm	(247)
38	ストロンチウム	Sr	87.62	97	バークリウム	Bk	(247)
39	イットリウム	Y	88.91	98	カリホルニウム	Cf	(252)
40	ジルコニウム	Zr	91.22	99	アインスタイニウム	Es	(252)
41	ニオブ	Nb	92.91	100	フェルミウム	Fm	(257)
42	モリブデン	Mo	95.95	101	メンデレビウム	Md	(258)
43	テクネチウム	Tc	(99)	102	ノーベリウム	No	(259)
44	ルテニウム	Ru	101.1	103	ローレンシウム	Lr	(262)
45	ロジウム	Rh	102.9	104	ラザホージウム	Rf	(267)
46	パラジウム	Pd	106.4	105	ドブニウム	Db	(268)
47	銀	Ag	107.9	106	シーボーギウム	Sg	(271)
48	カドミウム	Cd	112.4	107	ボーリウム	Bh	(272)
49	インジウム	In	114.8	108	ハッシウム	Hs	(277)
50	スズ	Sn	118.7	109	マイトネリウム	Mt	(276)
51	アンチモン	Sb	121.8	110	ダームスタチウム	Ds	(281)
52	テルル	Te	127.6	111	レントゲニウム	Rg	(280)
53	ヨウ素	I	126.9	112	コペルニシウム	Cn	(285)
54	キセノン	Xe	131.3	113	ニホニウム	Nh	(278)
55	セシウム	Cs	132.9	114	フレロビウム	Fl	(289)
56	バリウム	Ba	137.3	115	モスコビウム	Mc	(289)
57	ランタン	La	138.9	116	リバモリウム	Lv	(293)
58	セリウム	Ce	140.1	117	テネシン	Ts	(293)
59	プラセオジム	Pr	140.9	118	オガネソン	Og	(294)

†：市販品中のリチウム化合物のリチウムの原子量は 6.938 から 6.997 の幅をもつ.

＊：亜鉛に関しては原子量の信頼性は有効数字 4 桁目で±2 である.

© 2019 日本化学会 原子量専門委員会

バージ ドリーセン 化学入門

Julia Burdge・Michelle Driessen 著

小澤文幸 訳

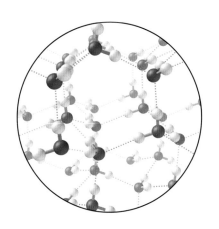

東京化学同人

Introductory Chemistry
An Atoms First Approach

Julia Burdge
Michelle Driessen

私のいちばん大切な Katie, Beau, Sam へ.

Julia Burdge

この世で最も大切な家族，私を支え，今日の私
にしてくれた夫へ，特別の感謝をこめて.

Michelle Driessen

そして，タイムリーでとても楽しいミームと，
いつも愉快なユーモアをくれる Robin Reed へ.

Julia Burdge，Michelle Driessen

著 者 紹 介

Julia Burdge（ジュリア・バージ）

　南フロリダ大学で修士号を，アイダホ州モスコーのアイダホ大学で博士号（Ph.D.）を取得（1994 年）．研究テーマは，シスプラチン類縁体の合成と特性評価，および大気中の超微量硫黄化合物の定量分析法と分析装置の開発．

　現在はアイダホ州ナンパにあるウェスタンアイダホカレッジにおいて非常勤講師を務め，"atoms first approach" を用いて一般化学を教えているが，それまで，オハイオ州アクロンのアクロン大学において，基礎化学教育課程の責任者として長年教鞭をとってきた．アクロン大学では，大学院生の教育活動を指導するとともに，大学教員準備プログラム（FFD program）を設置し，大学院生や博士研究員の指導教員を務めた．

　現在は家族の住む米国北西部に移り，3 人の子供と，パートナーであり親友であるエリック・ネルソン（Erik Nelson）との大切な時間を楽しんでいる．

Michelle Driessen（ミシェル・ドリーセン）

　1997 年，アイオワ州アイオワシティにあるアイオワ大学で博士号(Ph.D.)を取得．学位論文の研究テーマは，金属ナノ粒子および高表面積酸化物の表面における小分子の熱および光化学反応．

　卒業後は，数年間，サウスウエストミズーリ州立大学においてテニュアトラック教員として教育と研究に従事．家族の移動にともなって故郷であるミネソタ州に戻り，セントクラウド州立大学とミネソタ大学において非常勤講師を務める中で，化学教育に対して強い興味をもつようになる．過去数年間にわたって，ミネソタ大学の一般化学教室を検証型から課題解決型へと移行させ，一般化学の講義にオンライン形式とハイブリッド形式の二つの区分を設けた．現在，ミネソタ大学で一般化学の責任者を務め，一般化学教室の運営とティーチングアシスタントの訓練と指導にあたるとともに，アクティブラーニングによる講義を試みている．

　夫とともに野外に出て故郷を巡ることを好み，ミネソタの田園に住む家族や牧場を訪れている．

まえがき

　本書は，Julia Burdge と Michelle Driessen により入門レベルに特化した "atoms first approach" の概念をもとに計画され，執筆された一般化学の教科書である．本書の作成にあたっては，従来の教科書を機械的に短縮するのではなく，初めて化学を学ぶ学生を念頭に工夫を凝らした．

　項目の順序については，従来から用いられてきた化学の歴史的な展開にとらわれることなく，はじめて化学を学ぶ学生が化学の基礎概念を理解しやすいよう配慮した．そのため平易な記述に努め，日常生活に見られる化学的な現象の重要性と面白さを随所に強調した．また，きれいな写真やグラフィックを多用するとともに，本文に問題の合理的な解き方を示し，練習問題を用いて内容を確認できるようにした．

本書の特徴

- **"atoms first approach" に基づく記述**　　原子の構造と性質をもとに化学を理解する "atoms first approach" の概念に基づいて書かれている．まず原子構造について，続いて原子の性質と周期性について学習し，原子特性の帰結として化合物が形成されることを学ぶ．さらに，化合物の物理的・化学的性質と化学反応について学習し，これらの事象が原子の特性と挙動に起因していることを学ぶ．
- **魅力的な実例と応用**　　各章には，他の研究分野と日常生活における化学の重要性を示すため，身近な化学の話題が取入れられている．また多くの章には，化学と関連分野の発展に貢献した重要人物が紹介されている．
- **例題と練習問題**　　新たに習得した知識の確認とスキルアップをはかるため，各章の学習内容に即した例題と練習問題が設定されている．

謝　辞

　本書がまだ原稿の段階から査読し，有益な意見を提供し，本書をよりよいものにするために協力してくださった下記の方々に謝意を表したい．

Simon Balm，*Santa Monica College*

Simon Bott，*University of Houston*

Peter Carpico，*Stark State College*

Mike Cross，*Northern Essex Community College*

Victoria Dougherty，*University of Texas at San Antonio*

Jason Dunham，*Ball State University*

Douglas Engel，*Seminole State College*

Vicki Flaris，*Bronx Community College of CUNY*

Cornelia Forrester，*City Colleges of Chicago*

Galen George，*Santa Rosa Junior College*

Dwayne Gergens，*San Diego Mesa College*

Myung Han，*Columbus State Community College*

Elisabeth Harthcock，*San Jacinto College*

Amanda Henry，*Fresno City College*

Timothy Herzog，*Weber State University*

Paul Horton，*Indian River State College*

Gabriel Hose，*Truman College*

Nancy Howley，*Lone Star College*

Arif Karim，*Austin Community College*

Yohani Kayinamura，*Daytona State College*

Julia Keller，*Florida State College at Jacksonville*

Ganesh Lakshminarayan，*Illinois Central College*

Richard Lavallee，*Santa Monica College*

Sheri Lillard，*San Bernardino Valley College*

Jonathan Lyon，*Clayton State University*

Mary Jane Patterson，*Texas State University*

Jennifer Rabson，*Amarillo College*

Betsy Ratcliff，*West Virginia University*

Ray Sadeghi，*University of Texas at San Antonio*

Preet Saluja，*Triton College*

Sharadha Sambasivan，*Suffolk County Community College*

Lois Schadewald，*Normandale Community College*

Mark Schraf，*West Virginia University*

Mary Setzer，*The University of Alabama in Huntsville*

Kristine Smetana，*John Tyler Community College*

Gabriela Smeureanu，*Hunter College*

Lisa Smith，*North Hennepin Community College*

Seth Stepleton，*Front Range Community College*

Brandon Tenn，*Merced College*

Susan Thomas，*University of Texas at San Antonio*

Andrea Tice，*Valencia College*

Sherri Townsend，*North Arkansas College*

Marcela Trevino，*Edison State College*

Melanie Veige，*University of Florida*

Mara Vorachek-Warren，*St. Charles Community College*

Vidyullata Waghulde，*St. Louis Community College, Meramec*

　また，出版プロジェクトの統括部長 Thomas Timp，化学部門長 David Spurgeon，マーケティング部部長 Tami Hodge，商品開発担当者 Robin Reed，プログラム担当 Lora Neyens，制作担当 Sherry Kane，デザイン担当 David Hash，校閲担当 John Murdzek のそれぞれに感謝申し上げる．

Julia Burdge，Michelle Driessen

訳者まえがき

　私たちの身の回りにあるハイテク製品には，たくさんの化学の力が活かされている．たとえば，薄くて軽量なスマートフォンを長時間充電なしで使用できるのは，小型で長寿命なリチウムイオン電池の開発によるところが大きい．また化学の力は，海水淡水化や太陽光発電など，エネルギー環境技術の発展にも欠かせない存在となっている．さらに，生命活動を担う多くの現象にも化学反応が深く関わっている．科学と科学技術の発展における化学の役割はきわめて大きく，その学問分野も，物理化学，無機化学，有機化学などの基盤分野から，周辺領域との境界に位置する生物化学や材料化学などの複合分野に至るまで多岐にわたっている．大学において教養科目として提供される“一般化学”の目的は，これらの広範な化学に共通する基礎概念と基礎知識を習得し，専門課程の学習に必要な基礎学力を養成することにある．また，化学を専攻しない学生においては，一般化学を通して，日常生活に役立つ化学的教養を身につけることができる．

　本書は McGraw-Hill Education から刊行された“Introductory Chemistry: An Atoms First Approach”の日本語版として，日本の化学教育に鑑み，原著の不要と思われる箇所を割愛し，一部を補足してまとめ直したものである．具体的には，高校化学の基礎部分に，大学の専門課程で必要となる一部の発展的な内容が追加された構成となっている．日本の高校化学は内容が盛りだくさんで，ともすると消化不良に陥り，受験テクニックの習得に重点が置かれがちなのではないだろうか．一方，最先端化学を理解し，新たな科学技術の開拓へと展開していくためには，その土台となる基礎概念と基礎知識をしっかりと身につける必要がある．その際には，問題を解くための手続き的知識の習得に力点を置くのではなく，化学の基盤となる概念的知識の習得に努めることが肝要である．この意味において，本書は好感がもてる一冊である．すなわち，数式の使用を最小限に抑え，写真やイラストを使って化学の本質を読者に伝えようとする工夫が随所に盛り込まれている．記述内容の根底には，原子の構造と性質をもとに基礎化学を整理して解説する“atoms first approach”の考え方がある．

　1章と2章では，原子構造と電子配置ならびに元素特性について説明している．量子力学を使わずに量子化などの概念を説明するのは難しい作業であるが，先人たちが重要な着想に至った経緯をもとに，段階を追って的確な説明がなされている．また3章では，化合物と化学結合の形成が元素の特性に基づく現象であることを示し，化合物の命名法について解説している．

　4章では，5章以降で必要となる単位と有効数字について書かれている．5章では，物質量（モル）の概念と，分子量および式量の定義が示されている．6章では，ルイス構造の書き方と，分子間に働くさまざまな力について解説している．7章では固体状態と液体状態にある物質について，8章では気体と気体の状態方程式について説明されている．さらに9章では，溶液の濃度と束一的性質について記述している．

　10章からは，化学反応について解説している．まず10章と11章において，化学反応式の書き方と，化学反応における量的関係について説明している．12章には化学平衡が，13

章には酸塩基反応が，14章には酸化還元反応がそれぞれ記述されている．また13章と14章には，緩衝液や電池などの実用的な事例が紹介されている．

さらに各章には，章の内容に関連したエピソードがコラムとして掲載されている．また，原書に記述のなかった項目のうち，大学で必要となる元素分析と反応エンタルピーに関する解説を11章に，濃度平衡定数と圧平衡定数との関係を12章に，それぞれコラムとして追加した．

本書は全体を通しても140ページほどの比較的短い構成であるが，一般化学で学ぶべき十分な内容を含んでいる．講義用のテキストのみならず，高校で化学を履修しなかった人や，化学をもう一度勉強したい人にも，手軽に読んでいただけるサイズに仕上がったものと考えている．

最後に，本書の出版を企画し，翻訳作業についてさまざまなご助言を頂いた，東京化学同人の橋本純子氏，篠田 薫氏，幾石祐司氏に深謝いたします．

2019年10月

小 澤 文 幸

主 要 目 次

目　　次

CHAPTER 1

原 子 と 元 素

鉄は空気と水にさらすとさびるのに，金はなぜさびないのか．何が花火の鮮やかな色彩をもたらすのか．化学の基本原理を理解すれば，これらをはじめとする多くの現象を説明することができる．化学は暮らしのあらゆる場面において重要である．本書では，多くの身近な観察や経験のもととなっている化学的な原理について学習する．

1・1 化学で学ぶこと

化学では，物質と物質の変化について学ぶ．物質は質量と体積をもつ．質量は物質の量を科学的に評価する方法の一つである．化学で使われる用語のいくつかは知っているであろう．たぶん分子という言葉を聞き，H_2Oが水であることは知っているはずである．また，化学反応を伴う多くの現象を経験しているはずである．化学は，物理学，生物学，地質学，海洋学，医学など，他の科学分野を理解する際の支柱となるもので，しばしばセントラルサイエンスとよばれる．

科学的方法

科学的な実験は，化学に限らず，あらゆる科学の理解を深める鍵である．人によって異なる実験法をとることはあるが，すべての科学者は**科学的方法**とよばれる一連の指針に従う．これにより，ある領域の知識体系に追加される新しい発見の品質と整合性を確保する．

科学的方法は，注意深い観察や実験によりデータを収集することから始まる．科学者はデータを調べ，そこに存在する規則的なパターンを特定しようと試みる．パターンが見つかれば，科学的な**法則**を使ってこれを記述する試みが行われる．ここでいう法則とは単に，観察されたパターンの簡潔な記述である．科学者は**仮説**を立て，観察結果の説明を試みる．続いて，この仮説を検証する

ための実験を立案する．もし実験により仮説が正しくないとわかれば，もとに戻ってデータの異なる解釈を考え，新たな仮説を立てる．続いて新たな仮説を実験により検証する．広範な実験による検証に耐えうる仮説は，科学的な**学説**や**モデル**に発展する可能性がある．学説やモデルとは，実験的な観察の主要部と，それらの観察に基づく法則を説明する統一的な原理である．学説は過去の観察結果を説明し，将来の観察結果を予測するために使用される．もし正しい予測が得られなければ，学説は放棄されるか，実験結果と矛盾しないように修正される．したがって，科学的な学説は本質的に，それを支持しない新たなデータが見つかれば変更されるべきものである．

科学的方法の最も注目すべき事例の一つは，20世紀だけでも推計5億人の死者を出したウイルス性疾患である天然痘のワクチンの開発である．18世紀の末，英国の医師ジェンナー（Edward Jenner）は，ヨーロッパで天然痘が発生した際にも，ミルクメイドとよばれる牛の搾乳を行う人たちが，この伝染病に感染しなかったことに気づいた．

法 則：ミルクメイドは天然痘をひき起こすウイルスに感染しにくい．

ジェンナーはこの観察結果をもとに，天然痘に類似するが，はるかに死亡率の低い牛痘に感染したミルクメイドが，天然痘に対する免疫を獲得していたのではないかと考えた．

仮 説：牛痘ウイルスに接触すると天然痘ウイルスに対する免疫が発達する．

ジェンナーは健康な子供に牛痘ウイルスを接種し，その後天然痘ウイルスを接種してこの仮説を検証した．もし仮説が正しければ子供は天然痘にかからないはずであ

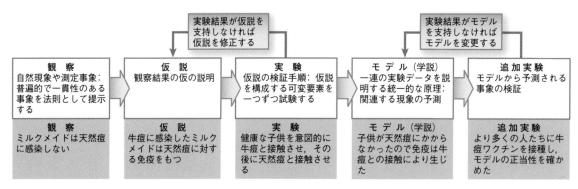

観 察 自然現象や測定事象：普遍的で一貫性のある事業を法則として提示する	仮 説 観察結果の仮の説明	実 験 仮説の検証手順：仮説を構成する可変要素を一つずつ試験する	モ デ ル（学説） 一連の実験データを説明する統一的な原理：関連する現象の予測	追 加 実 験 モデルから予測される事象の検証
観 察 ミルクメイドは天然痘に感染しない	仮 説 牛痘に感染したミルクメイドは天然痘に対する免疫をもつ	実 験 健康な子供を意図的に牛痘と接触させ，その後に天然痘と接触させる	モ デ ル（学説） 子供が天然痘にかからなかったので免疫は牛痘との接触により生じた	追 加 実 験 より多くの人たちに牛痘ワクチンを接種し，モデルの正当性を確かめた

図 1・1　科学的方法とジェンナーの天然痘ワクチン開発におけるその重要性

り，実際その子供は天然痘に感染しなかった．

学 説：子供は天然痘を発症しなかったので，免疫は牛痘との接触に起因する．

牛痘ウイルスの接種により天然痘ウイルスに対する免疫が得られることは，より多くの人たち（ほとんどは子供と囚人）を対象とした実験により確認された．

図 1・1 のフローチャートに，科学的方法と，科学的方法により天然痘ワクチンが開発された経緯を示す．

1・2　原子から始めよう

原子は，あらゆる物質を構成するきわめて小さな基本成分である．より具体的には，原子は物体としての性質を依然として保持する最も小さな物質である．さらに，**元素**は，いかなる手段を用いてもそれ以上細分化できない物質の基本要素である*．ありふれた元素では，アルミニウムはアルミホイルとして，炭素はダイヤモンドやグラファイト（鉛筆の芯）として身近な存在である．また，ヘリウムは風船を膨らますために使われている．アルミニウムはアルミニウム原子だけで，炭素は炭素原子だけで，ヘリウムはヘリウム原子だけで，それぞれ成り立っている．ある元素の試料をその元素の試料に小分けすることはできるが，別な物質として分割することはできない．

ヘリウムを例に考えてみよう．風船の中のヘリウムを半分に分割し，さらに半分を半分に分割する．この分割操作を限りなく繰返すと，最終的には，ただ 1 個のヘリウム原子からなるヘリウムの試料が残るが，この原子をさらに分割することはできない．

物質がとても小さく分割不可能な部品からできているという概念は大変古くから存在し，紀元前 5 世紀にギリシャの哲学者デモクリトス（Dēmokritos）が唱えたものである．ドルトン（John Dalton，図 1・2）は，19 世紀のはじめに，この概念の明確化に初めて取組み，18 世紀の科学者によるいくつかの重要な観察結果を説明する学説を提出した．学説は三つの仮説を含み，第一の仮説は以下のとおりである．

- 物質は，原子とよばれるとても小さく分割不可能な粒子から構成されている．ある元素の原子はすべて同一であり，他のいかなる元素の原子とも異なる．

本章の後半でこの第一の仮説に立ち戻る．また，3 章と

図 1・2　ドルトン（John Dalton，1766〜1844）は，英国の化学者，数学者，哲学者．原子説以外にも気体の挙動についていくつかの法則を提出した．また，自らがもつある種の色覚異常について初めて詳しく説明した．この色覚異常は，赤と緑が区別できないもので，ドルトニズムとよばれている．[© Sheila Terry]

---

* 訳注： "原子" は物質を構成する粒子（物体）を， "元素" は原子の種類を表す言葉である．例：「水は 2 個の水素原子と 1 個の酸素原子から構成された分子で，水素と酸素という 2 種類の元素を含んでいる．」

10章において第二と第三の仮説を紹介し，ドルトンの学説の理解を完了する．

今日，原子はとても小さくても，分割不可能ではないことがわかっている．すなわち，原子は，より小さな亜原子粒子から構成されている．亜原子粒子の種類と数と配置が原子の性質を決定する．さらに，原子の性質が，私たちが見て，触れて，嗅ぎ，味わう，すべてのものの性質を決定している．

本書の目標は，さまざまな原子の性質が，いかにあらゆる物質の性質に反映されているかを理解することにある．この目標を達成するため，通常とは少し異なる方法を用いる．すなわち，巨視的な観察から始めて，それらの観察結果を説明するために原子レベルの問題へと逆戻りするのではなく，原子の構造と，原子に含まれる亜原子粒子の性質と配置を調査することから作業を開始する．

原子について勉強を始める前に，帯電した物体の挙動について少し理解する必要がある．電荷の概念は知っているであろう．とても乾燥した日にブラシをかけると髪の毛が逆立つことがある．また，静電気ショックを経験し，稲妻を見たことがあるはずである．これらの現象はすべて電荷の相互作用に起因している．以下に電荷について要点を示す．

• 帯電した物体は正（＋）または負（−）の電荷をもつ．

正　　　　負

• 異符号の電荷（正と負）をもつ物体どうしは互いに引き合う．

引き合い

• 同符号の電荷（正と正，負と負）をもつ物体どうしは互いに反発し合う．

反発　　　　　　　　反発

• 電荷量の大きな物体は電荷量の小さな物体よりも強く相互作用する．

反発　　　　　　より強い反発

• 電荷をもつ物体どうしの距離が近くなると相互作用は強くなる．

反発　　　　　　より強い反発

• 異符号の電荷は互いに打ち消し合う．

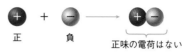

正　　　負　　　　正味の電荷はない

電荷をもつ物体の相互作用に関する知識は，化学を理解する際の大きな助けとなる．

1・3 亜原子粒子とラザフォードの原子モデル

19世紀の末に行われた実験により，それまで最も小さな物質であると考えられていた原子に，さらに小さな粒子が含まれていることが示された．その最初の実験は，英国の物理学者トムソン（J. J. Thomson）が行ったもので，多種多様な材料から負電荷をもつ小さな粒子の流れ（粒子線）を放出できることを明らかにした．この粒子は現在，**電子**とよばれている．トムソンは，すべての原子はこの負の粒子を含んでいると思われるのに，原子そのものは電気的に中性なので，原子は正電荷をもつ何かを同時に含むはずであると考えた．またこの考えをもとに，正電荷をもつ球体に負電荷を帯びた電子が均一に分布しているとする原子モデルを考えた（図1・3）．このモデルは，当時英国で人気のあったデザートの名前をとって"プラムプディング"モデルとよばれた．トムソンのモデルは，原子の内部構造を記述しようとした初期の試みであり，しばらくは一般に受け入れられていたが，その後の実験により誤りであることが証明された．

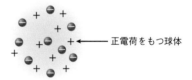

← 正電荷をもつ球体

図 1・3 トムソンの原子モデル

ニュージーランドの物理学者ラザフォード（Ernest Rutherford，トムソンの学生の一人）は，トムソンと協力して，プラムプディングモデルを検証する実験を考案した．ラザフォードはそれまでに，放射性物質から放出される**α粒子**とよばれる亜原子粒子の存在を立証していた．α粒子は正電荷をもち，電子の何千倍も大きい．ラザフォードの最も有名な実験は，薄い金箔にα粒子を照射するものである．図1・4にその実験装置の概略を示す．ラザフォードはα粒子が衝突すると小さな閃光を発する検出器で金箔の標的を囲い，α粒子の進路を観測した．図1・5に示すように，もしトムソンの原子モデルが正しければ，電子のきわめて近くを通過するごく一部のα粒子の進路はわずかにそれるが，大部分

の粒子は金箔をまっすぐ通過するはずである．

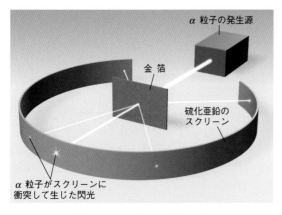

図 1・4　ラザフォードの実験

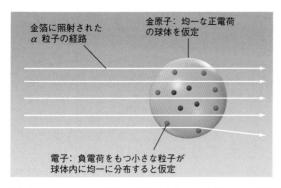

図 1・5　トムソンの原子モデルをもとに，ラザフォードが当初予測した実験結果．正電荷をもつ α 粒子は，負電荷をもつ電子のごく近傍を通過する際に引き寄せられて，わずかに進路を変えるが，大部分の粒子は直進する．

実際の実験結果は，予測とは大きく異なるものであった．すなわち，ほとんどの α 粒子は確かに金箔をまっすぐ通過したが，いくつかは予想よりもはるかに大きく角度を変え，なかには金箔から跳ね返るものまであった．ラザフォードは，この結果に大きな衝撃的を受けた．それは，α 粒子がそのように大きく角度を変え，ときに跳ね返るのは，金原子の中で，(1) 正電荷をもち，(2) α 粒子よりもはるかに大きな何かと遭遇した場合だけであることを知っていたからである．図1・6に，ラザフォードの実験の実際の結果を図解する．

この実験結果から，原子の内部構造の新しいモデルが誕生した．ラザフォードは，原子のほとんどは空間であるが，正電荷のすべてと，質量の大部分を含む，小さくて高密度な中心をもつと考えた．この中心は，**原子核**とよばれている．

原子核をもつラザフォードの原子モデルは，その後の

実験により支持された．今日私たちは，すべての原子核が**陽子**とよばれる正電荷をもつ粒子を含むことを知っている．また，最も軽い元素である水素を除き，原子核が**中性子**とよばれる電気的に中性の粒子を合わせて含んでいることを知っている．陽子と中性子は，原子の質量の大部分を占めるが，体積としてはわずかである．原子核は電子の雲に覆われ，ラザフォードが提案したように，原子の大部分は空間である．図1・7に，この原子核をもつ原子モデルを示す．

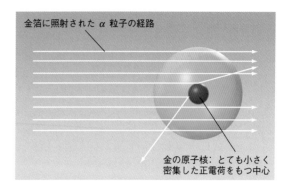

図 1・6　ラザフォードの実際の実験結果．α 粒子の一部は予測よりもはるかに大きく角度を変え，中には線源側に跳ね返る粒子まであった．この結果は，α 粒子が金原子を通過する際に，正電荷をもち，粒子よりもはるかに巨大な何かと遭遇したことを示していた．

3種類の亜原子粒子のうち電子が最も小さくて軽い．陽子と中性子はほぼ同じ質量をもち，電子のおよそ2000倍である．陽子と電子はそれぞれ正電荷と負電荷をもつので，両者が同数であれば電荷は相殺される．す

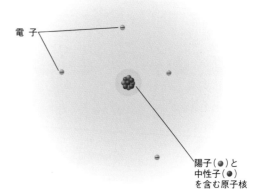

図 1・7　原子核をもつラザフォードの原子モデル．原子中心にあるごく小さな原子核に，陽子（青）と中性子（赤）が収容されている．残りの大部分は空間であり，電子だけが存在する．この図の原子核は，原子に比べて大幅に誇張して描かれている．実際には，原子核を 1 cm とすると，原子の大きさは 100 m ほどになる．

なわち，同じ数の陽子と電子をもつとき，原子は中性となる．なお，中性子は電荷をもたないので，原子の電荷には影響しない．

例 題 1・1

以下の表には，亜原子粒子の異なる数の組合わせが書かれている．中性原子を与える組合わせを答えよ．中性でない場合は，その組合わせがもつ電荷を示せ．

	中性子	陽 子	電 子
(a)	5	10	5
(b)	11	12	12
(c)	8	9	9
(d)	20	21	20

解 電荷をもつ陽子（＋1）と電子（−1）が同数の (b) と(c)が中性原子である．中性子は電荷をもたない．(a) の電荷は［陽子(＋1)×10−電子(−1)×5 ＝＋5］，(d) の電荷は［陽子(＋1)×21−電子(−1)×20 ＝＋1］と計算される．

練習問題 1・1 以下の図で，青は陽子，赤は中性子，緑は電子である．中性の原子を答えよ．中性でない場合は電荷を示せ．

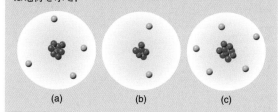

(a)　　　　　(b)　　　　　(c)

1・4 元素と周期表

元素は原子核にある陽子の数で区別される．たとえば，2個の陽子をもつ原子はヘリウム，6個の陽子をもつ原子は炭素，79個の陽子をもつ原子は金であり，これらと異なる数の陽子をもつヘリウムや炭素，金は存在しない．原子核にある陽子の数を**原子番号**とよび，Z の記号をあてる．**周期表**にはこれまでに知られている元素が，原子番号の順に並べられている（図1・8）．

図 1・8 現代の周期表

例題 1・2

原子番号 16 の元素を答えよ.

解　周期表で原子番号 16 の元素記号は S，元素は硫黄である.

練習問題 1・2

以下の図で，青は陽子，赤は中性子，緑は電子である．各原子の原子番号，元素名，元素記号を答えよ.

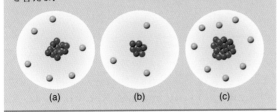

周期表の元素は，**元素記号**で表記されている．元素記号は，アルファベットの大文字一つか，大文字一つと小文字一つの二文字からできている．ヘリウムは He，炭素は C である．元素記号の多くは元素の英語名に一致するが，もともとはギリシャ語やラテン語に由来するため，英語と異なるものもある．たとえば，金（gold）は Au（*aurium*），ナトリウム（sodium）は Na（*natrium*），カリウム（potassium）は K（*kalium*）である．また，比較的最近追加された原子番号の大きな元素では，その発見に関わった科学者にちなんだ元素名がある.

　図 1・8 の周期表を眺めてみよう．四角い枠内に元素記号と数字，それに元素名が書かれている．元素記号の上の数字は原子番号であり，すべてが整数となっている．これは原子番号（Z）が陽子の個数だからである．原子番号，元素名，元素記号のうち，いずれか一つの情報があれば，元素を特定することができる.

例題 1・3

空欄を埋めて表を完成せよ.

	元　素	元素記号	原子番号
(a)	カルシウム		
(b)		Cu	
(c)			13

解　周期表をもとに各空欄は，(a) Ca, 20，(b) 銅, 29，(c) アルミニウム，Al となる.

---

* 訳注: 主族元素は，主要族元素ともよばれる.

練習問題 1・3

空欄を埋めて表を完成せよ.

	元　素	元素記号	原子番号（陽子数）	中性子数	電子数
(a)	カリウム			20	
(b)		Be		5	
(c)			35	44, 46	

■■ コラム 1・1　人体の中の元素

　人体を構成する元素は，ごく微量なものまで含めると多種多様であるが，体重の 99 % ほどがわずか 6 種類の元素で占められている.

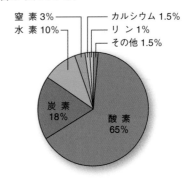

　酸素の重量比が最も高く，これは体内に多く含まれる水の質量の 89 % が酸素だからである．水分量は年齢や健康状態によって変化し，脱水状態の人で 50 % ほど，健康な乳幼児で 75 % ほどである．人体で二番目に多い元素は炭素である．この元素は地殻のわずか 0.1 % ほどを占めるだけであるが，地球上のほとんどの生命体に存在する.

1・5　周期表の構成

　周期表（図 1・8）では，**族**とよばれる縦の列と，**周期**とよばれる横の行の中に 118 種類の元素が配列されている．各族の上に 1〜18 の族番号が書かれている．元素は，**主族元素**と**遷移元素**に大別される*．主族元素は，水素を除く 1 族と 2 族，ならびに 13 族から 18 族の元素群である．遷移元素は，周期表のくぼんだ部分にある 3 族から 12 族の元素群である．なお，12 族の Zn, Cd, Hg を主族元素に分類する場合がある.

　現在の周期表では，表の左上から右下に向け，原子番号が大きくなる順に元素が配列されている．これに対し

て，まだ原子番号の概念のなかった初期の周期表では，性質の似通った元素をグループ（族）として整理していた．すなわち，同族元素の性質は互いに似ており，いくつかの族には，そこに含まれる元素に共通の性質を表す特別な名称がついている．たとえば，1族元素は**アルカリ金属**，2族元素は**アルカリ土類金属**，16族元素は**カルコゲン**，17族元素は**ハロゲン**，18族元素は**貴ガス**とよばれている．

周期表は，族と周期に加え，**金属**と**非金属**で分けられる．表の右側を斜めに横切るジグザク線が両者の境界であり，線の左の元素が金属，右の元素が非金属である．また，境界線に隣接するいくつかの元素は金属と非金属の中間の性質をもち，**半金属**あるいは**メタロイド**とよばれている．すなわち，周期表の位置から，元素が金属であるか，非金属であるか，半金属であるかを知ることができる．

例題 1・4

以下の元素を，金属，非金属，半金属に分類せよ．
(a) N, (b) Si, (c) Ca, (d) Cl, (e) As

解　周期表における各元素の位置をもとに，(a) 非金属，(b) 半金属，(c) 金属，(d) 非金属，(e) 半金属

練習問題 1・4　Rb を参考に，それぞれの元素が該当する分類に ○ をつけよ．

元素	Rb	B	Co	Mg	K	Cl	Ar
主族元素	○						
遷移元素							
金属	○						
非金属							
半金属							
アルカリ金属	○						
アルカリ土類金属							
ハロゲン							
貴ガス							

1・6 同 位 体

原子が原子核にある陽子の数（原子番号，Z）で区別されることを述べた．一方，水素以外の原子の原子核には中性子が存在し，ほとんどの元素は，中性子の数の異なる複数の原子の混合物である．たとえば，すべての塩素原子は 17 個の陽子をもつが，その 4 分の 3 ほどは 18 個の中性子をもち，4 分の 1 ほどは 20 個の中性子をもつ．17 個の陽子と 18 個の中性子をもつ原子と，17 個の陽子と 20 個の中性子をもつ原子は，どちらも塩素原子であるが，両者は塩素の異なる同位体である．つまり，**同位体**は同じ元素の原子であり，同じ数の陽子をもつが，中性子の数が異なる．

原子核にある陽子と中性子の総数を**質量数**（A）という．陽子と中性子は**核子**と総称される．塩素を例に説明すると，18 個の中性子をもつ塩素原子の質量数は 35〔陽子(17) ＋ 中性子(18)〕，20 個の中性子をもつ塩素原子の質量数は 37〔陽子(17) ＋ 中性子(20)〕である．個々の同位体を示すには，元素記号（ここではX）に，上付きの質量数（A）と，下付きの原子番号（Z）を付けて表記する．

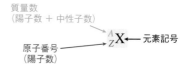

水素には，水素（軽水素），重水素，三重水素とよばれる三つの同位体がある．水素は原子核に 1 個の陽子をもち，中性子をもたない．一方，重水素は 1 個の陽子と 1

コラム 1・2 ヘリウム

ヘリウム入りの風船は誰でも見たことがあり，ヘリウムガスを吸うと，おどけた甲高い声に変わることを知っている人も多いはずである．しかし，この身近な元素のことをどれだけ本当にわかっているのだろう．ヘリウムは実は放射性崩壊の産物であり，たとえばウランが α 崩壊を起こす過程で生成する．ヘリウムは天然ガスの鉱床に存在し，地球では比較的希少であるが，宇宙では二番目に豊富な元素である．19 世紀の終わりに発見され，現代社会において大変に重要な存在となっている．たとえば，液体ヘリウムは，病院で画像診断に使われる MRI に必要不可欠な冷却剤である．また，半導体チップの製造や，スキューバダイビングの混合ガス，アーク溶接などにヘリウムガスが使われている．ヘリウム風船は，ヘリウムが空気より軽い〔厳密には，ヘリウムが空気よりも低い密度（§4・4）をもつ〕ため空中に浮かぶ．現在ヘリウムは世界的に不足し，価格が上昇している．空気中に放出されたヘリウムは上昇し，大気圏を離れて宇宙に拡散する．そのため，ヘリウムは再生不能な資源と考えられ，医療産業や科学研究施設，半導体産業などの大規模ユーザーには，その回収と再利用が求められている．

個の中性子を，三重水素は1個の陽子と2個の中性子を
もつ．したがって，水素の同位体は以下のように表記される．

$^{1}_{1}\text{H}$ $^{2}_{1}\text{H}$ $^{3}_{1}\text{H}$

軽水素   重水素   三重水素

同様に，質量数235と238をもつウラン（$Z = 92$）のおもな同位体は以下のように表記される．

$$^{235}_{92}\text{U} \qquad ^{238}_{92}\text{U}$$

原子核に $235 - 92 = 143$ 個の中性子をもつ一つ目の同位体は核分裂を起こしやすく原子炉で使用される．一方，$238 - 92 = 146$ 個の中性子をもつ二つ目の同位体は比較的安定である．上記のとおり水素の三つの同位体にはそれぞれ名前があるが，その他の元素の同位体は元素名に質量数を付けて区別する．ウランの二つの同位体は，ウラン235およびウラン238とよばれる．原子番号は元素記号からわかるので省略することができる．たとえば，^{3}H や ^{235}U と表記すれば，それぞれ三重水素とウラン235であることがわかる．

　元素の化学的性質は，おもに原子中の陽子と電子の数で決まり，中性子の数には依存しない．したがって，同じ元素の同位体は互いによく似た化学的性質を示す．

例題 1・5

以下の原子がもつ陽子，中性子，電子の数を答えよ．
(a) ^{35}Cl, (b) ^{37}Cl, (c) ^{41}K, (d) 炭素14
解　(a) 塩素の原子番号は17なので，陽子数は17．中性子数は質量数（35）－陽子数（17）＝18．電子は陽子と同数の17である．同様に，陽子，中性子，電子の数はそれぞれ，(b) 17, 20, 17, (c) 19, 22, 19, (d) 6, 8, 6である．

練習問題 1・5　空欄を埋め，表を完成せよ．

同位体	元素名	質量数(A)	中性子数	陽子数	電子数
^{15}N		15			
	窒　素	14			
^{23}Na		23			

1・7 原 子 量

　塩素に二つの同位体 ^{35}Cl と ^{37}Cl があることを見てきた．一方，見返しの周期表には，塩素の元素記号と元素名の下に35や37でなく，35.45と書かれている．この数字は，塩素の**原子量**（A_r）である．原子量を理解するには，**統一原子質量単位**（u）について知る必要がある．統一原子質量単位は，^{12}C の質量の12分の1と定義されている．この単位に対する相対質量（質量の比）は，^{35}Cl が34.969，^{37}Cl が36.966である．各原子の質量が，その原子の質量数（陽子数と中性子数の和）と完全には一致しないことに注意してほしい．

コラム 1・3　地殻の中の元素

　地殻は地表からおよそ40 kmの深さまで広がり，118種類の既知元素のうち，わずか8種類の元素でその99％ほどが成り立っている．それらは存在量の多いものから，酸素（O），ケイ素（Si），アルミニウム（Al），鉄（Fe），カルシウム（Ca），ナトリウム（Na），カリウム（K），およびマグネシウム（Mg）である．地殻の下には，鉄，炭素（C），ケイ素，硫黄（S）の高温の流動性混合物であるマントルがあり，さらに中心部には，そのほとんどが鉄であると考えられている高密度の核がある．

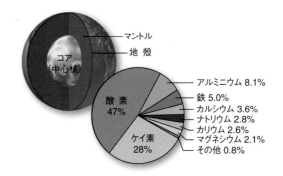

　8種類の主要元素のうち，酸素とケイ素だけで地殻の70％以上を占めている．これらの元素は，他の少量の元素とともに，長石や石英に代表される多種多様な珪酸塩鉱物を形成する．長石や石英に分類される鉱物には身近な岩石や宝石が数多く含まれている．

長石族鉱物

アンデシン
[© Doug Sherman/Geofile]

石英鉱物

スモーキークォーツ
[© Dr. Parvinder Sethi]

周期表にある 35.45 は，塩素の同位体質量の平均値であり，これが塩素の原子量となる．この数字が ^{37}Cl の質量よりも ^{35}Cl の質量に近いのは，原子量が同位体質量の単純平均ではなく，加重平均だからである．つまり，天然には ^{37}Cl に比べて ^{35}Cl が多く存在するので，塩素の原子量は ^{35}Cl の質量に近くなる．塩素の原子量は以下のように計算される．

天然存在比は，^{35}Cl が 75.76%，^{37}Cl が 24.24% であるので，

原子量 ＝ $0.7576 \times 34.969 + 0.2424 \times 36.966 = 35.45$

多くの元素は二つ以上の同位体をもち，最も数が多いのはスズ（Sn）の 10 である．一方，同位体数が 2 である元素について，周期表に記載された原子量から，より存在比の高い同位体を言い当てることは容易である．たとえば，ホウ素には ^{10}B と ^{11}B の同位体が存在する．周期表の原子量は 10.81 なので，質量数の近い ^{11}B が存在比の高い同位体だとわかる．実際，^{10}B と ^{11}B の天然存在比は，それぞれ 19.9% と 80.1% である．

例 題 1・6

見返しの周期表に記載された各元素の原子量をもとに，以下に示す同位体のうち，存在比の高いものを答えよ．
(a) ^{20}Ne と ^{22}Ne，(b) ^{113}In と ^{115}In（$Z = 49$），
(c) ^{63}Cu と ^{65}Cu

解　(a) ネオンの原子量（M）は 20.18 なので，質量数が近い ^{20}Ne の存在比が高いと考えられる．同様に，(b) インジウム（$M = 114.82$）では ^{115}In の，(c) 銅（$M = 63.55$）では ^{63}Cu の存在比が高いと判断される．

練習問題 1・6　周期表をもとに，以下に示す各元素の同位体のうち，存在比の高いものを答えよ．
(a) ^{24}Mg と ^{25}Mg，(b) ^{6}Li と ^{7}Li，
(c) ^{180}Ta と ^{181}Ta（$Z = 73$）

例 題 1・7

銅の二つの同位体である ^{63}Cu と ^{65}Cu の質量と天然存在比は以下のとおりである：^{63}Cu（62.930，69.15%），^{65}Cu（64.928，30.85%）．銅の原子量を求めよ．

解
$$0.6915 \times 62.930 = 43.516$$
$$+\ 0.3085 \times 64.928 = 20.030$$
$$\overline{\hphantom{+\ 0.3085 \times 64.928 = {}}63.546}$$

練習問題 1・7　ネオンの各同位体の質量と天然存在比は以下のとおりである：^{20}Ne（19.992，90.48%），^{21}Ne（20.994，0.27%），^{22}Ne（21.991，9.25%）．ネオンの原子量を小数点 2 桁まで求めよ．

コラム 1・4　質量分析法

原子の質量はどうやって知るのだろう．質量分析計は，原子の質量を決定するとても信頼性の高い装置の一つである．この装置では，物質の気体試料に電子線を照射する．気体状の原子に電子が衝突すると原子から電子が取れて，ある質量と電荷数の比（m/z）をもつ陽イオン（正電荷をもつイオン）が発生する．陽イオンは，電位をかけた 2 枚の電極（加速板）で加速されてイオン線（イオンの流れ）となり，磁場の中を通過する．このとき，m/z の小さなイオンほど大きく偏向して進路が変わるので，イオンが分離される．偏向の大きさによりイオンの質量がわかり，もとの原子の質量を決定することができる．

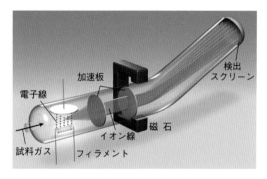

質量分析計の例（概念図）

キ ー ワ ー ド

化学（chemistry）1
科学的方法（scientific method）1
法則（law）1
仮説（hypothesis）1
学説（theory）1
モデル（model）1
原子（atom）2
元素（element）2
電子（electron）3
α 粒子（alpha particle）3
原子核（atomic nucleus）4
陽子（proton）4
中性子（neutron）4
原子番号（atomic number）5
周期表（periodic table）5
元素記号（aromic symbol）6
族（group）6
周期（period）6

CHAPTER 2

電子と周期表

　1章では，原子に原子核とよばれる小さく密集した中心部があり，原子がもつ正電荷のすべてと，質量のほとんどがそこに集中していることを学んだ．また原子核に，正電荷をもつ陽子と，電荷をもたない中性子があることを学んだ．この原子核をもつ原子モデルの登場により，原子構造に関する理解は飛躍的に進んだが，負電荷をもつ粒子である電子の位置に関する情報は少なかった．本章では，電子配置を含む原子の内部構造について学習する．電子配置に関する情報の多くは，光を使った実験から得られるので，まず光について説明する．

2・1 光の性質

　光はエネルギーを波として伝える．すべての波には**波長**や**振動数**などの共通要素がある．図2・1に二つの連続波を示す．波長（λ，ラムダ）は隣り合う二つの波の頂点間の距離であり，振動数（ν，ニュー）は同じ地点を1秒間に通過する波の数である．波長と振動数は反比例の関係にあり，波長が長くなると振動数は低下する．また，光のエネルギーは波長に反比例し，振動数に比例する．

　単に光といえば可視光を示すことが多い．プリズムを使って太陽光を色に分解できることは知っているであろう（図2・2a）．夕立の後に現れる虹は，太陽光が空気中の水滴によって分解されたものである．白色光である太陽光を構成するこの色の配列は，太陽の可視**発光スペクトル**である（図2・2b）．

　可視光は最も身近な光であるが，光には他にもいろいろな種類がある．たとえば，日焼けを起こす紫外線は，

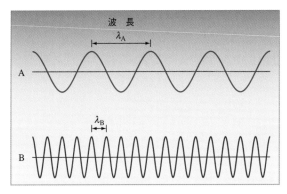

図 2・1 波長と振動数が異なる二つの連続波．Aは波長が長く，振動数とエネルギーが小さい．Bは波長が短く，振動数とエネルギーが大きい．

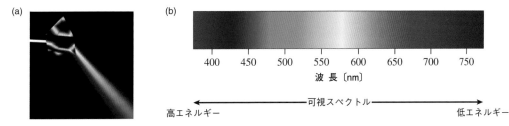

波 長〔nm〕

高エネルギー ←――――― 可視スペクトル ―――――→ 低エネルギー

図 2・2 （a）プリズムによる太陽光の分解．（b）太陽光の可視スペクトル（1 nm は 10 億分の 1 m）〔a: © radiorio/123RF, b: © Dorling Kindersley/Getty Images〕

人間には見えない光であり，可視光とともに**電磁スペクトル**の一部をなしている（図2・3）．電磁スペクトルは，**電磁波**と総称される光の仲間を，波長が長くなる順に並べたもので，最も波長の短い電磁波は γ 線，最も長いものはラジオ波とよばれる．図2・3からわかるように，可視光が電磁スペクトルに占める割合は小さい．

　太陽だけが可視光を出しているわけではない．私たちの目に見えるものはすべて，可視光を放射するか反射している．ネオンサインの赤い光を太陽光と同様の方法で分解すると，図2・4(a) のスペクトルが現れる．図2・

4(b) に示した太陽光（白色光）との違いは明らかであろう．太陽光（b）は**連続スペクトル**であり，可視光領域のすべて波長を含んでいる．一方，ネオン光（a）は，とびとびの輝線から構成された**線スペクトル**であり，黒い領域に発光は観測されない．図2・4の (c) と (d) に示すヘリウムと水素の発光スペクトルでは輝線の数がさらに少なく，特に水素は可視光領域に 4 本の輝線を示すだけである．とびとびの輝線から構成されたこれらの線スペクトルには，原子の電子配置に関する重要な情報が含まれている．

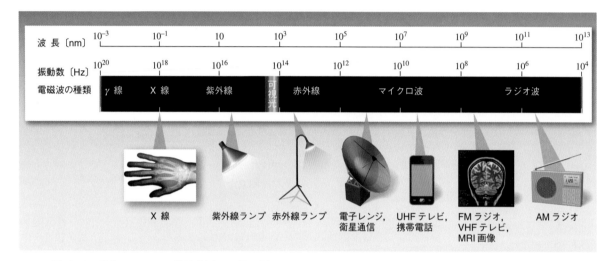

図 2・3　電磁スペクトルの種類［(手の X 線写真) © Contrail/123RF, (頭部の MRI 画像) © Allison Herreid/123RF］

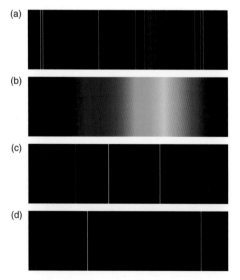

図 2・4　発光スペクトルの比較．(a) ネオン光，(b) 白色光（太陽光），(c) ヘリウム，(d) 水素［a～d: © H.S. Photos/Alamy］

■ コラム 2・1 レーザーポインター

　一般的なレーザーポインターは 630～680 nm の波長領域に赤色の光を発する．低価格で購入しやすいことから，講演会などで使用されるだけでなく，10 代の若者や子供にも人気が高く，安全上の重大な懸念が浮上している．通常の使用では，レーザー光線が当たっても，まばたきで目への侵入が防がれるので，大きなけがとなることは少ないが，意図的に長時間にわたって光線を目に当てることは危険である．特に懸念されるのが，532 nm の波長をもつ緑色のレーザーポインターである．このポインターは 1064 nm の赤外領域にも発光をもつ．この赤外線は，フィルターを使って外に出ないよう設計されているが，安全表示のない輸入品や改造品では外部に照射されて，網膜を損傷するおそれがある．目に見えない赤外線は気づきにくく，生涯にわたる損傷となる可能性がある．

2・2 ボーアの原子モデル

20世紀の初頭になり, 光の根本にせまる新概念が登場した. プランク (Max Planck) やアインシュタイン (Albert Einstein) などの才気にあふれた科学者たちは, 彼らのいくつかの実験結果を説明するためには, 光を単にエネルギーを波として伝えるものではなく, 小さな粒子の流れとして捉える必要があることに気づいた. 物質が小さな粒子 (原子) から構成されている状況は理解しやすい. 一方, エネルギーは常に連続的であると考えられ, これが離散的である状況は想像しにくい. そこでこの状況を, 上下二つの地点を, 坂道と階段で移動する場合に置き換えて考えてみよう (図2・5). 左の坂道を移動するアヒルはどこにでも止まれるので, その位置エネルギーは連続的に変化する. 一方, 右の階段では, アヒルの位置エネルギーは各階段の高さによって規制され, とびとびの値しかとれない. このように, ある条件を課すことにより, エネルギーなどの物理量が不連続な特定の値しかとりえなくなることを**量子化される**という. 光は量子化されており, その単位となる光の粒を**光子**とよぶ. 光が量子化されているというこの根本的な概念は,

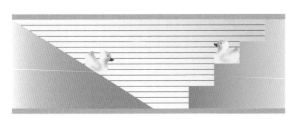

図2・5 量子化されていない経路 (左) と量子化された経路 (右) (概念図)

線スペクトルと巧みに組合わされて, 新たな原子モデルの開発に利用された.

デンマークの物理学者ボーア (Niels Bohr) は, 水素の線スペクトルと量子化の概念をもとに, **ボーアモデル**とよばれる原子モデルを考案した (図2・6). ボーアは, 水素の線スペクトル (図2・4d) が常に特定の波長に4本の輝線を示すことから, 水素には電子が存在できる,

ボーアの肖像が入った切手
[© ANTONIO ABRIGNANI/123RF]

先ほどのアヒルの階段のような複数のエネルギー準位があると考えた. またそれらの準位を軌道とよび, 原子核を中心とする一連の同心円として表現した. 各軌道はそれぞれ特定のエネルギー準位にあり, **量子数** (n) で区別される. ボーアは, 電子は通常, 最も低いエネルギー準位 ($n = 1$) にあると仮定し, これを**基底状態**とよんだ. また, 原子にエネルギーが加わると, これを吸収して電子が上位のエネルギー準位 ($n = 2, 3, 4, 5, \cdots$) に遷移し, **励起状態**に変わると考えた. さらに, 励起状態が緩和して電子が低いエネルギー準位に移るとき, 励起に使われたエネルギーの一部が電磁波として放出されると考えた.

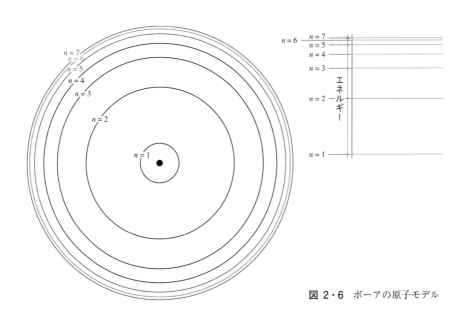

図2・6 ボーアの原子モデル

　ボーアモデルによれば，原子が励起状態から緩和される際，電子が移動する軌道の組合わせは無限に存在することになる．しかし，電子を1個しかもたない水素原子の場合は比較的単純で，図2・7に図解するように，可視光領域に発光を示す軌道（量子数）の組合わせは次の4通りであることがわかっている．

$$n = 6 \text{ から } n = 2$$
$$n = 5 \text{ から } n = 2$$
$$n = 4 \text{ から } n = 2$$
$$n = 3 \text{ から } n = 2$$

　このように，ボーアは水素の線スペクトルの起源となる電子遷移の問題をみごとに解決し，この業績により1922年にノーベル物理学賞を受賞した．しかし，ボーアモデルでは複数個の電子をもつ水素以外の原子からの発光スペクトルをうまく説明できないことがわかり，さらに精巧な原子モデルが必要となった．こうして開発されたのが，現代の原子構造モデルである**量子力学モデル**である．

　1924年，フランスの物理学者ド・ブロイ（Louis de Broglie）は，エネルギーを波として伝える光がある種の状況のもとで粒子（光子）としてふるまうのであれば，粒子である電子は逆に波のような性質を示すことができると仮定した．量子力学モデルはこの仮定に基づく新たな取組みから生まれた．量子力学モデルでは電子の位置を特定せず，電子が高い確率で見つかる空間領域を軌道として定義する．ボーアモデルの軌道は大きさの異なる一連の同心円であったが，量子力学モデルの軌道は大きさだけでなく形も変化する．

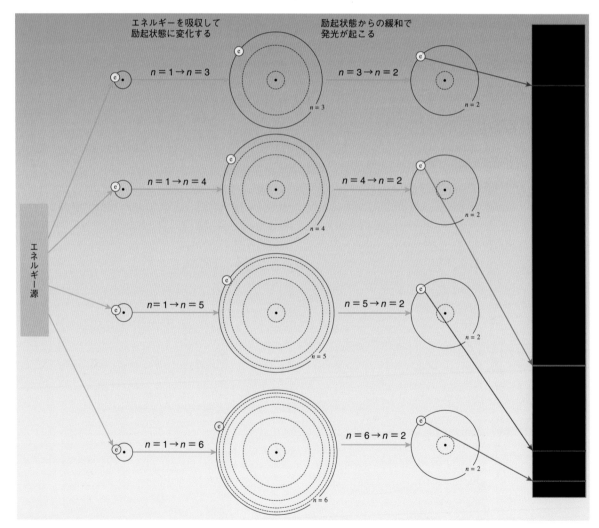

図 2・7　ボーアの原子モデルに基づく水素の発光スペクトルの理解．原子にエネルギーが加わると基底状態（$n = 1$）から四つの励起状態（$n = 3, 4, 5, 6$）に変化する．それらが緩和される過程で発光が起こり，4本の輝線として観測される．

2・3 原 子 軌 道

花火に火をつけると火花がほぼ球状に広がる（図2・8a）．各瞬間の様子をすべて撮影して重ねると，花火のまわりに火花の密度分布図が現れる．火花の密度は，球の中心近くに高く，中心から遠ざかると低下する．図2・8(b) と (c) に示すように，この花火では，半径5 cmの球の中に90％の火花を見つけることができる．

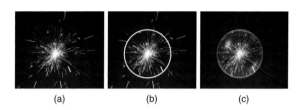

(a)　　　　　　　(b)　　　　　　　(c)

図 2・8 花火を用いた確率密度分布の概念図〔a～c: © Imagemore Co./Getty Images〕

原子の場合，電子を直接見ることはできないが，量子力学を用いて，原子核のまわりの各空間領域に電子が見つかる確率を計算することができる．またこの確率をプロットし，電子の可能な存在位置を確率密度分布として図示することができる．量子力学モデルでは，この分布図を用いて**原子軌道**を表現する．

量子力学モデルでは原子軌道の大きさと形が変化するため，数種類の量子数が必要となる．そのうちnは**主量子数**とよばれ，整数値をとる．主量子数は電子が収容される**電子殻**のエネルギー準位を示し，整数値が大きいほど準位は高い．電子殻には**副殻**があり，それらはs, p, d, fの記号で区別される．

表2・1に，主量子数と副殻，副殻中の原子軌道の数

表 2・1 主量子数と副殻数および副殻中の原子軌道数との関係

主量子数 n	副殻を示す記号	副殻中の原子軌道の数
1	s	1
2	s	1
	p	3
3	s	1
	p	3
	d	5
4	s	1
	p	3
	d	5
	f	7

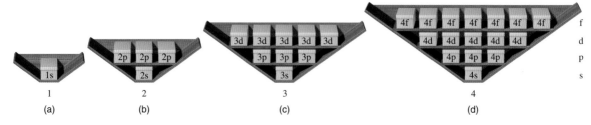

図 2・9 主量子数 $n = 1 \sim 4$ の電子殻に含まれる原子軌道の種類

をまとめる．電子殻に含まれる副殻の数は主量子数 n に等しい．すなわち，$n = 1$ の電子殻には1個の副殻（s），$n = 2$ の電子殻には2個の副殻（s, p），$n = 3$ の電子殻には3個の副殻（s, p, d），$n = 4$ の電子殻には4個の副殻（s, p, d, f）がある．また，主量子数にかかわらず，同じ記号をもつ副殻には同じ数の原子軌道が存在する．すなわち，s, p, d, f の各副殻には，それぞれ1個，3個，5個，7個の原子軌道が存在する．

図2・9は，電子殻をV字形の棚に見立て，原子軌道の箱が収容されている様子を示したものである．（a）〜（d）はそれぞれ主量子数 $n = 1 \sim 4$ の電子殻に相当し，棚段は副殻の違いを表現している．たとえば，$n = 1$ の電子殻（a）には副殻 s に相当する棚が1段だけあり，$n = 2$ の電子殻（b）には副殻 s と p に相当する2段の棚がある．同様に，$n = 3$ の電子殻（c）には3段の棚（s, p, d）が，$n = 4$ の電子殻（d）には4段の棚（s, p, d, f）がある．棚に置かれた箱には原子軌道の種類が書かれている．図からわかるように，原子軌道の種類は，主量子数に副殻の記号を組合わせて 1s, 2s, 2p, 3s, 3p, 3d などと表記する．これらの軌道は副殻ごとに特有の形をもっている．

s 軌 道　量子力学モデルの原子軌道は，原子核のまわりに電子が見つかる確率密度を示したものである．この電子の存在確率密度を**電子密度**とよぶ．図2・10(a) は 1s 軌道の電子密度分布である．その様子は花火の密度分布（図2・8）に似ている．花火の例でも示したように，軌道を図示するときは，（b）のように，電子が高い確率（たとえば90%）で見つかる領域を球形に囲い，さらに（c）のように周囲の電子密度を省略するのが一般的である．軌道はその性質上，境界があいまいで，この球の外側に電子が見つかる確率は0ではない．水素の 1s 軌道（c）は，この球の中に1個の電子が高い確率で見つかることを表している．

図2・11に 1s から 4s 軌道を比較する．いずれも球形（球対称）であるが大きさが異なる．電子密度は，原子

核の比較的近くで高く，原子核から遠ざかると低下する．

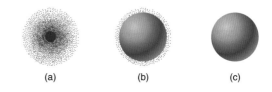

図 2・10　1s 軌道の電子密度分布図

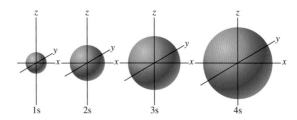

図 2・11　1s, 2s, 3s, 4s 軌道の比較

p 軌 道　主量子数 n が2以上の電子殻には，x 軸，y 軸，z 軸上に，ダンベル形の p 軌道が3種類，互いに直交して存在する（図2・12）．それらは，下付きの軸記号を用いて区別する．たとえば，$n = 2$ の p 軌道は，$2p_x$, $2p_y$, $2p_z$ となる．

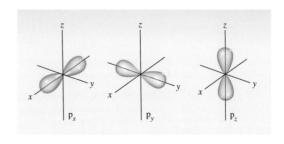

図 2・12　$2p_x$, $2p_y$, $2p_z$ 軌道の比較

d 軌 道　主量子数 n が3以上の電子殻に含まれる5種類の d 軌道は形がやや複雑である（図2・13）．f 軌

道はさらに複雑な形をしている.

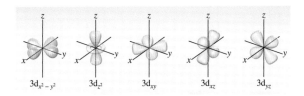

図 2・13 5種類の d 軌道

量子力学モデルの電子殻には副殻が存在するが，電子を1個しかもたない水素原子の各軌道のエネルギー準位は主量子数だけで決まり，副殻が異なっても変化しない．この状況はボーアモデルと本質的に同じである．そのためボーアは，単純な原子モデルを用いて水素の線スペクトルを説明できたことになる．これに対して，2個以上の電子をもつ多電子原子では状況が変わり，エネルギー準位は図2・14のようになる．すなわち，主量子数が同じでも，副殻の種類により，s<p<d<f の順にエネルギー準位が高くなる．ここで，d軌道が，主量子数の一つ大きな s 軌道よりも高くなっていることに注意してほしい（4s<3d, 5s<4d）．副殻の種類によってエネルギー準位が変化する理由はやや複雑であるが，副殻ごとに軌道の形が異なり，原子核近くの電子密度に差が生じることが重要な理由の一つである．

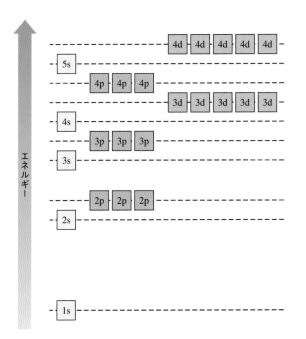

図 2・14 多電子原子の軌道のエネルギー準位．主量子数だけでなく，副殻の種類によりエネルギー準位が変化する．

┌─────────────────────────────┐
│ **例 題 2・1** │
└─────────────────────────────┘

次の軌道のうち存在しないものを答えよ.
  (a) 1p, (b) 2s, (c) 3f, (d) 4p
解 (a) と (c). 各電子殻には主量子数と同じ数の副殻しかないので，$n=1$ の p 軌道と $n=3$ の f 軌道は存在しない.

練習問題 2・1 主量子数 $n=1\sim3$ の電子殻にある軌道をすべて書け.

2・4 電 子 配 置

電子配置は，原子の各軌道に電子がどのように分布しているかを示すもので，原子間の相互作用を理解するうえで重要である．本節では，電子配置を決定する方法と，電子配置を正しく書く方法について説明する.

電子配置は，軌道を表す四角い箱と，電子を示す矢印を用いて表現することができる．たとえば，基底状態にある水素原子（H）は，1s軌道に1個の電子をもつので，軌道名（1s）を付けた箱に，矢印を1本書いて電子配置を示す.

H　□_↑
　　1s

また，次のように，軌道名に収容電子数を右肩に付けて電子配置を示すこともできる.

同様に，1s軌道に2個の電子をもつヘリウム（He）の電子配置は，次のように書くことができる.

上の左の箱に，2本の矢印が，上下逆さまに記入されているのがわかるであろう．電子は**スピン**とよばれる物理量をもち，原子中では逆向きの二つの状態をとりうることがわかっている．2個の電子のスピンが逆向きであれば互いに引き合って安定化し，同じ向きであれば反発しあって不安定化する．そのため，2個の電子が同じ軌道に収容されるときは，互いに逆向きのスピンをもつ．上

下逆さまの矢印はこの状態を表したものである．したがって，$1s^2$ のように，電子数が単に 2 と書かれている場合でも，それらの電子のスピンは逆向きである．

さらに電子数の多い原子についても，図 2・14 の軌道のエネルギー準位と，以下の規則に従い，基底状態の電子配置を書くことができる．

1. 電子は利用可能な軌道のうち，最もエネルギー準位の低い軌道から順に収容される：**構成原理**．
2. 一つ軌道は，最大で 2 個の電子を収容できる．
3. 同じ軌道を占める 2 個の電子は，逆向きのスピンをもつ：**パウリの排他原理**．
4. エネルギー準位の同じ軌道が複数あるとき，電子はできるだけスピンが平行となるよう，各軌道に分散して収容される：**フントの規則**．

3 電子をもつリチウム（Li）では，規則 1 と 2 に従い，まず 1s 軌道に 2 電子が収容され，続いてエネルギー準位の低い 2s 軌道に 3 電子目が収容される．軌道名を使った右の表記法では，各軌道に収容されている電子数を上付き文字としてそれぞれ表記する．4 電子をもつベリリウム（Be）についても同じ手順で電子配置を書くことができるが，規則 3 に従い，2s 軌道に収容される 2 電子は逆向きのスピンとなる．

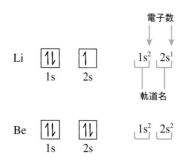

5 個以上の電子をもつホウ素（B）からネオン（Ne）では，1s 軌道と 2s 軌道にそれぞれ 2 電子ずつが収容されて満杯となるので，次にエネルギー準位の低い 2p 軌道に残りの電子が収容される．この場合は規則 4 に従い，窒素までは三つの 2p 軌道にスピンが平行となるよう電子が収容される．その後は，スピンが逆向きとなるように電子が収容され，第 2 周期の最後の元素であるネオンで，1s，2s，2p 軌道のすべてに電子が満たされる．

周期表でネオンの後は，第 3 周期のナトリウム（Na）からアルゴン（Ar）である．図 2・14 から，2p の次に

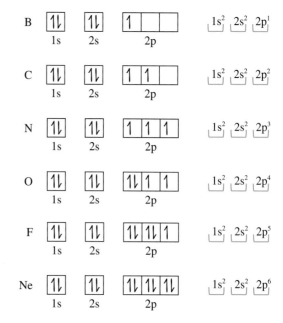

エネルギー準位の低い軌道は 3s，続いて 3p であることがわかるので，規則 2〜4 に従い，これらの軌道に電子を順に収容していく．ナトリウムについて例示するように，この場合，すべての軌道を書くと長くて煩雑になる．そこで，1s から 2p までの電子配置が第 2 周期の貴ガス元素であるネオンと同じであることを利用し，$[Ne]3s^1$ と簡略化して書くことができる．同様に，アルミニウム（Al）は $[Ne]3s^23p^1$，硫黄（S）は $[Ne]3s^23p^4$ などとなる．

2・5　電子配置と周期表

これまでは，図 2・14 に示した軌道のエネルギー準位図をもとに，第 3 周期までの各元素の電子配置を書いてきた．第 4 周期からは d 軌道が登場するため状況が少し複雑となる．しかし，主族元素については，基底状態において電子が収容される軌道が周期表に示されているので，これを利用して電子配置を書くことができる*．

図 2・15 に，元素をブロック別に色分けした周期表を示す．灰色は s ブロック元素，緑は p ブロック元素，青は d ブロック元素である．他に f ブロック元素がある．各ブロックは，電子配置を書いたときに，電子が最後に

＊ 訳注：遷移元素（d ブロック元素）では ns 軌道と $(n-1)$d 軌道とのエネルギー差が小さく，これらの軌道に分布する電子数（電子配置）を単純な規則で表すことはできない．

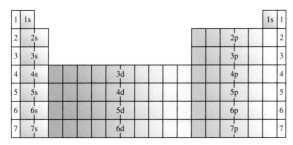

図 2・15　副殻の種類（ブロック）に基づく元素の分類. この分類をもとに, 電子配置を書くことができる.

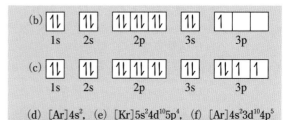

(d) [Ar]$4s^2$, (e) [Kr]$5s^24d^{10}5p^4$, (f) [Ar]$4s^23d^{10}4p^5$

練習問題 2・2　次の電子配置をもつ元素を, 元素名と元素記号で答えよ.

(a) [Ne]$3s^23p^3$, (b) [Ar]$4s^23d^6$, (c) [Kr]$5s^24d^{10}5p^2$, (d) [Ar]$4s^23d^{10}4p^2$, (e) [Kr]$5s^24d^{10}5p^3$, (f) [Xe]$6s^2$

収容される副殻（軌道）の種類を示している. 電子配置を書くときは, 対象とする元素の前の周期にある貴ガスの電子配置を土台とする. たとえば, 第3周期の塩素(Cl, 原子番号 17) の前の貴ガス元素はネオンなので, これに追加すべき軌道と電子を数える. 第3周期の左端から塩素まで, 塩素を含めて s ブロックに2個と p ブロックに5個の元素がある. 元素ごとに1電子ずつ増えるので, 塩素の 3s 軌道に2電子, 3p 軌道に5電子が存在することがわかる. したがって, 電子配置は次のようになる.

$$\text{Cl}\quad[\text{Ne}]3s^23p^5$$

第4周期以降の元素には d ブロックが含まれる. 各周期に書かれている d 軌道の主量子数が, その周期の番号よりも一つ少ないことに注意してほしい. 例として, ヒ素（As, 原子番号 33) の電子配置を書いてみる. この元素の前の貴ガス元素はアルゴンである. また, 第4周期の左端からヒ素まで s ブロックに2個, d ブロックに10個, p ブロックに3個の元素が存在する. 元素ごとに1電子ずつ増えるので, ヒ素の電子配置は次のようになる.

$$\text{As}\quad[\text{Ar}]4s^23d^{10}4p^3$$

例題 2・2

次の(a)〜(c)の元素の電子配置を書け. また, (d)〜(f)の元素について, 貴ガスを利用して簡略化した電子配置を書け.

(a) Mg, (b) Al, (c) S, (d) Ca, (e) Te, (f) Br

解

(a) 　⇅　　⇅　　⇅ ⇅ ⇅　　⇅
　　1s　　2s　　　2p　　　3s

原子で, 最外殻にある軌道を**原子価軌道**, そこに収容されている電子を**価電子**, その内側の電子を**内殻電子**とよぶ[*]. 塩素では, $3s^23p^5$ に書かれた 3s と 3p が原子価軌道, これらに収容されている7個が価電子, その内側のネオンの電子配置（[Ne]）に含まれる10個が内殻電子である. 原子価軌道の電子配置は, 元素の性質を決定する重要な要素となる.

図 2・16 に, 主族元素について原子価軌道の電子配置を示す. 縦列の同族元素では, 軌道の主量子数は変化するが電子配置は変わらない. ある種の組合わせの元素

H $1s^1$							He $1s^2$
Li $2s^1$	Be $2s^2$	B $2s^22p^1$	C $2s^22p^2$	N $2s^22p^3$	O $2s^22p^4$	F $2s^22p^5$	Ne $2s^22p^6$
Na $3s^1$	Mg $3s^2$	Al $3s^23p^1$	Si $3s^23p^2$	P $3s^23p^3$	S $3s^23p^4$	Cl $3s^23p^5$	Ar $3s^23p^6$
K $4s^1$	Ca $4s^2$	Ga $4s^24p^1$	Ge $4s^24p^2$	As $4s^24p^3$	Se $4s^24p^4$	Br $4s^24p^5$	Kr $4s^24p^6$
Rb $5s^1$	Sr $5s^2$	In $5s^25p^1$	Sn $5s^25p^2$	Sb $5s^25p^3$	Te $5s^25p^4$	I $5s^25p^5$	Xe $5s^25p^6$
Cs $6s^1$	Ba $6s^2$	Tl $6s^26p^1$	Pb $6s^26p^2$	Bi $6s^26p^3$	Po $6s^26p^4$	At $6s^26p^5$	Rn $6s^26p^6$
Fr $7s^1$	Ra $7s^2$	Nh $7s^27p^1$	Fl $7s^27p^2$	Mc $7s^27p^3$	Lv $7s^27p^4$	Ts $7s^27p^5$	Og $7s^27p^6$

図 2・16　主族元素の原子価軌道と電子配置

[*]　訳注: 主族元素では d 軌道にある電子は価電子に含めない. 遷移元素では同じ周期（主量子数 n）の ns 軌道と $(n-1)$d 軌道にある電子を価電子とする.

が互いによく似た性質を示すことは以前から知られていたが，量子力学モデルの登場によりその理由が明らかとなった．すなわち，同族元素は同じ数の価電子をもつため，互いによく似た性質を示す．

例題 2・3

例題 2・2 の各元素について価電子数を答えよ．

解 (a) 2, (b) 3, (c) 6, (d) 2, (e) 6, (f) 7. 例題にある元素はすべて主族元素なので，d 軌道のある 10 電子は価電子に含めない．

練習問題 2・3 周期表をもとに，次の元素の価電子数を答えよ．

(a) C, (b) Si, (c) As, (d) Rb, (e) Se, (f) I

元素記号のまわりに価電子を点（・）として表記する**ルイス記号**を用いて，電子配置を視覚的に示すことができる[*1]．たとえば，ナトリウムは $[Ne]\,3s^1$ の電子配置をもち，価電子が一つなので次のように書く．

$$\cdot Na$$

同様に，第 3 周期の残りの元素のルイス記号は以下のようになる．

$$\cdot Mg\cdot \quad \cdot \dot{Al} \quad \cdot \dot{\underset{\cdot}{Si}} \cdot \quad :\dot{P}\cdot \quad :\dot{\underset{\cdot}{S}}\cdot \quad :\ddot{\underset{\cdot}{Cl}}: \quad :\ddot{\underset{\cdot}{Ar}}:$$

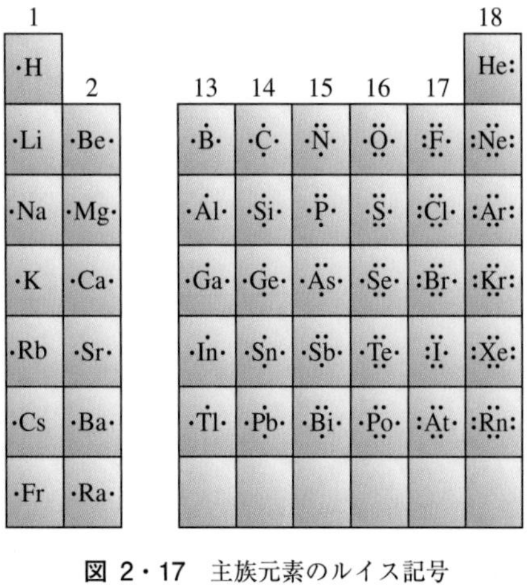

この場合，元素記号の上下左右の 4 箇所に電子をできるだけ分けて記入し，続いて二つ目の電子を組合わせて電子対（：）とする[*2]．たとえば，価電子を四つもつケイ素は $:\dot{Si}\cdot$ ではなく $\cdot\dot{Si}\cdot$ と書き，価電子がさらに一つ増えるリンにおいて $:\dot{P}\cdot$ のように電子対とする．

図 2・17 に，主族元素のルイス記号をまとめる．主族元素では，四つの原子価軌道（ns, np_x, np_y, np_z）に 8 電子が収容されると貴ガスの電子配置となり，周期が完了する．

2・6 周期表にみる元素特性の傾向

周期表の元素特性にはいくつかの重要な傾向がある．その一つは原子サイズである．図 2・18 に，主族元素の相対的な原子サイズを示す．同族の元素では，周期表の下ほど原子が大きくなる．これは，主量子数の増加とともに原子価軌道が大きくなるためである．

一方，同周期の元素では，周期表を左から右に進み，原子番号と原子量が増えると原子は小さくなる．その理

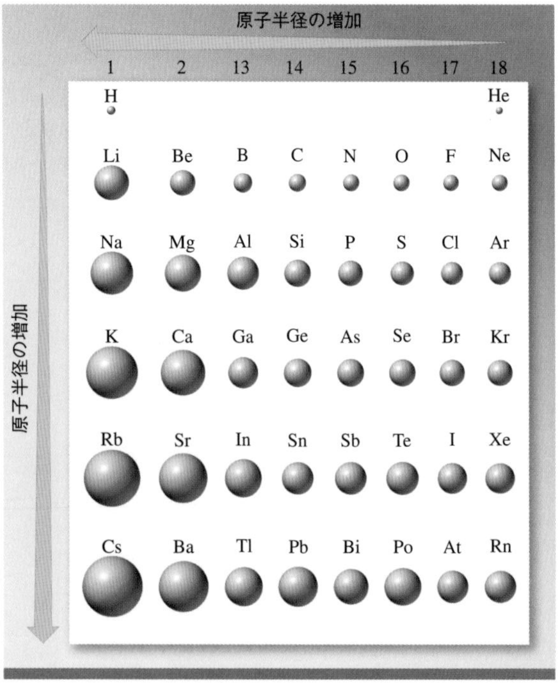

図 2・17　主族元素のルイス記号

図 2・18　主族元素の原子サイズの比較．原子は，周期表の上から下に向けて大きくなり，左から右に向けて小さくなる．

[*1] 訳注：高校では，ルイス記号を電子式とよんでいる．
[*2] 訳注：主族元素の原子価軌道は四つなので，電子の記入位置も 4 箇所となる．

由は，原子核がもつ正の電荷数（陽子数）を見るとわかる．図2・19に，第2周期の元素について，原子核がもつ電荷数を比較する．§1・2で説明したように，正電荷と負電荷は引き合い，電荷数が増えると引き合いは強くなる．原子核がもつ正の電荷数はBe<B<C<N<O<Fの順に増加するので，この順に価電子との引き合いが強くなる．その結果，軌道は収縮し，原子が小さくなる．

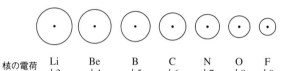

核の電荷	Li	Be	B	C	N	O	F
	+3	+4	+5	+6	+7	+8	+9

図2・19　第2周期元素の原子核がもつ正電荷の数（陽子数）

§1・5において，元素を金属，非金属，半金属の3種類に分類できることを述べた．図2・16では，主族元素について，それらを緑（金属），青（非金属），オレンジ（半金属）に色分けしている．金属は**金属性**と総称される特有の性質を示す．たとえば，金属の固体は光沢をもち，導電性を示す．また，金属は電子を失いやすい．このような性質が顕著な元素は，金属性が高いと表現される．周期表では，族を上から下，周期を右から左に進むと金属性が高くなる．

電子は原子核に引きつけられているので，電子を原子から取り除くにはエネルギーが要る．価電子を取り除くのに必要なエネルギーを**イオン化エネルギー**とよぶ．金属は非金属よりもイオン化エネルギーが小さい．また，図2・20に示すように，周期表の族を上から下に進むとイオン化エネルギーは小さくなる．すなわち，ナトリウム（Na）よりもカリウム（K），硫黄（S）よりもセレン（Se）から電子を取り除く方が容易である．一方，周期を左から右に進むとイオン化エネルギーは大きくなる．そのため，ナトリウム（Na）よりもマグネシウム（Mg），硫黄（S）よりも塩素（Cl）から電子を取り除く方が困難である．

これらの傾向は，図2・18に示した原子サイズと相関している．図2・19で見たように，同じ周期では，右側の元素の原子核ほど正の電荷数が大きく，価電子を強く引きつけている．そのため原子は小さく，電子を失いにくくなる．一方，同族の元素では，周期表の下の，サ

イズの大きな原子に内殻電子が多く存在し，原子核と価電子との引き合いを緩和するため，電子を失いやすくなる*．

上とは逆の，電子を獲得する能力も重要な元素特性である．原子が電子を獲得する際に放出されるエネルギーを**電子親和力**とよぶ．電子親和力の大きな元素は電子を獲得しやすい．図2・21に示すように，周期表右側のオレンジ色の元素が電子を獲得しやすく，薄いオレンジ色の元素が次に電子を獲得しやすい．周期表の一番右にある貴ガス元素は，原子価軌道が電子で満たされているので，さらに電子を獲得することはできない．

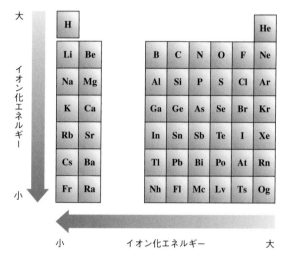

図2・20　主族元素におけるイオン化エネルギーの傾向

図2・21　主族元素における電子-親和力の傾向

---

*　訳注：内殻電子により，原子核と価電子との引力が弱められることを**遮蔽**という．球対称をもち原子核の近傍に電子密度の高いs軌道の遮蔽効果が大きい．

2・7 イオン

　原子は同じ数の陽子と電子をもち，電気的に中性である．原子が電子を失うと正電荷をもつ**単原子イオン**に，原子が電子を獲得すると負電荷をもつ単原子イオンに変わる．正電荷をもつイオンを**カチオン（陽イオン）**，負電荷をもつイオンを**アニオン（陰イオン）**という．

　イオンの電子配置　　1族のアルカリ金属であるナトリウム（Na, 原子番号11）が電子を失いやすいことを述べた．実際，この元素は単体としてはきわめて不安定であり，天然には塩化ナトリウムなどの形態で，カチオン（Na^+）として存在している．電子配置を書き，その理由を調べてみよう．ナトリウムの電子配置は以下のとおりである．ここから1電子減少すると，貴ガス元素であるネオンの電子配置に変わる．

$$Na \quad \boxed{\uparrow\downarrow}_{1s} \quad \boxed{\uparrow\downarrow}_{2s} \quad \boxed{\uparrow\downarrow}\boxed{\uparrow\downarrow}\boxed{\uparrow\downarrow}_{2p} \quad \boxed{\uparrow}_{3s}$$

$$[Ne]\,3s^1$$

$$\downarrow \text{1電子減少}$$

$$Na^+ \quad \boxed{\uparrow\downarrow}_{1s} \quad \boxed{\uparrow\downarrow}_{2s} \quad \boxed{\uparrow\downarrow}\boxed{\uparrow\downarrow}\boxed{\uparrow\downarrow}_{2p}$$

$$[Ne]$$

　塩化ナトリウムで，Na^+と対をなすアニオン（対アニオン）は塩化物イオン（Cl^-）である．このアニオンは，塩素（Cl, 原子番号17）に1電子追加されたものである．以下のように，塩素の電子配置に1電子が加わると貴ガス元素であるアルゴンの電子配置に変わる．

$$Cl \quad \boxed{\uparrow\downarrow}_{1s} \quad \boxed{\uparrow\downarrow}_{2s} \quad \boxed{\uparrow\downarrow}\boxed{\uparrow\downarrow}\boxed{\uparrow\downarrow}_{2p} \quad \boxed{\uparrow\downarrow}_{3s} \quad \boxed{\uparrow\downarrow}\boxed{\uparrow\downarrow}\boxed{\uparrow}_{3p}$$

$$[Ne]\,3s^2 3p^5$$

$$\downarrow \text{1電子増加}$$

$$Cl^- \quad \boxed{\uparrow\downarrow}_{1s} \quad \boxed{\uparrow\downarrow}_{2s} \quad \boxed{\uparrow\downarrow}\boxed{\uparrow\downarrow}\boxed{\uparrow\downarrow}_{2p} \quad \boxed{\uparrow\downarrow}_{3s} \quad \boxed{\uparrow\downarrow}\boxed{\uparrow\downarrow}\boxed{\uparrow\downarrow}_{3p}$$

$$[Ne]\,3s^2 3p^6 = [Ar]$$

　このように，主族元素がイオンになると貴ガスの電子配置に変わることが多い．貴ガスは，最外殻が電子で満たされた閉殻構造をもち，特に安定な電子状態にある．Na^+とNeは同じ電子配置をもつので，互いに**等電子的**であるという．同様に，Cl^-はArと等電子的である．

　図2・22に示すように，1族の元素は1電子を失い，貴ガスと等電子構造をもつ，電荷数+1のカチオンに変わる．同様に，2族元素は2電子を失い，貴ガスと等電

子構造をもつ，電荷数+2のカチオンに変わる．たとえば，2族のカルシウム（Ca, 原子番号20）は，アルゴンと等電子構造をもつCa^{2+}に変化する．

$$Ca \qquad [Ar]\,4s^2$$
$$Ca^{2+} \qquad [Ar]$$

　一方，周期表の右側にある16族や17族の元素は，それぞれ2個あるいは1個の電子を獲得し，貴ガスと等電子構造をもつアニオンに変化する．たとえば，16族元素である酸素（O, 原子番号8）は，ネオンと等電子構造をもつ，電荷数−2のアニオンに変わる．

$$O \qquad [He]\,2s^2 2p^4$$
$$O^{2-} \qquad [He]\,2s^2 2p^6 \text{ または } [Ne]$$

　なお，電荷数が2以上の場合，カチオンであればMg^{2+}やAl^{3+}，アニオンであればO^{2-}やN^{3-}のように，+や−の前に数字を付けて電荷数を表す．

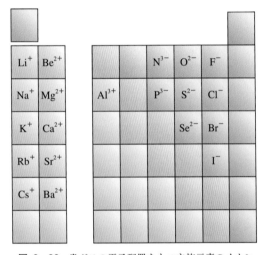

図 2・22　貴ガスの電子配置をもつ主族元素のイオン

　イオンのルイス記号　　イオンのルイス記号を書くときは，もとの原子のルイス記号から，カチオンであれば電荷分の電子を削除し，アニオンであれば電荷分の電子を追加する．ナトリウムイオン（Na^+）と塩化物イオン（Cl^-）では，それぞれ以下のようになる．Cl^-などのアニオンは大かっこで囲い，その右上に電荷数を記入する．

$$Na^+ \qquad [:\ddot{C}l:]^-$$

　以上のように，原子が電子を授受する能力には周期性がある．周期表の左側の元素は電子を失いやすく，貴ガスを除く右側の元素は電子を獲得しやすい．中ほどの元素はそのどちらでもない．3章では，これらの元素特性

が，原子間の相互作用に及ぼす効果について調べる．

例 題 2・4

次の元素を，カチオンになりやすいものと，アニオンになりやすいものとに分類せよ．

Al, Be, Br, Ca, Cl, F, I, K, Li, Mg, Na, O, P, S

解 カチオン：Al, Be, Ca, K, Li, Mg, Na
アニオン：Br, Cl, F, I, O, P, S

練習問題 2・4 次の元素について，貴ガスの電子配置をもつイオンを書け．
(a) Al, (b) Br, (c) Ca, (d) K, (e) S, (f) O

例 題 2・5

次の元素から生成する安定なイオンを推定し，その電子配置を書け．
(a) Na, (b) Ca, (c) O

解 (a) Na^{+} [He]$2s^{2}2p^{6}$ (b) Ca^{2+} [Ne]$3s^{2}3p^{6}$
(c) O^{2-} [He]$2s^{2}2p^{6}$

練習問題 2・5 次の元素のルイス記号を書け．また，元素から生成する安定なイオンを推定し，そのルイス記号を書け．
(a) P, (b) Se, (c) Sr

キーワード

波長（wavelength） 11
振動数（frequency） 11
発光スペクトル（emission spectrum） 11
電磁スペクトル（electromagnetic spectrum） 12
電磁波（electromagnetic wave） 12
連続スペクトル（continuous spectrum） 12
線スペクトル（line spectrum） 12
量子化される（quantized） 13
光子（photon） 13
ボーアモデル（Bohr model） 13
量子数（quantum number, *n*） 13
基底状態（ground state） 13
励起状態（excited state） 13
量子力学モデル（quantum mechanical model） 14
原子軌道（atomic orbital） 15
主量子数（principal quantum number） 15
電子殻（electron shell） 15
副殻（subshell） 15
電子密度（electron density） 16
電子配置（electron configuration） 17
スピン（spin） 17
構成原理（building-up principle または Aufbau principle） 18
パウリの排他原理（Pauli exclusion principle） 18
フントの規則（Hund's rule） 18
原子価軌道（valence orbital） 19
価電子（valence electron） 19
内殻電子（core electron） 19
ルイス記号（Lewis symbol） 20
金属性（metallic character） 21
イオン化エネルギー（ionization energy） 21
遮蔽（shielding） 21
電子親和力（electron affinity） 22
単原子イオン（monoatomic ion） 22
カチオン（cation, 陽イオン） 22
アニオン（anion, 陰イオン） 22
等電子的（isoelectronic） 22

CHAPTER 3

化合物と化学結合

多くの物質は，1種類の元素からなる**単体**ではなく，2種類以上の元素から構成された**化合物**である．たとえば，水（H_2O）は水素と酸素から，塩化ナトリウム（NaCl）は塩素とナトリウムからできている．本章では，2章で学んだ元素の電子配置と周期的特性との関係をもとに，化合物の成り立ちについて理解する．また，化合物の命名法について学習する．

3・1 物質の種類と性質

物質は純物質と混合物とに分類される．**純物質**は1種類の単体あるいは化合物から構成され，身近な例では，水，塩化ナトリウム，鉄，水銀，二酸化炭素，酸素などがある．それぞれに固有の組成をもち，また特有の性質をもとに他の物質と区別することができる．たとえば，塩化ナトリウムは水に溶けるが，鉄は水に溶けない．水

銀は銀色の液体であるが，二酸化炭素は無色の気体である．二酸化炭素と酸素はいずれも無色の気体であるが，二酸化炭素は燃焼を抑制し，酸素は燃焼を促進する．

物質の三態

すべての物質は，固体，液体，気体（物質の三態）のいずれかの状態にある（図3・1）．固体中の粒子は運動の自由度が小さく，規則的な様式で互いに接近して存在している．そのため，固体は容器により変形しない．液体中の粒子も互いに接近した状態にあるが，位置は固定されておらず，液体中を動き回ることができる．そのため液体は容器に合わせて形を変える．気体中の粒子は分散した状態にあり，気体は容器により形だけでなく体積も変化する．

物質は，同一の物質のまま状態を変化する．たとえば，固体である氷を溶かすと液体である水に変わり，水をさ

図 3・1 固体，液体，気体状態の分子の様子（概念図）

らに加熱すると気体である水蒸気に変わる. 逆に, 水蒸気を冷やすと凝縮して水となり, 水をさらに冷やすと氷に戻る. このように状態が変化しても, 水は依然として水であり, 化学構造の異なる別の物質に変わることはない.

混 合 物

2種類以上の単体や化合物を含む物質を**混合物**という. 純物質と同様, 混合物にも固体, 液体, 気体の三態がある. 14金, 海水, 空気はいずれも混合物である. 混合物の組成は変化する. たとえば14金は, 純金に銀や銅など数種の金属を混ぜて強度を高め, 色調に変化を与えたもので, その組成はさまざまである. 海水の主成分は水と塩化ナトリウムであるが, 他にも多くの物質が含まれ, その組成は場所ごとに異なる. 空気についても同様である.

混合物は, 均一混合物と不均一混合物のいずれかである. 砂糖を水に溶かすと, 全体に均質な組成をもつ**均一混合物**が得られる. 一方, 図3・2(a) に見られるように, 砂と鉄粉を混ぜても依然としてそれぞれを識別することができる. このような混合物を**不均一混合物**という.

混合物は, 均一であるか不均一であるかにかかわらず, それらを構成する物質に分離することができる. たとえば, 砂糖水から水を完全に蒸発させると砂糖の固体が残り, 蒸発した水も凝縮して回収することができる. また, 図3・2(b) に示すように, 砂と鉄の混合物から磁石を使って鉄粉を分離することができる. 分離後の各成分は, 混合前のそれぞれの物質と同じ組成と性質をもつ.

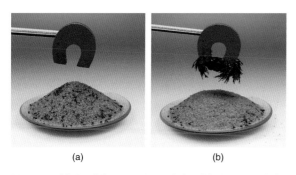

図3・2 (a)砂と鉄粉との不均一混合物. (b)磁石により鉄粉を分離することができる. [a, b: © McGraw-Hill Education/ Charles D. Winters, photographer]

物 質 の 性 質

物質の性質を評価する方法として, **定量的方法**と, **定性的方法**とがある. 前者は評価基準の数値化を必要とし, 後者は必要としない. たとえば, 水と植物油の密度の違いを

定性的に評価するには, 図3・3(a) のように水と油を混合し, どちらが上にくるかを調べればよい. この場合, 油が上にくるので, 水よりも密度が低いとわかる. また, 水は無色, 油は黄色なので, 定性的な色の観察をもとに両者を判別することができる. これに対して, 水と油の密度の違いを定量的に評価するには, 図3・3(b) のように, 同じ体積の水と油を秤量して数値化する必要がある.

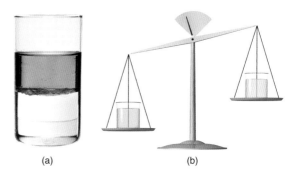

図3・3 (a) 植物油と水. (b) 同じ体積の植物油と水の比較. 密度の違いにより重量が異なる. [© McGraw-Hill Education/David A. Tietz, photographer]

物質は, 物理的性質と化学的性質とをもつ. **物理的性質**とは, 物質そのものが変化せずに現れるもので, 色, 融点, 沸点, 密度などが含まれる. また, 固体(氷)/液体(水)/気体(水蒸気) と状態が変化しても, H_2O という物質の組成や構造に変化はないので, 水の状態変化は**物理変化**である.

一方, **化学的性質**は, **化学変化**を伴って現れ, その際, 物質は別の物質に変化する. 化学変化を起こす過程を**化学反応**とよぶ. 鉄がさびやすいことは鉄の化学的性質の一つであり, 腐食とよばれる化学変化を伴う. 腐食の過程では, 酸化とよばれる化学反応が起こっている. 腐食により生じたさびは, もとの鉄と元素の組成が異なり, 物理変化によって鉄に戻すことはできない. 代わって, 還元とよばれる化学反応が必要となる.

例 題 3・1

(a)〜(d) を純物質と混合物とに分類せよ. 純物質については単体であるか化合物であるかを答えよ.
(a) 空気, (b) スポーツ飲料, (c) 食塩, (d) 炭酸水
解 純物質: (c) (化合物). 混合物: (a), (b), (d)

練習問題 3・1 (a)〜(d) を純物質と混合物とに分類せよ. 純物質については単体であるか化合物であるかを答えよ.
(a) アイスクリーム, (b) ヘリウムガス, (c) 空気, (d) 氷 (水)

例 題 3・2

(a)〜(d) の記述が，物理的性質と化学的性質のいずれを示すかを答えよ．

(a) 水の比重は室温で 1.0 g/mL である．(b) 鉄は湿った空気中で錆びる．(c) 銅はしだいに緑色に変化する．(d) アルミニウムは 660 °C で溶ける．

解 物理的性質: (a)，(d)．化学的性質: (b)，(c)．

練習問題 3・2 下の (a)〜(c) のうち，(d) に変わる際に，物理変化と化学変化を伴うものをそれぞれ答えよ．

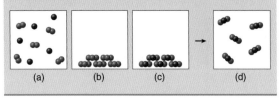

(a)   (b)   (c)   (d)

3・2 イオン結合とイオン性二元化合物

元素に，電子を失いやすい金属と，電子を獲得しやすい非金属とがあった (§2・7)．これらの元素が共存すると金属原子から非金属原子に電子が移動し，正電荷をもつカチオンと負電荷をもつアニオンが生成する．さらに，互いに逆符号の電荷をもつカチオンとアニオンとが静電引力（クーロン力）により引き合い，**イオン化合物**が形成される．カチオンとアニオンとの間に生じる静電引力による結合を**イオン結合**という．

たとえば，$[Ne]3s^1$ の電子配置をもつナトリウムと，$[Ne]3s^23p^5$ の電子配置をもつ塩素が共存すると，1 個の価電子がナトリウムから塩素に移動し，ともに貴ガスの電子配置をもつカチオン（$Na^+ = [Ne]$）とアニオン（$Cl^- = [Ar]$）が生成する．また，これらのカチオンとアニオンがイオン結合を形成し，$NaCl$ の**化学式**で表される中性の塩化ナトリウムが生成する．イオン化合物の化学式では，カチオンを前に，アニオンを後に書く．

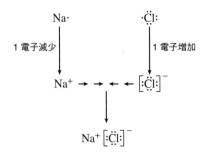

イオン化合物の化学式は，化合物を構成する元素の種

類と比を表す組成式である．たとえば $NaCl$ という化学式は，塩化ナトリウムに Na^+ と Cl^- が 1:1 の比で含まれていることを示している．実際，塩化ナトリウムは，$NaCl$ という個別の化合物（分子）が集合したものではなく，Na^+ と Cl^- が三次元で交互に配列したものである（図3・4）．

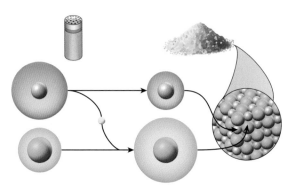

図 3・4 ナトリウム原子（灰色）から塩素原子（緑色）に電子（黄色）が移動してナトリウムイオンと塩化物イオンが生成し，これらがイオン結合により三次元的に交互に配列して塩化ナトリウム（塩）が形成される．

イオン化合物では，カチオンがもつ正電荷とアニオンがもつ負電荷が釣合い，化合物は電気的に中性な状態にある．塩化ナトリウム（$NaCl$）は，電荷数 +1 のカチオン（Na^+）と電荷数 −1 のアニオン（Cl^-）を 1:1 の比でもつので，電気的に中性である．同様に，酸化カルシウム（CaO）では電荷数 +2 のカチオン（Ca^{2+}）と電荷数 −2 のアニオン（O^{2-}）が，また窒化アルミニウム（AlN）では電荷数 +3 のカチオン（Al^{3+}）と電荷数 −3 のアニオン（N^{3-}）が，それぞれ 1:1 の比で結合している．これらの例では，カチオンとアニオンがもつ正と負の電荷数が一致しているので，互いに同じ数のカチオンとアニオンから中性化合物が構成される．

これに対して，電荷数の異なるカチオンとアニオンからイオン化合物が形成されるときは，両者の比が変化して電気的中性が保たれる．たとえば，2 族元素であるバリウム（Ba）が貴ガスの電子配置に変わると電荷数 +2 の Ba^{2+} となる．また，17 族元素であるヨウ素（I）が貴ガスの電子配置に変わると電荷数 −1 の I^- となる．これらのイオンから中性の化合物が生成するには，Ba^{2+} と I^- が 1:2 の比で結合し，BaI_2 となればよい．化学式に書かれた下付きの 2 は，Ba^{2+} に対して 2 倍の I^- が結合していることを表している．

電荷数の異なるカチオンとアニオンから中性のイオン

化合物を構成するには，カチオンの電荷数をアニオンの下付き数字として，またアニオンの電荷数をカチオンの下付き数字として，化学式を書けばよい．その際，下付き数字の1は書かない．

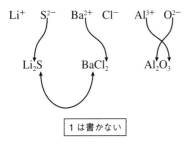

$$1\text{ は書かない}$$

例 題 3・3

次の元素の組合わせから生じるイオン化合物の化学式を書け．

(a) Li と Cl，(b) Mg と F

解　(a) LiCl

(b) MgF_2．それぞれの元素の価電子数をもとに，貴ガスの電子配置をもつカチオン（Li^+，Mg^{2+}）とアニオン（Cl^-，F^-）の電荷数を求める．続いて，電気的に中性となるカチオンとアニオンの比を求める．

練習問題 3・3　次の元素の組合わせから生成するイオン化合物の化学式を書け．

(a) Ca と N，(b) K と Br，(c) Ca と Br

上で示したイオン化合物はすべて2種類の元素から構成された**イオン性二元化合物**である．また，それらのカチオンは1族，2族，13族の金属元素である．これらのカチオンは貴ガスの電子配置をもち，その電荷数はもとの原子の価電子数と一致する．すなわち，ナトリウムイオンの電荷数は +1，バリウムイオンの電荷数は +2，アルミニウムイオンの電荷数は +3である．このように，金属イオンが1種類の電荷数しかとらないイオン性二元化合物を**I型化合物**という．

これに対して，遷移金属の多くは電荷数の異なる数種のカチオンを生ずる（図3・5）．また，一部の主族金属も複数種類の電荷数をとりうる．このように，金属イオンに複数の電荷数が可能なイオン性二元化合物を**II型化合物**という．たとえば，クロムには電荷数 +2と +3のカチオンがあり，塩素との間に2種類のイオン化合物が生成する．

例 題 3・4

次のイオンの組合わせから生じる化合物の化学式を書け．

(a) Fe^{3+} と Cl^-，(b) Fe^{2+} と O^{2-}，(c) Pb^{4+} と O^{2-}

解　(a) $FeCl_3$，(b) FeO，(c) PbO_2

練習問題 3・4　図3・5を参考に，次の元素の組合わせから生成する可能性のあるイオン化合物の化学式をすべて書け．

(a) 鉄とリン，(b) 鉛とヨウ素，(c) 銅と酸素

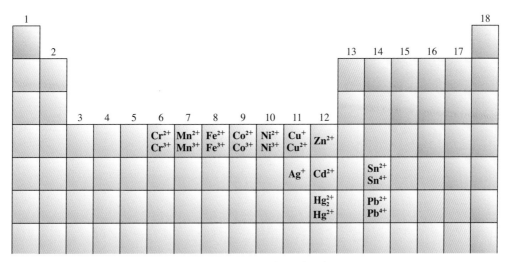

図 3・5　複数種類の電荷数をとる金属元素と金属イオンの例

3・3　イオンとイオン性二元化合物の名称

化学がまだ新しい科学であった何世紀も昔，化学者は比較的少数の既知化合物の名称を暗記することができた．また名称の多くは，化合物の外観や特性，起源，一般的な用途と関連していた．たとえば，ギ酸（蟻酸）は，アリ（蟻）に噛まれたときに感じる痛みの原因物質であり，英語名の formic acid はアリのラテン語である *formica* に由来している．

今日，既知化合物の数は何百万にも達し，毎年増え続けている．明らかに，すべての化合物名を記憶することは不可能であるが，幸いなことに，化学物質に統一的な名称をつけるための，**命名法**とよばれる体系が長年にわたって考案されてきた[*1]．化学命名法の規則は普遍的であり，世界中の化学者が互いを理解し，膨大な数の異なる物質を特定するための実用的な方法を提供している．以下に，単原子イオンとイオン性二元化合物について，化学式から化合物名を書き，また化合物名から化学式を書く方法について説明する．表3・1に，代表的な単原子イオンの名称をまとめた．

単原子カチオンの名称

単原子カチオンは，元素名に“イオン”をつけて命名する．たとえば，K^+ はカリウムイオン，Mg^{2+} はマグネシウムイオン，Al^{3+} はアルミニウムイオンとなる．1族，2族，13族の元素は1種類の電荷数しかとらないので，名称に電荷数は書かない．

一方，複数の電荷数をとりうる元素のカチオンは，電荷数をかっこに入れて元素名につけ，続いて“イオン”とつけて命名する．たとえば，Cr^{2+} はクロム(2+)イオン，Cr^{3+} はクロム(3+)イオンとなる．

電荷数の代わりに酸化数を用いる表記法もある．酸化数はイオンや化合物中にある原子の酸化状態を表し，単原子イオンの酸化数は電荷数と一致する．酸化数はかっこ付きのローマ数字を用いて表し，Cr^{2+} はクロム(II)イオン，Cr^{3+} はクロム(III)イオンと表記する[*2]．

例題 3・5

次のイオンの名称を書け．
(a) Ca^{2+}, (b) Pb^{4+}, (c) Ag^+
解　(a) カルシウムイオン，(b) 鉛(IV)イオン，(c) 銀イオン

練習問題 3・5　次のイオンの化学式（イオン式）を書け．
(a) 鉛(II)イオン，(b) ナトリウムイオン，(c) 亜鉛イオン，(d) 鉄(III)イオン，(e) マンガン(II)イオン

単原子アニオンの名称

単原子アニオンでは，元素が和名の塩素，酸素，窒素などのアニオンは“素”を“化物イオン”に変えて命名する[*3]．同じく和名である硫黄のアニオンは硫化物イオン，

表 3・1　代表的な単原子イオンの名称[†]

カチオン		カチオン		アニオン	
名　称	化学式	名　称	化学式	名　称	化学式
アルミニウム	Al^{3+}	鉄(III)	Fe^{3+}	臭化物	Br^-
バリウム	Ba^{2+}	鉛(II)	Pb^{2+}	塩化物	Cl^-
カドミウム	Cd^{2+}	リチウム	Li^+	フッ化物	F^-
カルシウム	Ca^{2+}	マグネシウム	Mg^{2+}	水素化物	H^-
セシウム	Cs^+	マンガン(II)	Mn^{2+}	ヨウ化物	I^-
クロム(II)	Cr^{2+}	水銀(II)	Hg^{2+}	窒化物	N^{3-}
クロム(III)	Cr^{3+}	カリウム	K^+	酸化物	O^{2-}
コバルト(II)	Co^{2+}	銀	Ag^+	リン化物	P^{3-}
銅(I)	Cu^+	ナトリウム	Na^+	硫化物	S^{2-}
銅(II)	Cu^{2+}	ストロンチウム	Sr^{2+}	セレン化物	Se^{2-}
水　素	H^+	スズ(II)	Sn^{2+}	炭化物	C^{4-}
鉄(II)	Fe^{2+}	亜　鉛	Zn^{2+}		

† 名称から“イオン”が省略されている．

---

*1　訳注：国際純正・応用化学連合（International Union of Pure and Applied Chemistry: IUPAC）が定めた規則で，IUPAC命名法とよばれる．日本化学会が作成した日本語訳が出版されている．
*2　訳注：単原子イオンやイオン化合物以外では，原子の電荷数を明確に規定することはできない．一方，酸化数は電荷数に比べて適用範囲が広く，さまざまな化合物に含まれる原子の酸化状態を表すことができるため，より一般的に使用されている．
*3　訳注：水素のアニオン（H^-）は“素”を残して水素化物イオンとする．

リン (燐) のアニオンはリン化物イオンという. 外国語に由来するカタカナ表記の元素は, 元素名に"化物イオン"をつけてアニオンの名称とする. 非金属元素ではセレンがこれに該当し, Se^{2-} はセレン化物イオンという.

イオン性二元化合物の名称

図3・6にイオン性二元化合物の命名手順をまとめた. 単原子カチオンと単原子アニオンからなる化合物の名称は, アニオンを前, カチオンを後に書いて構成し, その際"物イオン"と"イオン"は削除する. すなわち, 塩化ナトリウム, 酸化カルシウム, 窒化アルミニウムなどとなる. いずれも金属イオンの電荷数が1種類に限られるI型化合物なので, 電荷数や酸化数は書かない.

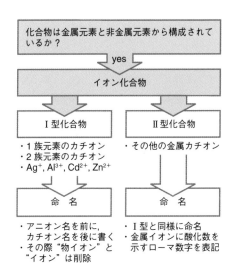

図 3・6　イオン性二元化合物の命名手順

カチオンとアニオンの比が異なる化合物についても同様に命名することができる. この場合, イオンの種類をもとに電気的に中性な化合物組成を特定できるので, イオン名に数詞はつけない. たとえば, リチウムイオン (Li^+) の電荷数は常に $+1$, 硫化物イオン (S^{2-}) の電荷数は常に -2 なので, 硫化リチウムの組成は Li_2S と特定される. 同様に, 塩化バリウムの組成は $BaCl_2$, 酸化アルミニウムの組成は Al_3O_2 となる.

化学式	カチオン	アニオン	名　称
Li_2S	リチウムイオン	硫化物イオン	硫化リチウム
$BaCl_2$	バリウムイオン	塩化物イオン	塩化バリウム
Al_2O_3	アルミニウムイオン	酸化物イオン	酸化アルミニウム

金属イオンが複数の電荷数をとるII型化合物は, 電荷数あるいは酸化数をつけて命名する. 酸化数 (ローマ数字) を用いた名称を以下に示す. 化合物名はそれぞれ, 塩化コバルト(II), 酸化クロム(III), 窒化銅(II) となる. I型化合物と同様, 電荷数 (酸化数) からカチオンとアニオンの比を特定することができる. また逆に, 化学式をもとに金属イオンの電荷数 (酸化数) がわかる. たとえば, 塩化物イオン (Cl^-) の電荷数は常に -1 なので, $CoCl_2$ が中性であるためには, コバルトは $+2$ の電荷数 (酸化数) をもつことになる.

化学式	カチオン	アニオン	名　称
$CoCl_2$	コバルト(II)イオン	塩化物イオン	塩化コバルト(II)
Cr_2O_3	クロム(III)イオン	酸化物イオン	酸化クロム(III)
Cu_3N_2	銅(II)イオン	窒化物イオン	窒化銅(II)

例 題 3・6

次のイオン化合物の名称を書け.
　(a) Ca_3N_2, (b) $MgCl_2$, (c) Cu_2O, (d) $ZnCl_2$, (e) Mn_2O_3, (f) Li_3P
解　(a) 窒化カルシウム, (b) 塩化マグネシウム, (c) 酸化銅(I), (d) 塩化亜鉛, (e) 酸化マンガン(III), (f) リン化リチウム. I型化合物 (a, b, d, f) に酸化数は付けない. II型化合物 (c, e) は金属の酸化数を含めて命名する.

練習問題 3・6　次のイオン化合物の化学式を書け.
　(a) 酸化鉄(II), (b) 臭化亜鉛, (c) 硫化ストロンチウム, (d) 酸化カリウム, (e) 硫化鉄(III)

3・4　共有結合と分子

金属原子から生じたカチオンと, 非金属原子から生じたアニオンとが静電引力 (クーロン力) によって引き合い, イオン結合をもつイオン化合物が形成されることを述べた. 原子がイオンに変化する際の駆動力は, 貴ガスの電子配置がもつ安定性にあった. そのため, 価電子数の少ない1族や2族の金属原子はカチオンに変わりやすく, 価電子数が貴ガスの8電子に近い16族や17族の非金属原子はアニオンに変化しやすかった. 一方, 周期表でこれらの中間に位置する14族や15族の炭素 (C), ケイ素 (Si), リン (P) などは単原子イオンを生成しにくい. また, 16族や17族の原子であっても, 電子を放出しやすい1族や2族の金属が共存しなければ, 電子を獲得して単原子イオンに変わることはない. そのような場合には, イオン結合に代わって, 共有結合とよばれる別の形式の結合が形成される.

共 有 結 合

　塩素を例に共有結合の成り立ちを見てみよう．塩素の電子配置は $[Ne]3s^2 3p^5$，価電子数は 7 である．ルイス記号を用いた以下の式からわかるように，2 個の Cl 原子が近づき，原子間に 2 電子が共有されると，それぞれの原子が 8 個の価電子で囲まれ，貴ガスの電子配置となって安定化する[*]．このように，2 個の原子が電子を共有して形成された結合を**共有結合**という．2 個の Cl 原子が共有結合で結ばれた Cl_2 はこの元素の安定形であり，単に塩素といえばこの単体を意味する．

$$:\ddot{C}l\cdot \; + \; \cdot\ddot{C}l\cdot \longrightarrow :\ddot{C}l\!:\!\ddot{C}l:$$

　2 個の H 原子も共有結合を形成する．水素の原子価軌道は 1s なので，2 電子が収容されると貴ガスの電子配置（[He]）となる．塩素の場合と同様，共有結合で結ばれた H_2 はこの元素の安定形であり，単に水素といえばこの単体を意味する．

$$H\cdot \; + \; \cdot H \longrightarrow H\!:\!H$$

分　　子

　複数原子が共有結合で結ばれた中性の化学種を**分子**という．分子には 1 種類の元素からなる単体と，2 種類以上の元素で構成された化合物とがある．同じ原子が共有結合で結ばれた Cl_2 や H_2 は分子性の単体であり，種類の異なる H 原子と Cl 原子が共有結合で結ばれた塩化水素（HCl）は分子性の化合物である．

$$H\!:\!\ddot{C}l:$$

　なお，6 章で述べるように，構成元素のルイス記号を組合わせて分子構造を書くときは，共有電子対（：）を実線（ー）に変えて共有結合を表記することができる．

$$:\ddot{C}l-\ddot{C}l: \qquad H-H \qquad H-\ddot{C}l:$$

　"化合物が 2 種類以上の元素から構成された物質"とするこの定義は，ドルトンの原子説に由来する．この学説は三つの仮説を含み，第一の仮説は"物質は原子から構成されている"である（§1・2）．第二の仮説は"化合物は 2 種類以上の元素の原子からなり，同じ化合物には同じ種類の原子が常に同じ比で存在する"というものである．たとえば，HCl という化合物は 2 種類の元素（水素と塩素）からなり，H 原子と Cl 原子を常に 1：1 の比で含んでいる．なお，第三の仮説は化学反応に関するもので，10 章で議論する．

　第二の仮説は，フランスの化学者プルースト（Joseph Proust）が 18 世紀末に提案した**定比例の法則**を発展させたものである．この法則は，"同じ化合物であれば，産地や製法によらず，常に同じ成分元素を同じ質量比で含む"ことを示している．たとえば，塩化水素（HCl）中の塩素と水素の質量比は常に 35.17：1 であり，二酸化炭素（CO_2）中の酸素と炭素の質量比は常に 2.66：1 である．

　定比例の法則が成立するためには，元素を特定の質量をもつ粒子（原子），また化合物を複数種類の原子が特定の組成で組合わされたものと考えると都合がよい．ドルトンはこの考えをもとに，"元素 A と B が結合して 2 種類の化合物 X と Y が生成するとき，A の質量に対する B の質量比は X と Y との間で簡単な整数比をなす"と仮定し，これを実験的に証明した．この関係は**倍数比例の法則**とよばれ，原子説の有力な証拠となった．たとえば，炭素に酸素が結合すると 2 種類の化合物である二酸化炭素（CO_2）と一酸化炭素（CO）が生成する．各化合物に含まれる酸素と炭素の質量比は，二酸化炭素で（酸素：炭素 ＝ 2.66：1），一酸化炭素で（酸素：炭素 ＝ 1.33：1）である．これらの質量比の割合は 2 であり，簡単な整数比となる．

$$\frac{CO_2\ 中の質量比\ （O/C）}{CO\ 中の質量比\ （O/C）} = \frac{2.66}{1.33} = 2$$

　図 3・7 に二酸化炭素と一酸化炭素の分子モデルを示

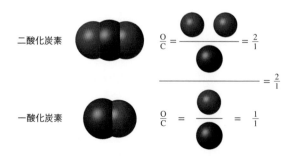

図 3・7　分子モデルを用いた倍数比例の法則の概念図

---

[*]　訳注：これはルイス（Gilbert Lewis）による共有結合の説明である．より直感的には，負電荷をもつ 2 個の共有電子が，正電荷をもつ 2 個の原子核と引き付けあい，接着剤のような役割を果たすと考えるとよい．なお，共有結合の正しい理解には量子力学が必要である．

す. 二酸化炭素は1個のC原子と2個のO原子から, 一酸化炭素は1個のC原子と1個のO原子から構成されている. ドルトンの原子説は, このような分子構造が明らかにされる重要な契機をつくった.

分子は小さすぎて直接観察することができないが, その構造を視覚化する方法が考案されている. 本書では, 原子を元素ごとに色分けした球体で表し（表3・2）, それらを組合わせた (a) **球棒**と (b) **空間充填**の2種類のモデルを用いて分子構造を表示する（図3・8）. 前者 (a) では結合を棒で表し, 後者 (b) では原子の重なり

として表現している. 前者は分子を構成する原子の三次元的配列を示すのに適し, 後者は原子や分子の大きさを表現するのに適している.

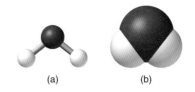

(a)　　　　　(b)

図3・8 (a) 球棒モデルと (b) 空間充填モデルによる水の分子構造

表 3・2 本書で分子モデルに用いる元素色

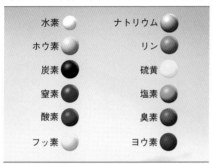

水素	ナトリウム
ホウ素	リン
炭素	硫黄
窒素	塩素
酸素	臭素
フッ素	ヨウ素

同種または異種の2原子から構成された分子を**二原子分子**という. これまでに見てきた分子では Cl_2, H_2, HCl, CO がこの分類に入る. いくつかの元素は, 単原子ではなく二原子分子として安定化する. 窒素（N_2）や酸素（O_2）, 17族のフッ素（F_2）, 塩素（Cl_2）, 臭素（Br_2）, ヨウ素（I_2）などである. さらに, オゾン（O_3）や水（H_2O）に見られるように, 多くの分子は3原子以上で構成された**多原子分子**である.

コラム 3・1　窒 素 固 定

国連は, 世界の人口が2011年の秋に70億人に達したと推計した. 人類の正確な数を知ることは不可能であるが, 化学の寄与なしに地球が現在の人口を維持できないことは確かである. 窒素は植物の生育に必要な肥料の三要素の一つであり, 大気のおよそ80％を占める窒素ガス（N_2）として大量に存在している. しかし, 窒素ガスはきわめて安定な分子であるため, 植物はこの豊富な窒素資源を直接利用することができない. そのため, 窒素固定により窒素ガスを反応性の高いアンモニアなどの窒素化合物に変換し, 植物栽培に利用している. 自然

界では, 土壌に存在する根粒菌などの細菌が窒素固定を担い, 植物の成長を支えているが, 自然が生産する窒素化合物は人類の必要量に遠く及ばない. 20世紀の初頭, ドイツの化学者ハーバー（Fritz Haber）とボッシュ（Carl Bosch）は, 大気中の窒素から植物肥料の製造原料となるアンモニアを, 事実上無制限に供給できる工業プロセスを開発した. ハーバー・ボッシュ法として知られるこのプロセスの開発を契機として地球の人口は急速に増え, 1927年の約20億人から, 今日の70億人以上にまで増加した.

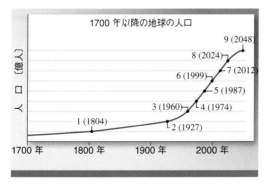

出典: United Nations World Population Prospects

[© Jeff Vanuga, USDA Natural Resources Conservation Service]

分子式

　分子を構成する各元素の原子の実数を示した化学式を**分子式**とよぶ. 上で示した H_2, O_2, O_3, H_2O などはすべて分子式である. 下付きの数字は原子数を表し, 1は書かない. 酸素 (O_2) とオゾン (O_3) はともに酸素の単体であるが構造や性質が異なり, 互いに**同素体**の関係にある.

　分子中の原子の実数を示す分子式に対して, 分子を構成する元素の相対比を示した化学式を**実験式**という. たとえば, 過酸化水素の分子式は H_2O_2 であるが, H と O の比は 1：1 なので, 実験式は HO となる. また, ヒドラジンの分子式は N_2H_4, 実験式は NH_2 である.

　いくつかの化合物について, 分子式と実験式を表3・3にまとめた. 実験式はその名のとおり, 元素分析などの実験的方法により求めた元素組成を最も簡単な整数比で表したものである. 5章で説明するように, 実験式に分子量などの情報を加えて分子式が作成される.

表 3・3　分子式と実験式

化合物	分子式	分子モデル	実験式
水	H_2O		H_2O
過酸化水素	H_2O_2		HO
エタン	C_2H_6		CH_3
プロパン	C_3H_8		C_3H_8
エチン (アセチレン)	C_2H_2		CH
ベンゼン	C_6H_6		CH

3・5　分子性二元化合物の名称

　§3・4に登場した分子はすべて2種類の非金属元素から構成された二元化合物であった. これらの分子はイオン性の二元化合物と同様な方法で命名することができる. たとえば, HCl は塩素のアニオン名である塩化物イオンから"物イオン"を削除し, 代わりに"水素"をつけて塩化水素と命名する. 同様に, HI はヨウ化水素, SiC は炭化ケイ素となる[*].

　構成元素の原子数が2個以上の場合は, 元素名に漢数字をつけて原子数を表す(表3・4). 英語では, ギリシャ語の数詞(表3・5)を接頭辞として原子数を表す. たとえば, N_2O_5 は五酸化二窒素となる. 原子数が1の場合, 誤解を生じなければ"一"は省略されるが, 一酸化炭素 (CO) と二酸化炭素 (CO_2) のように, 組成に複数の可能性がある場合は"一"をつけて組成を明確化する.

表 3・4　数詞を用いた化合物名の例

化合物	名　称	化合物	名　称
CO	一酸化炭素	SO_3	三酸化硫黄
CO_2	二酸化炭素	NO_2	二酸化窒素
SO_2	二酸化硫黄	N_2O_5	五酸化二窒素

表 3・5　接頭辞として用いられるギリシャ語の数詞

接頭辞	意　味	接頭辞	意　味
モノ (mono)	1	ヘキサ (hexa)	6
ジ (di)	2	ヘプタ (hepta)	7
トリ (tri)	3	オクタ (octa)	8
テトラ (tetra)	4	ノナ (nona)	9
ペンタ (penta)	5	デカ (deca)	10

例 題 3・7

次の二元化合物の名称を書け.
(a) NF_3, (b) N_2O_4

解　(a) 三フッ化窒素, (b) 四酸化二窒素. 元素の原子数が2以上の場合は, 元素名に漢数字を付けて組成を示す.

練習問題 3・7　次の二元化合物の名称を書け.
(a) OCl_2, (b) $SiCl_4$, (c) O_2Cl, (d) CBr_4

例 題 3・8

次の二元化合物の化学式を書け.
(a) 四フッ化硫黄, (b) 三硫化四リン

解　(a) SF_4, (b) P_4S_3

練習問題 3・8　次の二元化合物の化学式を書け.
(a) 二硫化炭素, (b) 三酸化二窒素, (c) 六フッ化硫黄

---

　[*]　訳注: 化学式では電気的に陽性な元素を前, 陰性な元素を後に書く. 命名の際は, 電気的に陰性な元素がアニオン名となる.

3・6 多原子イオン

これまで，イオン結合で構成されたイオン化合物と，共有結合で構成された分子について見てきた．また，すべてのイオン化合物は単原子イオンだけを含んでいた．一方，複数原子から共有結合により構成された分子が，分子全体で電荷を帯びた**多原子イオン**が存在する．多くのイオン化合物が多原子イオンを含んでいる．

表3・6に，代表的な多原子イオンの名称と化学式を示す．多くはアニオンである．以下に述べるように，多原子イオンを含むイオン化合物を構成するときは，単原子イオンの化合物と同様，化合物全体が電気的に中性となるよう化学式を書く．

塩化アンモニウム　カチオンはNH_4^+，アニオンはCl^-である．両者が1:1でイオン結合したNH_4Clの電荷は$(+1)+(-1)=0$であり，電気的に中性となる．同様に，シアン化ナトリウム（$NaCN$）と，過マンガン酸カリウム（$KMnO_4$）も，カチオンとアニオンの比が1:1で電気的に中性となる．

リン酸カルシウム　カチオンはCa^{2+}，アニオンはPO_4^{3-}である．互いの電荷数を下付き数字として構成した$Ca_3(PO_4)_2$の電荷は$(+2)\times3+(-3)\times2=0$であり，電気的に中性となる．化学式に多原子イオンの個数を示すときは，$Ca_3(PO_4)_2$のように，イオン式をかっこでくくって下付き数字をつける．同様に，硫酸アンモニウムの化学式は$(NH_4)_2SO_4$となる．

多原子イオンを含むイオン化合物の名称は，アニオンを前，カチオンを後に書いて構成する．この場合，各イオンとも1種類の電荷数しかもたないので，数詞はつけない．たとえば，Li_2CO_3は炭酸リチウムと命名する．

炭酸イオン（CO_3^{2-}）は，一般式A_xO_y（Aは酸素以外の原子）で表される**オキソアニオン**の一種である．下に示すように，中心原子Aが1個のオキソアニオンには他に，硝酸イオン（NO_3^-），硫酸イオン（SO_4^{2-}），リン酸イオン（PO_4^{3-}）などがある．それぞれに酸素の原子数が異なる同族体が存在し，酸素原子が一つ少ないものは"亜"をつけて，亜硝酸イオン（NO_2^-），亜硫酸イオン（SO_3^{2-}），亜リン酸イオン（PO_3^{3-}）と命名する．

NO_3^-	NO_2^-	SO_4^{2-}	SO_3^{2-}	PO_4^{3-}	PO_3^{3-}
硝酸イオン	亜硝酸イオン	硫酸イオン	亜硫酸イオン	リン酸イオン	亜リン酸イオン

より一般的には，古くから知られているオキソアニオンを○○酸イオンとよんで基準とし，これよりも酸素原子が一つ多いものは過○○酸イオン，一つ少ないものは亜○○酸イオン，二つ少ないものは次亜○○酸イオンとそれぞれ命名する．

ClO_4^-	ClO_3^-	ClO_2^-	ClO^-
過塩素酸イオン	塩素酸イオン	亜塩素酸イオン	次亜塩素酸イオン

例題 3・9

表3・6を参考に，次のイオン化合物の名称を書け．
(a) NH_4F，(b) $Al(OH)_3$，(c) $Fe_2(SO_4)_3$

解　(a) フッ化アンモニウム，(b) 水酸化アルミニウム，(c) 硫酸鉄(III)

練習問題 3・9　次のイオン化合物の名称を書け．
(a) Na_2SO_4，(b) $Cu(NO_3)_2$，(c) $Fe_2(CO_3)_3$，(d) K_2CrO_4

表3・6　代表的な多原子イオンの名称[†]

カチオン		アニオン					
名　称	化学式	名　称	化学式	名　称	化学式	名　称	化学式
アンモニウム	NH_4^+	アジ化物	N_3^-	硫酸水素	HSO_4^-	リン水素酸	HPO_4^{2-}
オキソニウム	H_3O^+	シアン化物	CN^-	亜硫酸	SO_3^{2-}	リン二水素酸	$H_2PO_4^-$
水銀(I)	Hg_2^{2+}	水酸化物	OH^-	過塩素酸	ClO_4^-	亜リン酸	PO_3^{3-}
		過酸化物	O_2^{2-}	塩素酸	ClO_3^-	クロム酸	CrO_4^{2-}
		炭酸	CO_3^{2-}	亜塩素酸	ClO_2^-	二クロム酸	$Cr_2O_7^{2-}$
		炭酸水素	HCO_3^-	次亜塩素酸	ClO^-	過マンガン酸	MnO_4^-
		硝酸	NO_3^-	チオシアン酸	SCN^-	酢酸	$CH_3CO_2^-$
		亜硝酸	NO_2^-	リン酸	PO_4^{3-}	シュウ酸	$C_2O_4^{2-}$
		硫酸	SO_4^{2-}				

[†]　名称から"イオン"が省略されている．

例題 3・10

表3・6を参考に，次のイオン化合物の化学式を書け．
　(a) 塩化水銀(I)，(b) クロム酸鉛(II)，(c) リン酸水素カリウム

解　(a) Hg_2Cl_2，(b) $PbCrO_4$，(c) $KHPO_4$

練習問題 3・10　次のイオン化合物の化学式を書け．

　(a) 塩素酸鉛(II)，(b) 炭酸水素ナトリウム，(c) 亜硫酸カリウム，(d) リン酸アンモニウム，(e) 亜リン酸鉄(III)

表3・7　代表的な酸の名称（オキソ酸を除く）

化学式	化合物名	酸の名称
HF	フッ化水素	フッ化水素酸
HCl	塩化水素	塩化水素酸（塩酸）
HBr	臭化水素	臭化水素酸
HI	ヨウ化水素	ヨウ化水素酸
HCN	シアン化水素	シアン化水素酸
H_2S	硫化水素	硫化水素酸

コラム 3・2　水 和 物

　水和物とは特定の数の水分子を含む化合物である．たとえば，硫酸銅(II)($CuSO_4$)は，通常の状態で5分子の水分子を含んでいる．この水和物の名称は硫酸銅(II)五水和物，化学式は$CuSO_4 \cdot 5H_2O$と書く．水和物を加熱すると水が除去され，$CuSO_4$の組成をもつ硫酸銅無水物に変わる．水和物と無水物では物理的性質と化学的性質が異なる．すなわち，五水和物は青色の結晶であるが，無水物は白色の粉末である．

CuSO₄·5H₂O　　　　　CuSO₄（無水物）

[（いずれも）©McGraw-Hill Education/Charles D. Winters, photographer]

3・7　酸

　狭義には，水に溶かすと電離し，水素イオン (H^+) を生じる物質を**酸**という（12章）．酸を含む水溶液は酸性を示す．化合物としての酸は，アニオンに水素イオン (H^+) が結合した分子性化合物である．化学式はH原子を前に，アニオンを後に書いて構成する．その際，Hの原子数はアニオンの電荷数と一致する．命名法は，酸を構成するアニオンの名称が"○○化物イオン"であるものと，"○○酸イオン"であるものとで異なる．

　　HCl　HF　HCN　HClO₄　HNO₃　H₂SO₄　H₃PO₄

　表3・7に，"○○化物イオン"の酸について，化合

物名と酸の名称を示す．§3・5で説明したように，これらの酸では"物イオン"を"水素"に変えて化合物名とする．HCl, HF, HCN の名称はそれぞれ，塩化水素，フッ化水素，シアン化水素である．これら化合物名に"酸"をつけると，それぞれ酸性水溶液の名称に変わる．すなわち，塩化水素酸，フッ化水素酸，シアン化水素酸となる．なお，塩化水素酸は通常，塩酸とよばれている．すなわち，塩酸はHClの化合物名ではなく，塩化水素の水溶液を表す言葉である．

　オキソアニオンの酸は**オキソ酸**と総称される．日本語では，アニオン名から"イオン"を除くと酸の化合物名となる．オキソ酸の水溶液にも同じ名称が適用される．すなわち，HNO_3 は硝酸，H_2SO_4 は硫酸，$HClO_4$ は過塩素酸，$HClO_3$ は塩素酸，$HClO_2$ は亜塩素酸，HClO は次亜塩素酸である．

例題 3・11

次の化合物の名称を書け．
　(a) H_3PO_4，(b) H_2CO_3，(c) HNO_3，(d) H_2SO_4

解　(a) リン酸，(b) 炭酸，(c) 硝酸，(d) 硫酸

練習問題 3・11　次の化合物の名称を書け．酸の名称が化合物名と異なる場合は合わせて解答せよ．

　(a) HCN，(b) HNO_2，(c) $HClO_4$，(d) H_2S

練習問題 3・12　次の化合物の化学式を書け．

　(a) 亜硫酸，(b) クロム酸，(c) 塩素酸

3・8　ま と め

　本章では，元素の特性に基づいて物質と結合が形成される様子を見てきた．その内容は，図3・9のように概略される．物質の種類と名称について，以下に要点をまとめる．

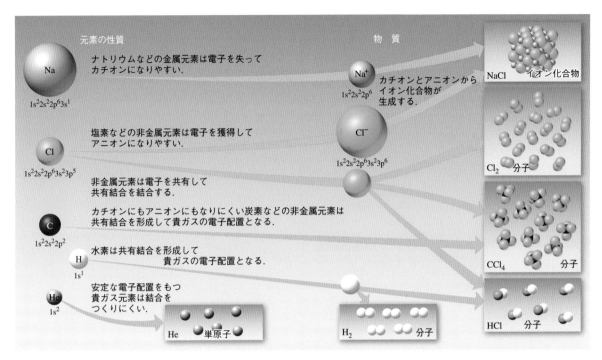

図 3・9 元素の性質と物質

単体と化合物

純物質には単体と化合物とがある．単体は1種類の元素からなる物質であり，元素特性に応じて形態が変化する（図3・10）．ヘリウム（He）などの18族元素は，単原子の単体として安定である．1族と2族元素は金属結晶として存在する．水素や15族〜17族の非金属元素は共有結合をもつ分子を形成し，それらの多くは二原子分子である．

He（単原子の単体）

O_2（分子性の単体）

化合物は2種類以上の元素からなる物質で，イオン化合物と分子とに分類される．塩化ナトリウムはイオン化合物，水は分子である．

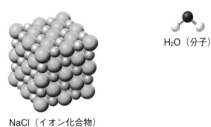

NaCl（イオン化合物）

H_2O（分子）

イオン化合物と分子

化学式が以下のいずれかの組合わせであれば，イオン化合物である．

・金属 ＋ 非金属

　例: NaCl, Li_2S, Fe_2O_3, $AlCl_3$, ZnO

H_2								He
Li	Be				N_2	O_2	F_2	Ne
Na	Mg				P_4	S_8	Cl_2	Ar
K	Ca						Br_2	Kr
Rb	Sr						I_2	Xe
Cs	Ba							Rn

図 3・10　主族元素の単体．灰色は金属結晶，青色は単原子，緑色は二原子分子，黄色は多原子分子を表す．

• 金属 + 多原子アニオン

例: KNO_3, $Cr_2(SO_4)_3$, $MnCO_3$, $SrClO_3$, ZnO, Hg_2CrO_4

• アンモニウムイオン* + アニオン（単原子または多原子）

例: NH_4Cl, $(NH_4)_2S$, $(NH_4)_2CO_3$, $(NH_4)_2SO_4$, $(NH_4)_3PO_4$

一方, 化学式が非金属元素だけで構成されていれば, 化合物は分子である.

例: HI, CS_2, N_2O, ClF, SF_6

化合物の命名

　イオン化合物と分子とで命名法が異なるので, 次の基準をもとにいずれのタイプであるかを判定する. イオン化合物であれば図3・11, 分子（二元化合物）であれば図3・12に従って命名する.

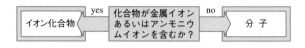

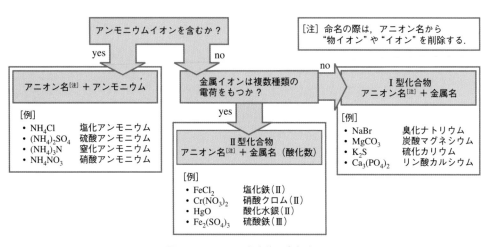

図 3・11　イオン化合物の命名法

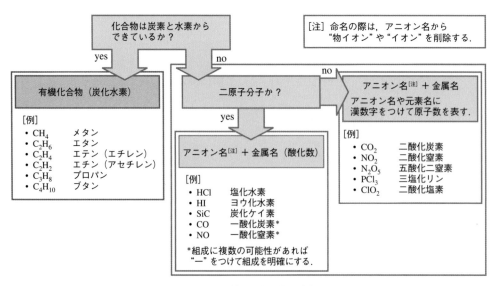

図 3・12　分子性二元化合物の命名法

---

* 訳注: アンモニウムイオン以外の多原子カチオンもイオン化合物を形成する.

キ ー ワ ー ド

CHAPTER 4

単位と有効数字

前章までに述べた物質の分類，原子の構成，イオンや分子の成り立ちに関する議論は，統一原子質量単位を用いた原子量の説明を除いて定性的であった（§1・7参照）．本章では，観測結果を定量的に記録し，解析する際に必要となる測定値と単位系の取扱い方について学習する．

表 4・1 代表的な SI 基本単位

基本量	単 位	記 号
質　量	キログラム	kg
長　さ	メートル	m
時　間	秒	s
温　度	ケルビン	K

4・1 単　　位

化学で使用される測定量は，質量，長さ，時間，温度などである．自然科学では，データを世界中の研究者が共有するため，国際的に合意された**国際単位系（SI単位）**

表 4・2 代表的な SI 接頭辞

接頭辞	記号	意　味	例
テ　ラ	T	1,000,000,000,000 (1×10^{12})	1テラバイト（TB）＝ 1,000,000,000,000 バイト（B）[†]
ギ　ガ	G	1,000,000,000 (1×10^{9})	1ギガワット（GW）＝ 1,000,000,000 ワット（W）[†]
メ　ガ	M	1,000,000 (1×10^{6})	1メガヘルツ（MHz）＝ 1,000,000 ヘルツ（Hz）[†]
キ　ロ	k	1,000 (1×10^{3})	1キロメートル（km）＝ 1,000 メートル（m）
デ　シ	d	0.1 (1×10^{-1})	1デシリットル（dL）＝ 0.1 リットル（L）
センチ	c	0.01 (1×10^{-2})	1センチメートル（cm）＝ 0.01 メートル（m）
ミ　リ	m	0.001 (1×10^{-3})	1ミリ秒（ms）＝ 0.001 秒（s）
マイクロ	μ	0.000001 (1×10^{-6})	1マイクログラム（μg）＝ 0.000001 グラム（g）
ナ　ノ	n	0.000000001 (1×10^{-9})	1ナノ秒（ns）＝ 0.000000001 秒（s）

[†] バイト（byte, B）は情報量の単位．ワット（W）は仕事率の単位．ヘルツ（Hz）は振動数の単位．

が整備されている. 日本では, 多くの SI 単位が日常的に使用されている.

基本単位と接頭辞

表 4・1 に, 質量, 長さ, 時間, 温度に使用される SI 単位を示す. これらを**基本単位**という[*1]. 以下に説明するように, 基本単位を用いると数値がきわめて大きくなったり, 小さくなったりすることがある. その場合は, 表 4・2 に示す SI 接頭辞をつけて単位の大きさを調節し, 直感的に捉えやすい数値に変えることができる.

質 量

質量と重さはしばしば混同される用語であるが, 両者は定義が異なる. **重さ**は物体に作用する重力の大きさを, **質量**は物体に含まれる物質の量を表す. 月の重力が地球の 1/6 であるように, 重力は場所によって異なるので, 重さも測定地によって変化する. これに対して, 質量は場所が違っても変わらない.

質量の SI 基本単位はキログラム (kg) であるが, 通常の化学実験では物質の量をグラム (g) 単位で表すことが多い. キロ (k) は 1000 倍を表す接頭辞で, 1 kg = 1000 g である. 薬の有効成分の表示にはミリグラム (mg) 単位が使用される. ミリ (m) は 1/1000 倍を表し, 1 g = 1000 mg である.

長 さ

長さの SI 基本単位はメートル (m) である. 日常生活では, キロメートル (km), センチメートル (cm), ミリメートル (mm) もよく使われる. 1 km = 1000 m, 1 m = 100 cm = 1000 mm である.

時 間

時間の SI 基本単位は秒 (s) であるが, 秒よりも長い時間には, 分 (min), 時間 (h), 日 (d), 年 (y) などの単位が併用される. 一方, 秒よりも短い時間には SI 接頭辞をつけたミリ秒 (ms) などの単位が使用される. 1 s = 1000 ms である.

例題 4・1

次の数値をかっこ内の単位に換算せよ.
(a) 1255 m [km], (b) 0.0000000075 s [ns],
(c) 0.9 L [dL], (d) 0.000086 m [μm]

解 (a) 1.255 km, (b) 7.5 ns, (c) 9 dL, (d) 86 μm

練習問題 4・1 次の数値の整数部が 1 桁となるように単位を調節せよ.
(a) 0.000000005 s, (b) 9,820,000,000 B (バイト),
(c) 0.085 m, (d) 0.0000067 g, (e) 4,900,000 Hz,
(f) 0.54 L

温 度

化学では**摂氏温度目盛**と**ケルビン温度目盛**が使用され, SI 単位はケルビンである. 単位記号はそれぞれ ℃ と K (ケルビン) である. なお, ケルビンに"°"はつけない (°K ではない) ので注意してほしい.

摂氏温度は, 1 気圧における純水の凝固点 (0 ℃) と沸点 (100 ℃) をもとに規定される. 一方, ケルビン温度は**絶対温度**ともよばれ, 理論的に可能な最低温度 (絶対零度) を 0 K とする. 図 4・1 に示すように, 摂氏温度とケルビン温度は目盛りの間隔が同じなので, 次の簡単な関係式を用いて換算することができる. 純水の凝固点 (0 ℃) と沸点 (100 ℃) はそれぞれ 273 K と 373 K である[*2].

$$K = ℃ + 273$$

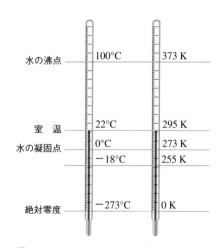

図 4・1 摂氏温度とケルビン温度との関係

例題 4・2

(a) 45 ℃ と (b) 90 ℃ を絶対温度に変換せよ.
解 (a) 318 K, (b) 363 K

[*1] 訳注: SI 基本単位には他に, アンペア (A, 電流), モル (mol, 物質量), カンデラ (cd, 光度) がある.
[*2] 訳注: 厳密には, 0 ℃ = 273.15 K である.

4・2　科学的表記法

　科学では，きわめて大きな数値や，きわめて小さな数
値が使われる．たとえば，小さじ 1 杯の水（約 5 g）に含ま
れる水分子の数は，およそ 167,100,000,000,000,000,000,000
個 で あ る．また，1 分子の水の質量は，およそ
0.0000000000000000000000002994 kg である．きわめ
て多くの 0 を含むこれらの数値を直感的に捉えることは
難しく，実用的でもない．そこで使用されるのが**科学的
表記法**であり，$N \times 10^n$ の形式（指数表記）で数を表す．
ここで，N は仮数とよばれ，$1 \leq N < 10$ の条件を満たす．
また，n は指数とよばれ，正または負の整数値をとる．
　たとえば，15 は 1.5×10^1 と表記される．数値を指数
表記に変えるには，まず仮数 N が $1 \leq N < 10$ の条件を
満たすように小数点を移動する．

$$15 \rightarrow 1.5$$

この場合，小数点の移動は左に 1 回なので，指数 n は 1
となる．すなわち，小数点を左に移動した場合，指数は
正の値となる．同様に，150 では，小数点を左に 2 回移
動すると仮数 N が $1 \leq N < 10$ の条件を満たす．

$$150 \rightarrow 1.50$$

すなわち，指数 n は 2 なので，150 は 1.50×10^2 と表記
される．
　数値が 1 よりも小さい 0.5 では，小数点を右に 1 回移
動すると仮数 N が $1 \leq N < 10$ の条件を満たす．小数点
を右に移動した場合，指数は負の値となる（$n = -1$）．
したがって，0.5 は 5×10^{-1} と表記される．

$$0.5 \rightarrow 5$$

同様に，0.025 では小数点を右に 2 回移動すると仮数 N
が $1 \leq N < 10$ の条件を満たす．指数 $n = -2$ であり，
0.025 は 2.5×10^{-2} と表記される．

$$0.025 \rightarrow 2.5$$

　きわめて大きな数値や，きわめて小さな数値につい
ても，同様の方法で指数表記に変えることができる．
たとえば，小さじ 1 杯の水の分子数は，小数点を右端
（1 の位）から左に 23 回移動すると仮数 N が 1.67 となり
$1 \leq N < 10$ の条件を満たす．したがって，1.67×10^{23} と
表記される．

$$167,100,000,000,000,000,000,000 \rightarrow 1.67 \times 10^{23}$$

小数点を左に 23 回移動（$n = 23$）

　また，水 1 分子の質量は，小数点を右に 26 回移動する
と仮数 N が 2.994 となり $1 \leq N < 10$ の条件を満たす．
すなわち，2.994×10^{-26} と表記される．

小数点を右に 26 回移動（$n = -26$）

$$0.00000000000000000000000002994 \rightarrow 2.994 \times 10^{-26}$$

　なお，科学計算用の電卓には指数入力の機能が付いて
いるので，指数形式の数値をそのまま用いて計算するこ
とができる．

例題 4・3

　次の数値を指数表記で書け.
　(a) 277,000,000, (b) 93,800,000,000, (c) 5,500,000
解　(a) 2.77×10^8, (b) 9.38×10^{10}, (c) 5.5×10^6

例題 4・4

　次の数値を指数表記で書け.
　(a) 0.0000000338, (b) 0.000021, (c) 0.00000000000244
解　(a) 3.38×10^{-8}, (b) 2.1×10^{-5}, (c) 2.44×10^{-12}

4・3　有 効 数 字

　化学では 2 種類の数，すなわち正確な数と，測定され
た数（測定値）が使用される．前者は誤差のない数であ
る．これに対して，後者は本質的に誤差を含み，常に何
らかの不確かさを伴う．本節では，これら 2 種類の数を
区別する方法と，測定に伴う不確かさについて学習する．
また，測定値に不確かさの指標をつけて書く方法と，指
標をつけることの重要性について学ぶ．

正確な数と測定値

　数えた数や定義した数は**正確な数**である．たとえば，

鉛筆や野球ボールの数は正確に特定できる. また, 単位をダースに換えても依然として正確な数である. これに対して, 測定された数は常に不確かさを伴う. たとえば, ペットボトルに 2 L と表示されていても, 内容量が正確に 2 L とは限らない. 表示は測定値であり, 常にいくらかの誤差を含んでいる.

§4・2 で説明した 150 の指数表記には 1.50×10^2 以外に 1.5×10^2 の可能性がある. 仮数の桁数が異なるだけであるが, 両者には重要な違いがある. すなわち, 前者に比べて後者は不確かさの大きな数字である. この違いを理解するため, 図 4・2 に示す 2 種類の定規を使ってスマートフォンの長さを測定する場合について考えてみよう.

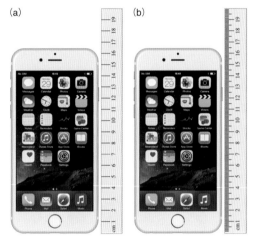

図 4・2 定規を用いたスマートフォンの計測
[a, b: © Shutterstock.com]

左の定規は目盛りがセンチメートル単位なので, スマートフォンが 16 cm よりも少し長いことはわかるが, 小数点以下の数字は 16 cm と 17 cm の目盛り線から見積もった推定値となる. 今, 3 名の測定者が長さを 16.3 cm, 16.4 cm, 16.5 cm とそれぞれ報告したとする. 平均値である 16.4 cm のうち, 整数部分の 1 と 6 は目盛り線に基づく確かな数字である. 一方, 小数部分の 4 は 16 と 17 の目盛り線からの推定値で, 不確かな数字である.

確かな数字

16.4 cm

不確かな数字

これらの 3 桁の数字は, 図 4・2 の測定値の有効数字である. **有効数字**は, 測定値や測定値から計算された値のうち, 意義のある桁だけを表示したもので, 末位の数字に誤差を含んでいる. すなわち, 16.4 cm の末位の 4 には, 他に 3 と 5 の可能性がある. この場合, 16.4 cm ±0.1 cm と書いて平均値からのばらつきの大きさを示す*. この表記は, 測定値が 16.3 cm から 16.5 cm の範囲に, ある高い確率で存在することを意味している.

右の定規にはミリメートル単位の目盛りがあるので, より精度の高い測定値を用いて有効数字を増やすことができる. たとえば, スマートフォンの長さが 16.47 cm, 16.48 cm, 16.49 cm と測定されれば, 平均値は 16.48 cm となり, 有効数字は 4 桁となる. このうち, 1, 6, 4 は, 目盛り線に基づく確かな数字である. 一方, 末位の 8 は, 16.4 と 16.5 の目盛り線をもとに推定された不確かな数字である. したがって, 測定値は, ばらつきの大きさを含め, 16.48 cm ± 0.01 cm と表記される.

確かな数字

16.48 cm

不確かな数字

次に, これらの測定の精度について考えてみる. 図 4・2(a) の測定値は 3 桁の有効数字をもち, 16.4 cm の平均値に対して ±0.1 cm のばらつきが推定された. 一方, (b) の測定値は 4 桁の有効数字をもち, 16.48 cm の平均値に対して ±0.01 cm のばらつきが推定された. 平均値に対するばらつきの大きさの比を百分率で表すとそれぞれ以下のようになる. 右の図の比率は左の図の比率の 1/10 であり, より精度の高い測定であることがわかる.

$$\frac{0.1\ \text{cm}}{16.4\ \text{cm}} \times 100\% = 0.6\% \quad \text{vs.} \quad \frac{0.01\ \text{cm}}{16.48\ \text{cm}} \times 100\% = 0.06\%$$

化学では, 有効数字を見きわめることが重要である. その理由は §4・4 においてより明確となるが, まずは具体的な数値を用いて有効数字を判断する際の指針を示す.

1. 0 以外の数字は有効数字である.

　　18,911 (5 桁)　　　　1, 8, 9, 1, 1

　　4.1 (2 桁)　　　　　4, 1

　　58.63 (4 桁)　　　　5, 8, 6, 3

---

* 訳注: 測定値のばらつきの大きさを示す統計的指標に "標準偏差" があり, 表計算ソフトを使用して簡単に計算することができる. 測定値の標本が 16.3, 16.4, 16.5 の 3 点である本文の例では, 標準偏差は 0.1 となる.

2. 0以外の数字の間にある0は有効数字である.

101（3桁）	1, 0, 1
5002.1（5桁）	5, 0, 0, 2, 1
8.05（3桁）	8, 0, 5

3. 小数部分で, 0以外の数字の前にある0は有効数字ではない.

0.11（2桁）	1, 1
0.00006（1桁）	6
0.0575（3桁）	5, 7, 5

4. 小数部分で, 0以外の数字の後にある0は有効数字である.

9.10（3桁）	9, 1, 0
0.1500（4桁）	1, 5, 0, 0
0.00030100（5桁）	3, 0, 1, 0, 0

5. 整数部分で, 0以外の数字と小数点との間にある0は, 有効数字であるかどうかわからない. たとえば, 単に150と書かれた場合, 有効数字が2桁か3桁かを判断できない. 指数表記に換えると, 有効数字の桁数が明確になる.

150（2桁または3桁）	
1.5×10^2（2桁）	1, 5
1.50×10^2（3桁）	1, 5, 0

例題 4・5

次の数値の有効数字の桁数を答えよ. 複数の可能性がある場合はすべて書け.

(a) 443 cm, (b) 15.03 g, (c) 0.0356 kg, (d) 3.000 $\times 10^{-7}$ L, (e) 50 mL, (f) 0.9550 m

解 (a) 3桁, (b) 4桁, (c) 3桁, (d) 4桁, (e) 1桁または2桁, (f) 4桁

練習問題 4・5　次の数値の有効数字の桁数を答えよ. 複数の可能性がある場合はすべて書け.

(a) 1129 m, (b) 1.094 cm, (c) 150 mL, (d) 0.0003 kg, (e) 3.5×10^{12} 個, (f) 9.550 km

---

コラム 4・1　アーサー・ローゼンフェルド

　1970年代に"石油危機（オイルショック, 石油ショックともいう）"とよばれるできごとがあった. 中東の政治情勢の不安定化が世界に波及し, 人々の生活に重大な影響を及ぼした. まず, 1973年に始まった第四次中東戦争を機に, アラブ石油輸出国機構は, 米国, 英国, カナダ, 日本, オランダに対して石油の禁輸を宣言した. さらに, 1979年には, イラン革命を契機として原油の供給量が再び減少し, 石油の安定供給に対する不安が大きく広がった. これらのできごとは, 他の重要な地政学的環境の中で原油価格の急騰を招き, ガソリン価格の高騰をもたらした.

　今からすると壊滅的な状況には見えないかもしれないが, 1980年に米国のレギュラーガソリンの価格が初めて1ガロン当たり1ドルを上回ると, 消費者の大きな負担となり, かつて安価でありふれた家族の娯楽であった"休日ドライブ"が過去のものとなった. ガソリンは配給制となり, すべての給油スタンドに終日長蛇の列ができた. また, 車からの抜き取りによるガソリンの盗難を防止するため, 鍵付きの給油キャップが考案された.

　第一次石油危機後の1974年, 米国の著名な物理学者ローゼンフェルド（Arthur Rosenfeld）は, エネルギー効率の研究に着手した. 1975年, ローレンス・バークレー国立研究所に建築科学センターを設立し, 建物のエネルギー効率の解析に幅広く使われているコンピュータープログラムを開発した. また, エネルギー効率のよい蛍光灯の主要部品や, 断熱効果の高い窓用透明コーティングなど, 今日世界中で使用されている多くの技術の開発を指揮した.

ローゼンフェルド
[© Maria J. Avila/MCT/Newscom]

　現在多くの国で, 省エネ性能を示すラベルが家電製品に表示されている. この制度は, 1990年代に米国で始まった"Energy Star"とよばれるエネルギー効率の表示制度がもととなっている. ローゼンフェルドの研究から始まった技術革新により, 家電製品の消費電力は数十年前の1/4から1/5に低下し, 米国だけでも1兆ドル単位のエネルギーコストの削減につながっている.

　ローゼンフェルドは, 国や州のエネルギー顧問を努め, エネルギー効率の科学への多大な貢献により国内外の多くの勲章や賞を受賞した. また2013年には, 当時のオバマ大統領から, 国家技術・イノベーション賞を授与された. さらに, エネルギー効率の基準測定量の単位を"Rosenfeld"とすることが多くの科学者から共同提案された. 2010年に Environmental Research Letters 誌に掲載された論文によれば, 1 Rosenfeld は30億 kWh/年に等しく, この値は500 MW の石炭火力発電所の発電量に相当する.

測定値を用いる計算

測定値を用いた計算では有効数字の取扱いが重要となる．たとえば，2.5 kg の荷物が 575 個あるとする．総重量を単純に計算すると 2.5 kg × 575 = 1437.5 kg となるが，この値はきわめて大きな不確かさを伴っている．すなわち，たとえば 2.5 kg の各荷物の重さに ±0.1 kg のばらつきがあり，これが 575 個分加算されるとかなり大きな数字（±57.5 kg）となるからである．この場合は，総重量とばらつきを指数表記で表し，有効数字の桁数を各荷物の重さに合わせると，比較的良好な結果が得られる．すなわち，総重量を 1.4×10^3 kg とし，ばらつきの推定値を 0.0575×10^3 kg から四捨五入により 0.1×10^3 kg とする．ばらつきの比は 7% となり，各荷物の重さのばらつきの比である 4% に近い値となる．

$$\frac{0.1 \text{ kg}}{2.5 \text{ kg}} \times 100\% = 4\% \quad \text{vs.} \quad \frac{0.1 \times 10^3 \text{ kg}}{1.4 \times 10^3 \text{ kg}} = 7\%$$

化学で同様の計算を行う際，有効数字の取扱いについていくつかの指針がある．加減算（足し算,引き算）と，乗除算（掛け算，割り算）では有効数字の取扱い方が異なる．適切な計算結果を得るためにも，正しい指針を適用することが重要である．

1. 小数の足し算と引き算では，小数点以下の桁数を，もとの数字のうちで最も少ない桁数に合わせる．

```
  102.50   ← 小数点 2 桁
+  0.231   ← 小数点 3 桁
 102.73̶1̶   ← 四捨五入して小数点 2 桁とする．
```
正しい結果: 102.73

```
 143.29    ← 小数点以下 2 桁
− 20.1     ← 小数点以下 1 桁
 123.1̶9̶    ← 四捨五入して小数点 1 桁とする．
```
正しい結果: 123.2

2. 掛け算と割り算では，有効数字の桁数を，もとの数字のうちで最も少ない桁数に合わせる．

```
   1.4     ← 有効数字 2 桁
 ×8.011    ← 有効数字 4 桁
 11.2̶1̶5̶4̶   ← 四捨五入して有効数字を 2 桁とする．
```
正しい結果: 11

```
   11.57   ← 有効数字 4 桁
÷ 305.88   ← 有効数字 5 桁
    0.037825̶2̶9̶0̶9̶6̶4̶  ← 四捨五入して有効数字を 4 桁とする．
```
正しい結果: 0.03783

3. 正確な数は有効数字の桁数に影響しない．たとえば，1 枚 1.0 g の 1 円硬貨が 7 枚あれば，総重量は有効数字が 2 桁の 7.0 g となる．

```
  1.0 g   ← 有効数字 2 桁
× 7 枚    ← 正確な数
  7.0 g   ← 有効数字は 2 桁となる．
```

4. 多段階の計算では，有効数字を整えるための四捨五入は，計算の最後で行う．各段階での四捨五入は，"丸め誤差"を伴うので行わない．$(13.597 + 101.45) \times 7.9891$ の計算を例に，丸め誤差について見てみたい．最初は足し算である．

```
    13.597   ← 小数点 3 桁
+  101.45    ← 小数点 2 桁
   115.047
```

仮に，指針 1 に従い小数点 3 桁目を四捨五入して 115.05 とする．この数字を使って次の掛け算を行うと，次のようになる．

```
   115.05    ← 有効数字 5 桁
 × 7.9891    ← 有効数字 5 桁
 919.145̶9̶5̶5̶  ← 四捨五入して有効数字を
               5 桁に合わせる．
```

すなわち，段階ごとに四捨五入をして得られる結果は 919.15 となる．これに対して，はじめの足し算の結果を，四捨五入を行わずに次の掛け算に用いると，次のようになる．

```
   115.047   ← 有効数字 6 桁
 × 7.9891    ← 有効数字 5 桁
 919.12̶1̶9̶8̶7̶7̶  ← 四捨五入して有効数字を
                5 桁とする．
```

すなわち，最後にだけ四捨五入したときの結果は 919.12 となる．この 919.15 と 919.12 との差が"丸め誤差"である．この例にある 2 段階の計算ではその差はとても小さく見えるが，計算のステップ数が増えると丸め誤差はかなり大きくなる．したがって，計算の各段階において有効数字を把握しておくことは重要であるが，四捨五入は計算の最後で行う．

例 題 4・6

次の計算をせよ．有効数字を考慮し，単位をつけて解答せよ．

(a) 317.5 mL + 0.675 mL，(b) 47.80 L − 2.075 L，(c) 13.5 g ÷ 45.18 L，(d) 6.25 cm × 1.175 cm，(e) 5.46 × 10^2 g + 4.991 × 10^3 g

（例題 4・6 つづき）

解　(a) 318.2 mL, (b) 45.73 L, (c) 0.299 g/L, (d) 7.34 cm², (e) 5.537×10^3 g

---

練習問題 4・6　次の計算をせよ. 有効数字を考慮し, 単位をつけて解答せよ.

　(a) 1.0267 cm × 2.508 cm × 12.599 cm, (b) 15.0 kg ÷ 0.036 m³, (c) 1.113×10^{10} kg − 1.050×10^9 kg, (d) 25.75 mL + 15.00 mL, (e) 46 cm³ + 180.5 cm³

4・4　単位換算

　化学の問題を解く場合は, 数字と単位に注意を払う必要がある. たとえば, 古い学術論文にはメートル法ではなく, ヤード・ポンド法で書かれたものも少なくない. そのような論文を参照するときは, **単位換算**により数値をSI単位系に換算する必要がある.

換算係数

　単位換算は, **換算係数**を用いて行う. 換算係数は分数で表すことができる. たとえば, ヤード・ポンド法の長さの単位であるインチ (in) は, 1 in = 2.54 cm と定義されているので, インチからセンチメートルへの換算係数は次の分数で表される.

$$\frac{2.54 \text{ cm}}{1 \text{ in}}$$

12.00 in を cm 単位に換算するには, 数字にこの換算係数を掛ける. その結果, in が消え, cm が単位として残る.

$$12.00 \text{ in} \times \frac{2.54 \text{ cm}}{1 \text{ in}} = 30.48 \text{ cm}$$

ここで, 換算係数の 2.54 と 1 は定義された正確な数なので, 有効数字の桁数に影響しない (指針 3). すなわち, 換算後の 30.48 cm は 12.00 in と同じ 4 桁の有効数字をもつ.

例題 4・7

　換算係数を用いて, 数値をかっこ内の単位に換算せよ. 計算式を含めて解答せよ.
　(a) 4.5×10^5 m (km), (b) 3.78×10^6 mg (g), (c) 8.22×10^8 μL (L)

解

　(a) $4.5 \times 10^5 \text{ m} \times \dfrac{1 \text{ km}}{1000 \text{ m}} = 4.5 \times 10^2$ km

　(b) $3.78 \times 10^6 \text{ mg} \times \dfrac{1 \text{ g}}{1000 \text{ mg}} = 3.78 \times 10^3$ g

　(c) $8.22 \times 10^8 \text{ μL} \times \dfrac{1 \text{ L}}{1000 \text{ μL}} = 8.22 \times 10^2$ L

練習問題 4・7　換算係数を用いて, 数値をかっこ内の単位に換算せよ. 計算式を含めて解答せよ.
　(a) 2.10×10^2 GHz (Hz), (b) 9.31×10^9 nm (m), (c) 5.88×10^7 W (MW)

コラム 4・2　単位の重要性

　1998 年 12 月 11 日, アメリカ航空宇宙局 (NASA) は, 最初の火星気象衛星である "Mars Climate Orbiter" を打ち上げた. およそ 669 万 km の旅の後, 1999 年 9 月 23 日に火星の周回軌道に入る予定であったが, この目標は達成されず, 気象衛星は消失した. 管制官たちは後に, 失敗の原因が, 航行プログラムの単位をヤード・ポンド法 (英国単位) からメートル法 (SI 単位) に変換しなかったためであると特定した.

　計画では, 衛星が火星に接近する際, 火星表面から 200 km 以上の上空から大気圏に進入するよう推進エンジンが調節されるはずであった. 宇宙船を製造したロッキード・マーチン社のエンジニアたちは, 米国で日常使用されているポンド (lb) 単位で推力を指定した. これに対して, 管制を担当した NASA ジェット推進研究所の科学者たちは, 与えられた推力データが SI 組立単位であるニュートン (N) で表されていると考えた. 両者の関係は, 1 lb = 4.45 N である.

　すなわち, ポンドからニュートンに単位換算しないと, 推力は計画の 1/4 にも満たないことになる. その結果, 図に示すように, 1 億 2500 万ドルの宇宙船は, 予定よりもはるかに低い高度で火星に近づき, 大気中で燃え尽きた. 米国は, メートル法を公式には採用していない唯一の主要国である.

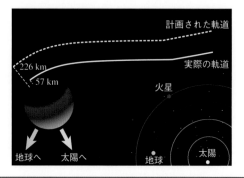

組 立 単 位

　SI 基本単位では表現できない物理量がたくさんある. たとえば, 体積や密度などである. これらの量には, 基本単位を組合わせた**組立単位**が使用される.

　体積の単位の立方メートル (m³) は, 基本単位であるメートル (m) を m×m×m＝m³ の形式で組合わせた組立単位である. 通常の化学実験では m³ は単位として大きすぎるので, 非 SI 単位であるリットル (L) やミリリットル (mL) が使用される*. 1 L ＝ 1×10⁻³ m³ ＝ 1 dm³ である. また, 1 mL ＝ 1×10⁻³ L ＝ 1 cm³ である (図 4・3).

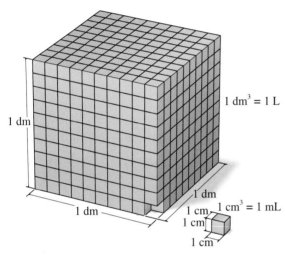

図 4・3 1 L (1 dm³) と 1 mL (1 cm³) との関係

　密度 (d) は, 質量 (m) と体積 (V) の比で表される. SI 基本単位を組合わせた組立単位は kg/m³ であるが, この規模の大きな単位が使用されることは少ない. 代わって, g/cm³ や g/mL が固体と液体の密度の単位として使用され, 両者は等価である (1 g/cm³ ＝ 1 g/mL).

　たとえば, 水の密度は 4 ℃ で 1.00 g/cm³ である. 一方, 気体は, 固体や液体に比べてはるかに密度が小さいので, g/L が単位として使用される.

$$d = \frac{m}{V}$$

例 題 4・8

　1 辺が 2 cm の角氷の質量は 0 ℃ で 7.36 g であった. (a) 氷の密度を求めよ. (b) 23 g の氷の体積を求めよ.

解　(a) 0.92 g/cm³,　(b) 25 cm³

練習問題 4・8　25.0 mL の水銀の質量は 340.0 g である. (a) 水銀の密度を求めよ. (b) 120 mL の水銀の質量を求めよ.

キ ー ワ ー ド

---

　*　訳注: L や mL は SI 単位との併用が認められている SI 併用単位である. 併用単位には他に, 時間〔分 (min), 時間 (h), 日 (d)〕や, 角度〔度 (°), 分 (′), 秒 (″)〕の単位などがある.

CHAPTER 5

モルと化学式

これまでに，物質の定性的な性質，科学的な数値の取扱いと計算方法について学んだ．本章では，物質を構成する原子や分子，イオンの数について説明し，それらの数の決め方と使い方について学習する．

5・1 モルとモル質量

モ ル

物質を構成する原子や分子などの粒子はとても小さく，きわめて少量の物質にも膨大な数の粒子が含まれている．化学ではしばしば試料中の粒子数を知る必要があるが，この膨大な数字を用いて粒子数を表すのでは明らかに不便である．そこで，**モル**とよばれる物質量[*1]の単位が使用される．単位記号は mol である．モルでは 6.022×10^{23} 個をまとめて 1 mol とし，これを単位として粒子を数えるので，比較的簡単な数字で粒子数を表すことができる．

この数量の取扱い方は，12 個をまとめて 1 ダースと数えることに似ている．たとえば，鉛筆は 1 本単位でも，1 ダースの箱単位でも売られている．少ない数を買うときは 1 本，2 本と注文するが，144 本をまとめて買うときは 12 ダースと指定するのが簡単である．1 ダースは 12 と定義されているので，鉛筆の数に不確かさはない．

原子や分子は鉛筆に比べてはるかに小さいので，6.022×10^{23} というきわめて大きな数をまとめて 1 mol と定義し，数量の単位とする．この数値は，イタリアの科学者アボガドロ（Amedeo Avogadro, 1776～1856）にちなんで，**アボガドロ定数**（N_A）とよばれている．単位は /mol（mol^{-1}）である[*2]．

モ ル 質 量

物質 1 mol 当たりの質量を**モル質量**という．単位は g/mol である．モル質量（M）は，質量（m，g 単位の質量）と物質量（n，mol 単位の数量）との換算に利用される重要な係数である．

ヘリウムを例にモル質量を求めてみよう．計算はヘリウムの原子量（A_r）を用いて行う．原子量は，統一原子質量単位（u）に対する原子質量の比（相対質量）なので（§1・7 参照），原子量に u を掛けるとヘリウム 1 原子当たりの質量となる．また，これにアボガドロ定数（N_A）を掛けるとヘリウム 1 mol 当たりの質量に変わる．$A_r = 4.003$, $u = 1.6605 \times 10^{-24}$ g, $N_A = 6.022 \times 10^{23}$/mol を代入し，単位を含めて $M = 4.003$ g/mol と計算される．

$$
\begin{aligned}
M &= \underset{\substack{\text{モル} \\ \text{質量}}}{} \underset{\substack{\text{原子量}}}{A_r} \times \underset{\substack{\text{統一原子} \\ \text{質量単位}}}{u} \times N_A \quad \leftarrow \text{アボガドロ定数} \\
&= 4.003 \times (1.6605 \times 10^{-24} \text{ g}) \times (6.022 \times 10^{23}/\text{mol}) \\
&= 4.003 \text{ g/mol}
\end{aligned}
$$

すなわち，原子のモル質量は，原子量に g/mol の単位をつけたものである．統一原子質量単位（u）とアボガ

[*1]　訳注: 物質量は，物質の数量を表す物理量の一つで，物質を構成する原子や分子などの要素粒子の数をアボガドロ定数で割った値に等しい．

[*2]　訳注: 正確な値は $N_A = 6.02214076 \times 10^{23}$/mol である．従来，アボガドロ定数は 0.012 kg の炭素 12（^{12}C）中に含まれる炭素原子の総数（測定値）とされていたが，SI 単位の改正に伴い，2019 年 5 月から不確かさのない定義値（正確な数）として取扱われることになった．

ドロ定数（N_A）は数値的に互いに逆数の関係にあり，u $\times N_A = 1\,\text{g/mol}$ なので，$M = A_r\,\text{g/mol}$ となる．

次のように，質量をモル質量で割ると物質量が，また物質量にモル質量を掛けると質量が求まる．

$$\underset{\text{モル質量}}{\overset{\text{質量}}{\rightarrow}}\ \frac{m\ (\text{g})}{M\ (\text{g/mol})}\ =\ n\ (\text{mol}) \leftarrow \text{物質量}\quad (5\cdot1)$$

$$\underset{\substack{\uparrow\\\text{物質量}}}{n}\ (\text{mol}) \times \underset{\substack{\uparrow\\\text{モル質量}}}{M}\ (\text{g/mol})\ =\ \underset{\substack{\uparrow\\\text{質量}}}{m}\ (\text{g})\quad (5\cdot2)$$

例題 5・1

質量から物質量を計算せよ．
　(a) 炭素 25 g，(b) ヘリウム 10.5 g，(b) ナトリウム 15.75 g

解　(a) 2.1 mol，(b) 2.62 mol，(c) 0.6851 mol

練習問題 5・1　物質量から質量を計算せよ．
　(a) カルシウム 2.75 mol，(b) ヘリウム 0.075 mol，(c) カリウム 1.055×10^{-4} mol

---

5・2 分子量と式量

3章で学んだ化学式と，周期表に書かれた原子量を用いて，分子やイオン化合物の質量を求めることができる．原子の質量である原子量に対して，分子の質量を **分子量** という．塩化ナトリウムなどのイオン化合物には原子や分子に相当する単位粒子が存在しないので，組成式をもとに質量を定義する．組成式に基づく質量を **式量** という．分子量は，分子を構成する原子の原子量の総和である．これに対して，式量は，組成式に表れる原子の原子量の総和である．原子量と同様，分子量と式量は統一原子質量単位（u）に対する質量比（相対質量）なので，単位をもたない．

たとえば，水（H_2O）の分子量は，

$$\underset{\substack{\text{H の}\\\text{原子量}}}{1.008 \times 2} + \underset{\substack{\text{O の}\\\text{原子量}}}{16.00}\ =\ 18.016$$

また，塩化ナトリウム（NaCl）の式量は，

$$\underset{\substack{\text{Na の}\\\text{原子量}}}{22.99} + \underset{\substack{\text{Cl の}\\\text{原子量}}}{35.45}\ =\ 58.44$$

となる．

原子量について確かめたように，分子量や式量に g/mol の単位をつけると，化合物 1 mol 当たり（6.022

$\times 10^{23}$ 個分）の質量であるモル質量に変わる．また，モル質量を係数として，質量を物質量（数量）に換算できる（5・1式，5・2式）．たとえば，水のモル質量は 18.016 g/mol なので，500.00 g の水の物質量は，

$$\frac{500.00\ \text{g}}{18.016\ \text{g/mol}}\ =\ 27.753\ \text{mol}$$

また，塩化ナトリウムのモル質量は 58.44 g/mol なので，735 g の物質量は有効数字を勘案して，

$$\frac{735\ \text{g}}{58.44\ \text{g/mol}}\ =\ 12.6\ \text{mol}$$

となる．

例題 5・2

次の問に答えよ．
　(a) 二酸化炭素の分子量を求めよ．また，10.00 g の二酸化炭素の物質量を求めよ．(b) 塩化ナトリウムの式量を求めよ．また，0.905 mol の塩化ナトリウムの質量を求めよ．

解　(a) 44.01, 0.2272 mol，(b) 58.44, 52.9 g

練習問題 5・2　次の問に答えよ．
　(a) グルコース（$C_6H_{12}O_6$）の分子量を求めよ．また，2.75 mol のグルコースの質量を求めよ．(b) 硝酸ナトリウム（$NaNO_3$）の式量を求めよ．また，59.8 g の硝酸ナトリウムの物質量を求めよ．

5・3 質量組成

化学式は，化合物の組成を成分元素の原子数で表したものである．化学式から，成分元素の **質量組成** を求めることができる．

化合物 1 mol に含まれる各成分元素の質量比（百分率単位）は（5・3）式により与えられ，モル質量を用いて（5・4）式のように書き換えることができる．

$$\text{成分元素の質量比} = \frac{\text{成分元素の質量（g）}}{\text{化合物の質量（g）}} \times 100\%$$
$$(5\cdot3)$$

$$= \frac{\text{元素のモル質量（g/mol）} \times \text{原子数（mol）}}{\text{化合物のモル質量（g/mol）} \times 1\ (\text{mol})} \times 100\%$$
$$(5\cdot4)$$

$$= \frac{\text{元素の原子量} \times \text{元素数}}{\text{分子量または式量}} \times 100\%\quad (5\cdot5)$$

さらに，モル質量は，化合物では分子量や式量と，元素では原子量と等値なので，(5・4)式を (5・5)式のように書き換えることができる．ここで元素数は，化学式に書かれた下付き数字である．

(5・5)式を用いて過酸化水素 (H_2O_2) の質量組成を求めてみる．過酸化水素の分子量は次式により計算される．

$$1.008 \times 2 + 16.00 \times 2 = 34.016$$

　　　Hの　　　　　　Oの
　　　原子量　　　　原子量

したがって，水素と酸素の質量比はそれぞれ，

$$H の質量比 = \frac{1.008 \times 2}{34.016} \times 100 = 5.927\%$$

$$O の質量比 = \frac{16.00 \times 2}{34.016} \times 100 = 94.07\%$$

となる．両者の合計は 100% である．

なお，質量比は，各成分元素の原子量の和を分子量や式量に対する比として表したものなので，分子式 (H_2O_2) の代わりに，実験式 (HO) を用いても同じ結果が得られる．

例題 5・3

炭酸リチウム (Li_2CO_3) の成分元素の質量組成を求めよ．

解 Li 18.79%，C 16.25%，O 64.96%

練習問題 5・3 コレステロール低下剤アトルバスタチン ($C_{33}H_{35}FN_2O_5$) の成分元素の質量組成を求めよ．

5・4 実験式と分子式の求め方

化学では，§5・3とは逆に，元素分析などで求めた質量組成をもとに化合物の実験式を求めることが多い．イオン化合物では実験式が組成式となる．一方，分子性の化合物では，実験式に分子量に関する情報を加えて分子式が決定される．

コラム 5・1　キログラムの再定義

1 世紀以上にわたり，質量の国際基準は，1 kg の国際キログラム原器 (International Prototype Kilogram：IPK) であった．白金イリジウム合金製のこの円柱形の分銅は，19 世紀後半にロンドンで鍛造されたもので，1889 年の国際度量衡総会において，その質量が 1 kg の正式な定義とされた．このオリジナルの IPK は，同時に鍛造された 2 個の原器と，1889 年に造られた 40 個の公式レプリカの一部とともに，フランス・パリ近郊の国際度量衡局の高度に安全な金庫室に，細心の条件管理のもとで保管されている．また，残りの公式レプリカは，IPK に対して質量を測定したあと，米国や日本などに，各国の標準キログラム原器として配布され，保管されている．

オリジナルの IPK は，これまでに 3 回だけ金庫室から取り出され，他の公式レプリカと質量が比較された．残念ながら，数十年の時間経過の中で質量は変化し，しかもオリジナルとレプリカのどちらが変化したのかを判断することが不可能となっている．質量の変化は小さく，過去 100 年余りで 50 μg 程度と推定されているが，SI 単位の定義の一つが，この絶対的とは言えない古い人工物の質量であることは問題である．そのため，キログラムの新たな基準を考案することが 2007 年の国際度量衡総会で合意され，基礎物理定数であるアボガドロ定数からキログラムを再定義する"アボガドロプロジェクト"が開始された．

このプロジェクトでは，同位体純度のきわめて高いケイ素 28 (^{28}Si) の単結晶が作成され，オーストラリア精密光学センター (ACPO) において精巧な球体に加工された．この球体の純度と体積，格子定数などを精密に測定し，球体の体積と ^{28}Si 原子 1 個の体積がわかれば，球体に含まれる ^{28}Si 原子の数が決まり，アボガドロ定数をより正確に決定できる．また，正確な数の ^{28}Si 原子からキログラムを再定義することができる．アボガドロプロジェクトは成功し，キログラムは，モル，アンペア，カンデラとともに，2019 年 5 月から新定義に移行した．

国際キログラム原器（左）と，アボガドロ定数の決定に使用されたケイ素 28 の球体（右）[（左）© Jacques Brinon/AP Images：（右）© epa european pressphoto agency b.v./Alamy]

$$試料 \xrightarrow{\text{元素分析}} 実験式 \xrightarrow{\text{分子量測定}} 分子式$$
$$（化合物） \qquad （組成式） \qquad$$

質量組成から実験式を求めてみよう．まず，(5・5)式から各成分元素の数と質量比（百分率単位）との関係を導くと (5・6)式が得られる．

$$\frac{元素数}{式量} = \frac{成分元素の質量比}{元素の原子量 \times 100\%} \qquad (5 \cdot 6)$$

これに各成分元素の質量比と原子量を代入して比例式として表すと，化合物中の元素数の比となる．たとえば，2種類の元素 A, B を含む化合物の元素数の比は (5・7)式により与えられる．

$$A の元素数 : B の元素数 = \frac{A の質量比}{A の原子量} : \frac{B の質量比}{B の原子量}$$
$$(5 \cdot 7)$$

炭素 92.26%，水素 7.743% の質量組成をもつ分子について実験式を求める．(5・7)式に炭素と水素の質量比と原子量を代入し (5・8)式が得られる．右辺の各項を計算して最も簡単な整数比に直し，実験式は CH と求まる．

$$炭素数 : 水素数 = \frac{92.26}{12.01} : \frac{7.743}{1.008} \qquad (5 \cdot 8)$$
$$= 7.682 : 7.682$$
$$= 1 : 1 \quad \leftarrow 最も簡単な整数比$$

次に，炭素 53.31%，水素 11.18%，酸素 35.51% の質量組成をもつ分子の実験式を求めてみよう．上と同様に，(5・6)式に各元素の質量比と原子量を代入して比例式を書く．各項の計算値を最も簡単な整数比に直すと元素数の比が得られ，実験式は C_2H_5O と求まる．

$$炭素数 : 水素数 : 酸素数$$
$$= \frac{53.31}{12.01} : \frac{11.18}{1.008} : \frac{35.51}{16.00}$$
$$= 4.439 : 11.09 : 2.219$$
$$= \frac{4.439}{2.219} : \frac{11.09}{2.219} : \frac{2.219}{2.219} \quad \leftarrow \begin{matrix} 最小値 \\ で割る \end{matrix}$$
$$= 2 : 5 : 1 \quad \leftarrow 最も簡単な整数比$$

続いて，実験式から分子式を求める．実験式は成分元素の原子数の比を表すもので，これを分子式に導くには分子量に関するデータが必要である．1章のコラムで示した質量分析法がその有用な手段となる．

たとえば，実験式が CH の分子について質量分析を行い，分子量が 78 と求まったとする．実験式（CH）の式量は 13.018 なので，分子量は式量の 6 倍とわかり，分子式は C_6H_6 となる．

$$\frac{分子量}{式量} = \frac{78}{13.018} = 6.0$$

同様に，実験式が C_2H_5O の分子についても質量分析の結果，分子量が 90 とわかれば，実験式の式量 (45.06) との比は 90/45.06 = 2.0 となり，分子式は実験式の 2 倍の $C_4H_{10}O_2$ となる．

例 題 5・4

炭素 52.15%，水素 13.13%，酸素 34.73% の質量組成をもつ化合物の実験式を求めよ．
解 C_2H_6O

練習問題 5・4 炭素 37.51%，水素 2.52%，酸素 59.97% の質量組成をもつ化合物の実験式を求めよ．

例 題 5・5

窒素 30.45%，酸素 69.55% の質量組成をもち，分子量 92 の化合物の分子式を求めよ．
解 N_2O_4

練習問題 5・5 炭素 53.3%，水素 11.2%，酸素 35.5% の質量組成をもち，分子量 90 の化合物の分子式を求めよ．

キ ー ワ ー ド

モル（mole） 46

アボガドロ定数（Avogadro constant, N_A） 46

モル質量（molar mass） 46

分子量（molecular weight） 47

式量（formula weight） 47

質量組成（mass composition） 47

分 子 の 形

本章では，共有結合をもつ主族元素の分子や多原子イオンの構造表記法であるルイス構造について解説し，ルイス構造をもとに分子の形や分子間相互作用を推定する方法について説明する．

6・1 ルイス構造の書き方 (1)

構成元素のルイス記号を組合わせて Cl_2，H_2，HCl などの単純分子を書くことができる．

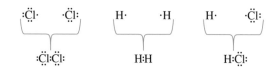

3章で述べたように，2個の原子が電子対 (:) を共有して共有結合が形成される．1対の電子を共有したこれらの結合を**単結合**とよび，1本の結合線（実線）を用いて表記する．

$$:\ddot{C}l—\ddot{C}l: \quad H—H \quad H—\ddot{C}l:$$

これらは**ルイス構造**とよばれ，共有結合をもつ化学種の構造表記法として使用される[*1]．以下にその書き方を説明する．

二原子分子のルイス構造

主族元素には，電子を喪失，獲得，あるいは共有し，価電子数8の貴ガスの電子配置に変化して安定化する傾向がある．この傾向は**オクテット則**とよばれ，イオンや分子が安定形であるか否かを判定する基準となる．同様に，原子価軌道が 1s 軌道である水素は，価電子数2のヘリウムの電子配置に変化して安定化する．共有結合化合物では，結合に関わる**共有電子対**と，関わらない**孤立電子対**[*2] とを合計し，各原子の価電子数が8（水素では2）になるとオクテット則が成立する．

次の表に，塩素（Cl_2）と塩化水素（HCl）を例に，二原子分子のルイス構造を書く手順を示す．手順3により結合に使われていない価電子の数を求め，手順4で孤立電子対として割り振る．

手順	説　明	Cl_2	HCl
1	原子を結合線で結ぶ．	Cl—Cl	H—Cl
2	全原子の価電子数を合計する．	$7 \times 2 = 14$ (Cl_2)	$1 + 7 = 8$ (H)(Cl)
3	価電子数の合計から結合電子数を引く．	$14 - 2 = 12$ （結合電子）	$8 - 2 = 6$ （結合電子）
4	オクテット則に基づき孤立電子対を割り振る．	$:\ddot{C}l—\ddot{C}l:$	$H—\ddot{C}l:$

中心原子をもつ分子のルイス構造

3原子以上からなる分子のうち，四塩化炭素（CCl_4）や水（H_2O）のように，1原子だけ元素の種類が異なる場合は，これを**中心原子**とし，他を**末端原子**として**骨格構造**を書く（手順1）．その後の手順は二原子分子と同様である．

[*1] 訳注: 原子間を実線で結んだ構造は，**ケクレ構造**ともよばれる．
[*2] 訳注: **非共有電子対**ともいう．

手順	説 明	CCl$_4$	H$_2$O
1	二元化合物に1原子だけ種類の異なる元素が存在する場合は、これを中心原子として骨格構造を書く.	Cl | Cl—C—Cl | Cl	H—O—H
2	全原子の価電子数を合計する.	4+7×4=32 (C)　(Cl$_4$)	1×2+6=8 (H$_2$)　(O)
3	価電子数の合計から結合電子数を引く.	32−2×4=24 (結合電子)	8−2×2=4 (結合電子)
4	オクテット則に基づき孤立電子対を割り振る.	:C̈l: | :C̈l—C—C̈l: | :C̈l:	H—Ö—H

多原子イオンのルイス構造

共有結合化合物が電荷を帯びた多原子イオンでは、価電子数を合計する際に電荷数の補正が必要となる（手順2）. たとえば、NH$_4^+$ は +1 の電荷をもつので価電子数から1を引き、ClO$^-$ は −1 の電荷をもつので価電子数に1を足す. 最後に、イオンを大かっこで囲って電荷を示す（手順4）.

手順	説 明	NH$_4^+$	ClO$^-$
1	原子配列を推定し、結合線で結ぶ.	H | H—N—H | H	Cl—O
2	全原子の価電子数を合計し、電荷分を補正する.	5+1×4−(+1)=8 (N) (H$_4$) (正電荷)	7+6−(−1)=14 (Cl) (O) (負電荷)
3	2の価電子数から結合電子数を引く.	8−2×4=0 (結合電子)	14−2=12 (結合電子)
4	オクテット則に基づき孤立電子対を割り振る. 大かっこで囲って電荷を示す.	$\left[\begin{array}{c} H \\ \| \\ H\!-\!N\!-\!H \\ \| \\ H \end{array}\right]^+$	$\left[:\ddot{C}l\!-\!\ddot{O}:\right]^-$

例題 6・1

次の化合物のルイス構造を書け.
(a) SeBr$_2$, (b) H$_3$O$^+$, (c) PCl$_3$

解 (a) :B̈r—S̈e—B̈r:　(b) $\left[\begin{array}{c} H \\ \| \\ H\!-\!\ddot{O}\!-\!H \end{array}\right]^+$

(c) 　:C̈l:
　 \|
:C̈l—P—C̈l:

6・2　ルイス構造の書き方 (2)

骨格構造に推定を要する分子のルイス構造

1原子だけ元素の種類が異なる CCl$_4$ や H$_2$O と異なり、CH$_3$Cl には中心原子の候補が二つある（C, Cl）. この場合は、電気陰性度（§6・5参照）の低い元素（C）を中心原子とする. 一方、炭素を2個含む C$_2$H$_6$ では、両者を等価な中心原子として原子配列を推定する.

手順	説 明	CH$_3$Cl	C$_2$H$_6$
1	原子配列を推定し、結合線で結ぶ.	H | H—C—Cl | H	H H | | H—C—C—H | | H H
2	全原子の価電子数を合計する.	4+1×3+7=14 (C) (H$_3$) (Cl)	4×2+1×6=14 (C$_2$) (H$_6$)
3	価電子数の合計から結合電子数を引く.	14−2×4=6 (結合電子)	14−2×7=0 (結合電子)
4	オクテット則に基づき孤立電子対を割り振る.	H | H—C—C̈l: | H	H H | | H—C—C—H | | H H

多重結合をもつ分子のルイス構造

次の表に示すように、手順1〜4により窒素（N$_2$）と二酸化炭素（CO$_2$）のルイス構造を書くと、すべての価電子を割り振っても価電子数がオクテット（8）に満たない原子が現れる[*]. N$_2$ では二つの窒素原子の価電子数が、CO$_2$ では炭素原子の価電子数がオクテットに満たない. この場合は手順5に従い、孤立電子対を共有電子対に変えて電子数の不足を補う. その結果、N$_2$ の窒素原子間に3組の共有電子対が入り、**三重結合**となる. また、CO$_2$ の炭素原子と2個の酸素原子との間にそれぞれ2組の共有電子対が入り、**二重結合**となる.

手順	説 明	N$_2$	CO$_2$
1	原子配列を推定し、結合線で結ぶ.	N—N	O—C—O
2	全原子の価電子数を合計する.	5×2=10 (N$_2$)	4+6×2=16 (C) (O$_2$)

---

[*] 訳注: 手順4では電気陰性度の高い元素から先に孤立電子対を割り振る.

（つづき）

3	価電子数の合計から結合電子数を引く.	10 − 2 = 8 （結合電子）	16 − 2×2 = 12 （結合電子）
4	電気陰性度の高い元素から孤立電子対を割り振る.	$:N-\ddot{N}:$	$\ddot{O}-C-\ddot{O}$
5	すべての原子がオクテット則を満足するまで孤立電子対を共有電子対に変える.	$:N-\ddot{N}: \longrightarrow$ $:N\equiv N:$	$\ddot{O}-C-\ddot{O} \longrightarrow$ $\ddot{O}=C=\ddot{O}$

オクテット則の例外

オクテット則には例外が三つある. 第一の例外は奇数個の価電子数をもつ分子である. たとえば, 一酸化窒素（NO）を構成する窒素と酸素の価電子数の合計は 11 なので, 両者が同時にオクテットを満たすことはない. このような場合は, 電気陰性度の高い酸素原子に 8 個の価電子をもつ次の構造が安定形となる.

$$\cdot\ddot{N}=\ddot{O}:$$

第二の例外は, ベリリウム（Be）やホウ素（B）を中心原子とする化合物に見られる. これらの原子は価電子数が少ないため, オクテットに満たない**電子不足化合物**を形成しやすい. $BeCl_2$ の Be の価電子数は 4, BF_3 の B の価電子数は 6 である.

$$:\ddot{Cl}-Be-\ddot{Cl}: \qquad \overset{\displaystyle :\ddot{F}:}{\underset{\displaystyle \ddot{F}}{\overset{|}{\underset{}{B}}}}\overset{}{\ddot{F}:}$$

第三の例外は, リン（P）や硫黄（S）などの第 3 周期以降の主族元素に見られる**超原子価化合物**である. これらの元素は第 2 周期の同族元素に比べて原子サイズが大きく, 多くの原子と結合してオクテット則を超えることがある. PCl_5 のルイス構造に現れる P の価電子数は 10, SF_6 のルイス構造に現れる S の価電子数は 12 である.

$$PCl_5 \qquad SF_6$$

6・3　共　　鳴

分子や多原子イオンには, 同じ原子配列でも電子配置の異なる複数のルイス構造を書けるものがある. たとえば, オゾン（O_3）を手順 1～4 に従って書くと次の構造が現れる.

$$:\ddot{O}-\ddot{O}-\ddot{O}:$$

中央の酸素原子がオクテットに満たないので, 手順 5 に従い, 左あるいは右の酸素原子上の孤立電子対を共有電子対に変えて価電子数の不足を補う. その結果, 電子配置の異なる（二重結合の位置の異なる）二つのルイス構造が書ける.

$$:\ddot{O}-\ddot{O}=\ddot{O}: \longleftrightarrow :\ddot{O}=\ddot{O}-\ddot{O}:$$

このように, 同一の骨格構造に対して複数のルイス構造が書ける場合は, それらを重ね合わせて平均化したものが真の構造である. つまり, 2 本の酸素-酸素結合は, O—O 単結合と O=O 二重結合の中間の状態にあり, 両者は等価である. この状態を表現するために**共鳴**の概念が用いられる. 具体的には, 二つのルイス構造を両矢印で結び, 真の分子構造がそれらの平均であることを表現する. それぞれのルイス構造を**共鳴構造**または**極限構造**, それらを両矢印で結んだ集合体を**共鳴混成体**とよぶ. ここで重要なことは, おのおのの共鳴構造が個別の化学種ではないということである. オゾンは, 二つの共鳴構造の平均的な構造をもつ単一の分子である.

炭酸イオン（$CO_3{}^{2-}$）についても二重結合の位置の異なる三つのルイス構造を書くことが可能であり, それらの共鳴混成体として分子構造が表される. 実在の炭酸イオンの三つの炭素-酸素結合は等価であり, 2 本の C—O 単結合と 1 本の C=O 二重結合が平均化された状態にある.

$$\left[O=C-\ddot{O}\right]^{2-} \longleftrightarrow \left[\ddot{O}-C-\ddot{O}\right]^{2-} \longleftrightarrow \left[\ddot{O}-C=O\right]^{2-}$$

例題 6・2

SO_3 の可能な共鳴構造をすべて書け.

解

$$:O=S-\ddot{O}: \longleftrightarrow \ddot{O}-S-\ddot{O}: \longleftrightarrow \ddot{O}-S=O:$$

練習問題 6・2　$CH_3CO_2{}^-$ の可能な共鳴構造をすべて書け.

6・4　分 子 の 形

多くの化学過程や生化学過程は, 過程に関与する分子や多原子イオンの三次元的な形（幾何構造）に依存する. 私たちの嗅覚や薬の有効性などがその例である. 分子や

直線形　　　　屈曲形　　　　平面三角形　　　　三角錐形　　　　四面体形

図 6・1 分子と多原子イオンの基本的な形

多原子イオンの**幾何構造**は最終的に実験により決定すべきものであるが，ルイス構造と電子反発の概念をもとに，三次元的な形を高い確度で推定することができる．本節ではその方法について説明する．図 6・1 に，末端原子を 2 個，3 個，4 個もつ分子の基本形を示す．

　原子価殻電子対反発モデル（VSEPR モデル）を用いて，二次元的なルイス構造から三次元的な幾何構造を推定することができる．このモデルでは，中心原子の原子価軌道に存在する孤立電子対や共有電子対を電子が集約した

電子群として捉える．その際，共有電子対は，単結合，二重結合，三重結合の違いに関わらず一つの電子群として取扱う．表 6・1 に，中心原子（A）周りの部分構造と電子群の数との関係を示す．

　VSEPR モデルでは，負電荷をもつ電子群どうしの反発が最小となる幾何構造が安定であると仮定する．図 6・2 に，電子群に見立てた風船を，4 個，3 個，2 個と束ねたときの様子を示す．風船は互いを避けるように，(a) 四面体形，(b) 平面三角形，(c) 直線形にそれぞれ広がる．電子群には末端原子との結合に伴う共有電子対と末端原子を伴わない孤立電子対とがあるので，電子群の数が同じでも分子の構成によって形が変わる．

表 6・1 中心原子まわりの部分構造と電子群の数との関係

部分構造	電子群の数	化合物の例
$-\overset{\textstyle \mid}{\underset{\textstyle \mid}{A}}-$	4	CH_4，NH_4^+，CCl_4
$-\overset{\textstyle \cdot\cdot}{\underset{\textstyle \mid}{A}}-$	4	NH_3，H_3O^+，SO_3^{2-}
$-\overset{\textstyle \cdot\cdot}{\underset{\textstyle \cdot\cdot}{A}}-$	4	H_2O，$HOCl$，ClO_2^-
$-\overset{\textstyle \mid}{A}=$	3	CO_3^{2-}，SO_3，H_2CO
$-\overset{\textstyle \cdot\cdot}{A}=$	3	HNO，NO_2^-，SO_2
$-\overset{\textstyle \mid}{A}-$	3	BCl_3，BF_3，BI_3
$=A=$	2	CO_2，NO_2^+，CS_2
$-A\equiv$	2	HCN，$NCCl$，C_2H_2
$-A-$	2	$BeCl_2$，BeF_2

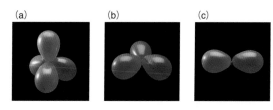

図 6・2 (a) 4 個，(b) 3 個，(c) 2 個の電子群の中心原子から広がりの様子〔a〜c: © McGraw-Hill Education/Stephen Frisch, Photographer〕

　たとえば，メタン（CH_4），アンモニア（NH_3），水（H_2O）はいずれも四つの電子群をもつが（表 6・1），分子の幾何構造が異なる．メタンは，四面体の各頂点に水素原子をもつ**四面体形**構造をとる．

$$H-\overset{\textstyle H}{\underset{\textstyle H}{C}}-H$$

　一方，アンモニアでは，三つの電子群が共有電子対，一つが孤立電子対なので，分子は**三角錐形**の原子配列となる．

$$H-\overset{\textstyle \cdot\cdot}{N}-H \\ \overset{\textstyle \mid}{H}$$

さらに，水の電子群は，二つが共有電子対，二つが孤立電子対であり，これらが四面体形の空間配置をとると，H—O—H は**屈曲形**に配列する.

$$H-\ddot{O}-H$$

三つの電子群をもつ分子には3種類の様式がある（表6·1）．第一の様式は，中心原子と末端原子との間に2本の単結合と1本の二重結合をもつもので，三酸化硫黄（SO_3）に見られるように，すべての結合が共鳴により等価となることも多い．分子は**平面三角形**構造となる.

$$:\ddot{O}=S-\ddot{O}: \longleftrightarrow :\ddot{O}-S-\ddot{O}: \longleftrightarrow :\ddot{O}-S=\ddot{O}:$$

一方，オゾン（O_3）では，三つの電子群のうち一つが孤立電子対である．三つの電子群は平面三角形に広がる

$$:\ddot{O}-\ddot{O}=\ddot{O}: \longleftrightarrow :\ddot{O}=\ddot{O}-\ddot{O}:$$

ので3個の酸素原子は屈曲形に配列する.

第三の様式は，三塩化ホウ素（BCl_3）などの電子不足化合物に見られるもので，中心原子と3個の末端原子とがすべて単結合で結ばれている．分子は平面三角形である.

$$:\ddot{Cl}-B-\ddot{Cl}:$$
$$\qquad\ |$$
$$\qquad:\ddot{Cl}:$$

電子群を二つもつ分子にも3種類の様式がある（表6·1）．いずれも中心原子と末端原子とが共有結合で結ばれ，中心原子上に孤立電子対は存在しない．二つの結合がともに二重結合である二酸化炭素（CO_2），単結合と三重結合であるシアン化水素（HCN），さらには中心原子がオクテットに満たない二フッ化ベリリウム（BeF_2）などがこの様式をとる．いずれも**直線形**の分子である.

$$:\ddot{O}=C=\ddot{O}:$$
$$H-C\equiv N:$$
$$:\ddot{F}-Be-\ddot{F}:$$

結 合 角

VSEPRモデルをもとに，一般式 AB_x で表される単純分子の B—A—B 結合角を推定することができる．まず，

コラム 6·1　味と分子構造

分子の結合や形状に関する理解は，分子の極性や分子間力の予測に役立つだけでなく，味や香り，薬効などの性質についても重要な手がかりを与えてくれる．たとえば，代表的な香辛料であるクローブとナツメグに特徴的な味と香りの原因物質は，それぞれオイゲノールとイソオイゲノールであり，いずれも $C_{10}H_{12}O_2$ の化学式をもつ．両者の唯一の違いは1個の二重結合の配置にあり，この違いにより分子の風味がクローブからナツメグに変化する．私たちの舌にある味覚受容体は，これらのわずかな構造の違いを感知することができる.

ここで，オイゲノールとイソオイゲノールの構造表記がルイス構造と異なることに気づくであろう．これらは線結合構造とよばれ，有機化合物に対して一般に用いられる簡便な構造表記法である．元素記号が書かれていない結合点（折れ曲がり箇所）や末端には CH_n 基が存在し，炭素原子の結合数が4となるよう水素原子が置換している．たとえば，オイゲノールの末端は CH_2 基，イソオイゲノールの末端は CH_3 基である．参考のため，イソオイゲノールのルイス構造を示す.

オイゲノール

イソオイゲノール

イソオイゲノールのルイス構造

電子群の組合わせにより，以下の順で電子反発が大きくなると仮定する．

共有電子対-共有電子対 ＜ 孤立電子対-共有電子対
　　　　　　　　　　＜ 孤立電子対-孤立電子対

また，共有電子対については，単結合であるか多重結合であるかにより

単結合-単結合 ＜ 二重結合-単結合 ＜ 三重結合-単結合

の順に電子反発が大きくなると考える．

表6·2に，代表的な分子についてルイス構造と結合角を比較する．四つの電子群が等価な共有電子対であるメタン（CH_4）は，正四面体の中心に炭素原子を，各頂点に水素原子をもち，H—C—H 結合角は四面体形構造の理想値である 109.5° となる．一方，アンモニア（NH_3）と水（OH_2）には電子反発の大きな孤立電子対が加わるので，H—N—H 結合角（107.8°），H—O—H 結合角（104.5°）の順で徐々に角度が小さくなる．

同様の変化は，電子群を三つもつ三酸化硫黄（SO_3）と二酸化硫黄（SO_2）について認められる．等価な電子群をもつ三酸化硫黄の O—S—O 結合角は 120° であるが，孤立電子対をもつ二酸化硫黄では 119° と少し狭くなる．二つの等価な電子群をもつ二酸化炭素（CO_2）の O—C—O 結合角は 180° である．

分子や多原子イオンの形を決定する手順を以下にまとめる．

1. §6·1と§6·2に従い，正しいルイス構造を書く．
2. 中心原子周りの電子群（共有電子対と孤立電子対）を数える．
3. VSEPR モデルに基づき，電子群の幾何構造を決める．
4. 原子配列を考慮し，分子の形を決定する．

例題 6·3

次の化合物の幾何構造を答えよ．
　(a) NO_3^-，　(b) NCl_3
解　(a) 平面三角形，(b) 三角錐形

練習問題 6·3　次の化合物の幾何構造を答えよ．
　(a) ClO_3^-，　(b) PCl_4^+，　(c) BF_3

表 6·2　分子の幾何構造と結合角

電子群の数	分子式	ルイス構造と電子群（共有電子対と孤立電子対）	分子構造
4（孤立電子対 0）	CH_4	$H-\overset{\displaystyle H}{\underset{\displaystyle H}{C}}-H$	109.5° 四面体形
4（孤立電子対 1）	NH_3	$H-\underset{\displaystyle H}{\ddot{N}}-H$	107.8° 三角錐形
4（孤立電子対 2）	H_2O	$H-\ddot{\underset{}{O}}\!-\!H$	104.5° 屈曲形
3（孤立電子対 0）	SO_3	:Ö:=S—Ö: ⟷ :Ö:—S—Ö: ⟷ :Ö:—S=Ö:	120° 平面三角形
3（孤立電子対 1）	SO_2	:Ö:=S̈—Ö: ⟷ :Ö:—S̈=Ö:	119° 屈曲形
2（孤立電子対 0）	CO_2	:Ö:=C=Ö:	180° 直線形

6・5　電気陰性度と極性

　3章において，化学結合にイオン結合と共有結合があることを述べた．たとえば，塩化ナトリウム（NaCl）は，正電荷をもつナトリウムイオン（Na^+）と負電荷をもつ塩化物イオン（Cl^-）が静電引力（クーロン力）により結合したイオン化合物である．一方，塩素分子（Cl_2）は，二つの塩素原子が電子対を共有した共有結合化合物である．同じ元素から構成された塩素分子では，共有電子対が原子間に均等に分布している．

$$Na^+ \; [\ddot{:}\underset{\cdot\cdot}{Cl}\ddot{:}]^- \qquad \underset{\cdot\cdot}{:}\overset{\cdot\cdot}{Cl}\!:\!\underset{\cdot\cdot}{Cl}\overset{\cdot\cdot}{:}$$

このように，塩化ナトリウムと塩素分子は，それぞれイオン結合と共有結合をもつ典型的な化合物であるが，両者の中間的な結合をもつ化合物が数多く存在する．

電 気 陰 性 度

　図6・3に，（a）塩素と（b）塩化水素の**電子密度図**を示す．電子密度図は分子中の電子の存在確率密度（2章参照）を示したもので，電子密度は赤い領域で高く，青い領域で低い．同核二原子分子である Cl_2 では，電子が原子間に対称に分布している．これに対して，異核二原子分子である HCl では，電子が塩素に偏って分布している．これは，塩素の電気陰性度が水素よりも高いためである．

　ここで**電気陰性度**（χ）とは，分子中の原子が結合電子を引き寄せる能力の尺度である．図6・4にポーリング（Linus Pauling）の電気陰性度を示す．これらの値は，電気陰性度の最も高いフッ素を4.0としたときの相対値であり，数字が大きいほど電子を引き寄せる能力が高い．周期表の下よりも上，左よりも右の元素の電気陰性度が高くなる傾向がある．

結 合 の 極 性

　塩素と水素の電気陰性度はそれぞれ3.0と2.1で（図6・3），塩素が電気的により陰性である．そのため，結合電子は塩素原子に引き寄せられて電荷に偏りが生じ，結合は**分極**する．電気陰性度の差は，水素原子から塩素原子に電子が完全に移動して両者がイオン化するほど大きくはなく，塩素と水素との結合は共有結合とイオン結合の性質を併せもつものとなる．このようにイオン結合性を帯びて分極した共有結合を**極性共有結合**とよぶ．

　図6・5に示すように，化学結合に占めるイオン結合性と共有結合性の割合は結合原子の電気陰性度の差に応

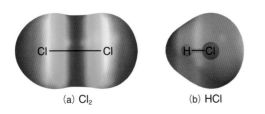

(a) Cl_2　　　　　　(b) HCl

図6・3　（a）塩素（Cl_2）と（b）塩化水素（HCl）の電子密度図．赤色の領域の電子密度が高く，青色の領域の電子密度が低い．

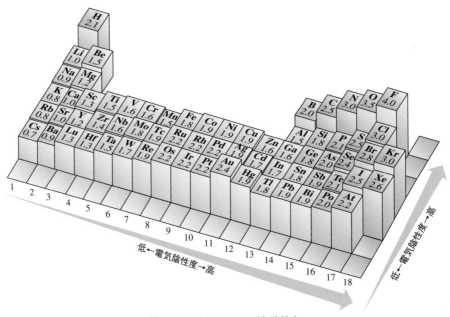

図 6・4　ポーリングの電気陰性度

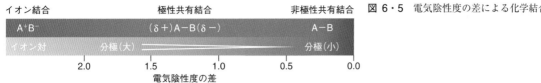

図 6・5　電気陰性度の差による化学結合の変化

じて変化し，以下の指針をもとに結合を分類できる．イオン結合はカチオンとアニオンとの静電相互作用（イオン間相互作用）に基づく結合である．これに対して，極性共有結合は原子間の分極が大きい，イオン結合性の高い共有結合である．また逆に，非極性共有結合は原子間の分極が小さい，イオン結合性の低い共有結合である．

- 電気陰性度の差が 2.0 以上: イオン結合
- 電気陰性度の差が 0.5〜2.0: 極性共有結合
- 電気陰性度の差が 0.5 以下: 非極性共有結合

例題 6・4

次の結合を，イオン結合，極性共有結合，非極性共有結合に分類せよ．
(a) Cl−F 結合，(b) Cs−Br 結合，(c) C_2H_6 の C−C 結合
解　(a) 極性共有結合，(b) イオン結合，(c) 非極性共有結合

練習問題 6・4　次の結合を，イオン結合，極性共有結合，非極性共有結合に分類せよ．
(a) H_2S の H−S 結合，(b) H_2O_2 の H−O 結合，(c) H_2O_2 の O−O 結合

極性共有結合をもつ異核二原子分子では，結合電子の不均等な共有により原子間に電荷の偏りが生じ，電気陰性度の高い原子に負の部分電荷が，また低い原子に正の部分電荷が生じる．この状態をギリシャ文字の δ に正（＋）と負（−）の記号を組合わせて次のように表示する．

$$\overset{\delta+}{\text{H}}\!-\!\overset{\delta-}{\text{Cl}}$$

←部分電荷

←双極子モーメント

このような微小距離に存在する正負 1 対の部分電荷を電気双極子または単に**双極子**とよぶ[*1]．双極子は**双極子モーメント**をもち，その大きさは電荷量と電荷間の距離の積に等しい．またその方向を，矢尻の位置に＋記号を組合わせた矢印を用いて δ＋から δ−に向けて表す[*2]．

分子の極性

原子間に分極をもつ二原子分子は，分子全体でも電荷に偏りをもつ**極性分子**である．一方，多原子分子には，分極した結合が存在しても極性分子でないものがある．たとえば，炭素と酸素は電気陰性度に 1.0 の差があり両者は極性共有結合を形成するが，二酸化炭素は極性をもたない**無極性分子**である．これは，直線形の分子内で二つの C＝O 結合が逆向きの双極子をもち，互いに打ち消し合うからである．

$$\text{O}\!=\!\text{C}\!=\!\text{O}$$

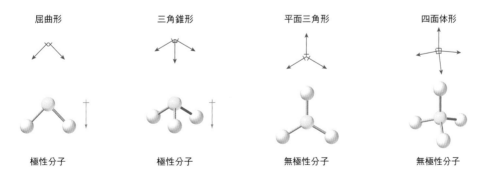

図 6・6　分子の形と極性との関係．電気陰性度: 白原子 > 青原子

---

*1　訳注: 双極子には別に，1 対の磁極からなる磁気双極子がある．
*2　訳注: 物理や物理化学では，＋記号をもたない，これとは逆向きの矢印（δ− → δ＋）が使用される．

図6·6に，2種類の元素で構成された多原子分子について，分子の幾何構造と極性との関係を示す．この図では，中心原子（青）よりも末端原子（白）の電気陰性度が高いと仮定している．屈曲形と三角錐形の幾何構造では分子内で双極子の打ち消し合いは起こらず，矢印の方向に双極子モーメントをもつ極性分子となる．これに対して，結合が二次元あるいは三次元方向に対称に広がった平面三角形と四面体形の幾何構造では双極子の打ち消し合いが起こり，無極性分子となる．

類似の形状をもつ分子でも結合の構成により極性に変化が現れる．たとえば，四面体形構造をもつメタン（CH_4）では，等価な4本のC—H結合間で双極子の打ち消し合いが起こり，分子は無極性分子となる．一方，C—H結合の1本がC—Cl結合に置換した塩化メチル（CH_3Cl）では，炭素（2.5）よりも塩素（3.0）の電気陰性度が高く，C—Cl結合がC—H結合と逆向きに分極するため，分子は矢印の方向に双極子モーメントをもつ極性分子となる．

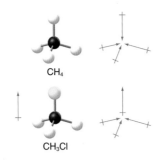

CH₄

CH₃Cl

例題 6·5

次の分子が，極性分子か無極性分子かを答えよ．
  (a) BCl_3, (b) $AsCl_3$
解 (a) 無極性分子， (b) 極性分子

練習問題 6·5　次の分子が，極性分子か無極性分子かを答えよ．
  (a) PCl_3, (b) SF_2, (c) SO_2, (d) SO_3

6·6　分 子 間 力

　物質を構成するイオンや分子，原子などの粒子間に働く静電的な力を**分子間力**という*．正電荷をもつカチオンと負電荷をもつアニオンとの間に働く強いイオン間相互作用は分子間力の一つである．また，原子間に分極を

もつ極性分子にも分子間力が働く．分極に伴う部分電荷はイオン電荷に比べて小さく，極性分子に働く分子間力は相対的に弱いものとなるが，融点や沸点などの値に明らかな影響を及ぼす．本節では，形式の異なるいくつかの分子間力について説明する．

　分子間力は，共有結合に比べてはるかに弱い相互作用である．たとえば，共有結合化合物であるHClは分子間力により集合し，低温では液体や固体となるが，加熱すると集合が解けて気体に変わる．このように分子間力が弱まっても共有結合は保持され，HClは依然として分子のままである．

共有結合

H—Cl ⋯ H—Cl ⋯ H—Cl ⋯ H—Cl ⋯ H—Cl ⋯ H—Cl

分子間力

双極子‐双極子相互作用

　極性分子と極性分子との間に働く分子間力を**双極子‐双極子相互作用**という．電気陰性度の異なる元素で構成された二原子分子は，一方の原子に正の部分電荷（δ+）を，他方の原子に負の部分電荷（δ−）をもち，図6·7に示すような分子間相互作用を起こす．(a)は液体状態，(b)は固体状態での分子配向を表している．また，楕円は分子を，青色と赤色は正と負の部分電荷をそれぞれ表している．青色部分（δ+）が隣接する分子の赤色部分（δ−）に引き寄せられ，分子ネットワークが形成される．分子間相互作用は液体状態よりも固体状態において密であり，分子軸に沿った横方向だけでなく，縦方向にも青と赤の交互の相互作用が起こる．

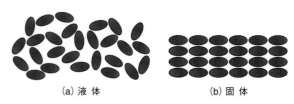

(a) 液 体　　　　　　(b) 固 体

図 6·7　極性二原子分子の液体状態（a）および固体状態（b）における分子配列

　物質の融点や沸点などの値は，分子間力の大きさを反映して顕著に変化する．次の表に，プロパンとアセトニ

---

*　訳注: 分子間力には引き合う力（引力）と反発し合う力（反発力）とがあるが，ここでは引力に焦点を絞った説明がなされている．

トリルの分子量と沸点を比較する．アセトニトリルはプロパンに比べて分子量が小さいにもかかわらず，はるかに高い沸点をもつ．これは，極性分子であるアセトニトリルに双極子-双極子相互作用に基づく比較的強い分子間力が働くためである．一方，無極性分子であるプロパンの分子間相互作用は弱い．

化合物	化学式	分子量	沸 点
プロパン	$CH_3CH_2CH_3$	44.10	$-42\ ^\circ\mathrm{C}$
アセトニトリル	CH_3CN	41.05	$82\ ^\circ\mathrm{C}$

例 題 6・6

次のうち双極子-双極子相互作用を起こすものを答えよ．

(a) Br_2,　(b) $SeCl_2$,　(c) BF_3

解　(b) $SeCl_2$

練習問題 6・6　次のうち双極子-双極子相互作用を起こすものを答えよ．

(a) CH_3Cl,　(b) OCS,　(c) CS_2

水 素 結 合

水素結合は，N—H，O—H あるいは F—H 結合を有する化合物に働く特別な形式の双極子-双極子相互作用である．たとえば，フッ化水素 (HF) は，図 6・8 の様

図 6・8　HF 分子間の水素結合．電子密度の高い赤色領域に負の部分電荷が，電子密度の低い青色領域に正の部分電荷が存在し，両者の間で引き合いが起こる．

式で水素結合を形成する．フッ素の電気陰性度はきわめて高く，H—F 結合は強く分極するため，H 原子 (δ+) と Cl 原子 (δ−) に正と負の大きな部分電荷が生じる．そのため隣接する分子どうしが強く引き合い，特に効果的な双極子-双極子相互作用が起こる．

例 題 6・7

次のうち水素結合を形成するものを答えよ．

(a) CH_2F_2,　(b) NH_3,　(c) H_2Se

解　(b) NH_3

練習問題 6・7　次のうち水素結合を形成するものを答えよ．

(a) CH_3OH,　(b) CH_3OCH_3,　(c) CH_3CH_2OH

分 散 力

極性分子には，分子に固有の**永久双極子**が常時存在する．一方，無極性分子に永久双極子は存在しないが，分子中の電子にはある程度の自由度がある．そのため，電子のゆらぎにより分子内に一時的な電荷の偏りが生じ，**瞬間双極子**が発生する．さらに，瞬間双極子は隣接する分子に影響を及ぼし，**誘起双極子**を誘発する．すなわち，図 6・9 に示すように，瞬間双極子が隣接分子に誘起双極子を誘発し，両者の間に静電引力が働く．このような，瞬間双極子-誘起双極子相互作用に基づく分子間力を**分散力**という*．分散力は，イオン間相互作用や双極子-双極子相互作用に比べて弱い相互作用であるが，たとえば，N_2 や O_2 などの無極性分子が低温で液化するなどの現象の原因となる．

分散力の強さは分子内の電子の動きやすさに依存する．内殻電子の少ない第 2 周期の元素で構成された F_2 などの分子では，電子が各原子の原子核に強く引き寄せられるので，原子間に電荷の偏りは起こりにくく，瞬間双極子は生じにくい．これに対して，Cl_2, Br_2, I_2 の順で周期が高くなると内殻電子の増加に伴って原子核によ

無極性分子　　　瞬間双極子　　　誘起双極子

図 6・9　瞬間双極子と誘起双極子の発生により無極性分子に分散力が働く様子

---

* 訳注: **ロンドン分散力**ともいう．

る電子の束縛が弱まり，瞬間双極子が生じやすくなる．その結果，分散力が増し，沸点が高くなるなどの変化が起こる（表6・3）．このように分子量の増加に伴って分散力が強くなる傾向がある．

表 6・3　ハロゲン分子の分子量と沸点

分　子	分子量 (M_r)	沸　点
F_2	38.0	$-188\,°C$　（85 K）
Cl_2	70.9	$-34\,°C$　（239 K）
Br_2	159.8	$59\,°C$　（332 K）
I_2	253.8	$184\,°C$　（557 K）

複数原子から構成された分子だけでなく，単原子の単体である貴ガスにも分散力が働く．表6・4に貴ガスの原子量と沸点との関係を示す．原子量の増加とともに分散力が強くなり沸点が上昇する．

分子量と分散力ならびに沸点との関係は，無極性分子について一般的に成立する．一方，極性分子には，分散

表 6・4　貴ガスの原子量と沸点

貴ガス	原子量 (A_r)	沸　点
He	4.003	$-269\,°C$　（4 K）
Ne	20.18	$-246\,°C$　（27 K）
Ar	39.95	$-186\,°C$　（87 K）
Kr	83.80	$-153\,°C$　（120 K）
Xe	131.3	$-108\,°C$　（165 K）
Rn	222	$-62\,°C$　（211 K）

力よりも強い相互作用である双極子-双極子相互作用や水素結合が働くため，特に第2周期元素の化合物に不規則な変化が現れる．

図6・10に，14族〜17族元素の水素化物について，周期と沸点との関係を示す．14族元素の水素化物はすべて無極性分子なので，周期が高く分子量が大きくなる順に沸点が上昇する．これに対して，15族〜17族元素の化合物では第2周期と第3周期との間で沸点が大きく低下し，それ以降は上昇する．すなわち，第2周期の元素に不規則性が認められる．これは，N-H，O-H，F-H結合をもつ化合物に強い分子間力である水素結合が働くためである．水は，特に効果的な水素結合ネットワークを形成し，分子量が18と小さいにもかかわらず，高い沸点（100 °C）をもつ．

分子間力の強さ

分子量が同程度の場合，分子間力は次の順で強くなる．

分散力 ＜ 双極子-双極子相互作用 ＜ 水素結合

いずれの分子間力が働くかは，分子構造をもとに，以下の手順で推定することができる．

1. 化学式をもとにルイス構造を書く．
2. VSEPRモデルを用いて電子群の幾何構造を決定する．
3. 電子群の幾何構造から分子の幾何構造を決定する．
4. 三次元的な原子配置をもとに双極子モーメントの有無を考え，極性分子であるか否かを判定する．

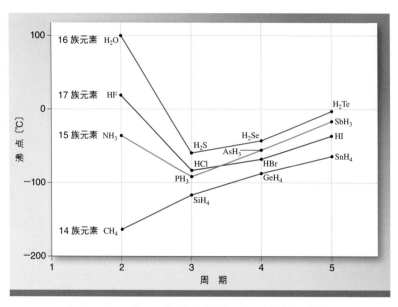

図 6・10　14族〜17族元素水素化物の周期と沸点との関係

5. 以下の基準で分子間力を推定する.
- 無極性分子: 分散力のみ
- 極性分子: 分散力 + 双極子-双極子相互作用
- N—H, O—H, F—H 結合をもつ極性分子:
  分散力 + 双極子-双極子相互作用 + 水素結合

分散力は他の分子間力に比べて弱い相互作用であるが, 分子量の大きい無極性分子では物理的性質に変化が生じる. たとえば, 分子量 ($M_r = 159.8$) が比較的大きな Br_2 は室温で液体であり, さらに分子量 ($M_r = 253.8$) の大きい I_2 は室温で固体となる.

一般式 C_nH_{2n+2} で表される直鎖アルカンでは, 分子量 (M_r) と分散力との間に明確な相関が認められる. 分子量の小さなメタン (CH_4), エタン (C_2H_6), プロパン (C_3H_8), ブタン (C_4H_{10}) は常温常圧で気体である. 続くペンタン (C_5H_{12}) からヘプタデカン ($C_{17}H_{36}$) までは常温で液体であり, オクタデカン ($C_{18}H_{38}$) よりも大きな直鎖アルカンは常温で固体となる. 分子量の増加に伴うこれらの状態変化は分子間相互作用が強くなっていることを示し, 分子が大きくなると分散力が増すことを意味している.

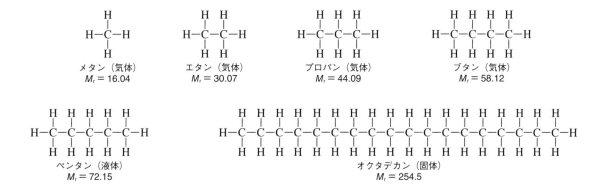

メタン（気体） $M_r = 16.04$　　エタン（気体） $M_r = 30.07$　　プロパン（気体） $M_r = 44.09$　　ブタン（気体） $M_r = 58.12$

ペンタン（液体） $M_r = 72.15$　　オクタデカン（固体） $M_r = 254.5$

コラム 6・2　ライナス・ポーリング

図6・4の電気陰性度は, 米国の化学者で, 作家や社会活動家でもあったポーリング (Linus Pauling, 1901〜1994) によって開発された. ポーリングは化学結合の本質の解明に向けた多くの研究を行い, すべての化学結合がイオン結合と共有結合とを両極とする連続的な変化の中にあることを初めて明らかにした (図6・5). ポーリングはまた, 量子化学と分子生物学の創始者の一人でもある. 分子生物学における最も顕著な業績の一つは, 熱帯および亜熱帯地域を起源とし, 時として人口の致命的な減少を招く鎌状赤血球症の原因が, 遺伝的な分子異常にあることを解明したことである.

ポーリングは晩年, がんを含むあらゆる病気の予防にビタミンCの大量摂取が有効であると唱えた. 残念ながらその根拠となる知見や見解は物議を醸すものであり, 彼の業績に汚点を残すものとなったが, それにもかかわらず, 20世紀で最も影響力のある科学者の一人として広く認められている. ポーリングの科学への貢献分野は広大であり, 二つのノーベル賞 (1954年化学賞, 1962年平和賞) を単独で受賞した唯一の人物となっている.

2008年, 米国郵政公社は, 理論物理学者のバーディーン (John Bardeen), 生化学者のコリ (Gerty Cori), 天文学者のハッブル (Edwin Hubble), そしてポーリングなどの米国科学者を称えて記念切手を発行した. ポーリングの切手には, 鎌状赤血球症の研究にちなんで, 正常な赤血球と変形した赤血球とが描かれている.

ポーリングの記念切手 ［© Olga Popova/123RF］

意外にも, ポーリングは高校を中退している. オレゴン州ポートランドにあるワシントン高校が提供するすべての科学系科目の単位を取得したものの, 卒業に必要な米国史の単位が取れなかったためである. ポーリングは, 高校卒業の資格なしにオレゴン農業大学 (現: オレゴン州立大学) への入学を認められた. 高校の卒業証書は, ノーベル賞受賞後の1962年に授与された.

例題 6・8

次の化合物（液体）に働く分子間力を推定せよ.
　(a) CCl₄,　(b) CH₃COOH,　(c) CH₃OCH₃,　(d) H₂S

解　(a) 分散力のみ
　(b) 分散力 + 双極子-双極子相互作用 + 水素結合
　(c) 分散力 + 双極子-双極子相互作用
　(d) 分散力 + 双極子-双極子相互作用

練習問題 6・8　次の化合物（液体）に働く分子間力を推定せよ.
　(a) CH₂Cl₂,　(b) CH₃CH₂CH₂OH,　(c) H₂O₂,　(d) N₂

キ ー ワ ー ド

CHAPTER 7

固体と液体，相転移

6章において，イオン性，分子性，原子性のすべての物質に分子間力が働くことを述べた．多くの物質は，分子間力の作用により，室温でも固体や液体として存在する．また，分子間力の違いにより，それぞれに固有の温度と圧力で，気体から液体，液体から固体へと状態を変化する．本章では，固体や液体の性質に及ぼす分子間力の役割と，純物質の状態変化に伴うエネルギーの役割について学習する．

7・1 物質の三態

3章で述べたように，物質には，**固体**，**液体**，**気体**の三つの状態（物質の三態）がある（図7・1）．固体は構成粒子が互いに密に詰まった状態にあるため圧縮されにくく，一定の形と体積をもつ．液体中の粒子も互いに接近した状態にあるが，固体に比べて自由度が高く，互いの位置を変化する．そのため液体は，ある定まった体積をもつが，流動性を示して形を変える．また多くの物質について，液体状態よりも固体状態の密度が高い．

気体は固体や液体に比べて構成粒子がはるかに分散した状態にあり，容易に圧縮され，容器に合わせて形と体積を変える．また，いかなる物質についても，気体状態は固体状態や液体状態に比べて密度が低い．

7・2 固体の種類

固体には，粒子が規則正しく配列した**結晶**と，不規則に分布した**非晶質固体（アモルファス固体）**とがある．液体が冷えて結晶に変わるためには，構成粒子が互いに位置を調節し，規則正しく配列して結晶化する必要がある．そのため，冷却が速すぎると結晶化が間に合わず，非晶質固体となる．

図7・2に，二酸化ケイ素（SiO_2）の結晶である石英と，非晶質固体であるガラスの，巨視的および分子レベルの状態を比較する．石英は地球の大陸地殻に存在する最も一般的な鉱物である．ガラスは透明な固体を表す一般的な用語としても用いられるが，その多くは SiO_2 の非晶質固体である．

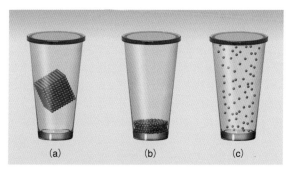

図7・1 固体状態(a)，液体状態(b)，気体状態(c) における構成粒子の様子

表7・1 代表的なガラスの名称と組成

名　称	組　成	性　質
石英ガラス	100% SiO_2	熱膨張率が低く，幅広い波長領域の光を透過する．光学実験に使用される．
パイレックスガラス	$60\sim80\%$ SiO_2 $10\sim25\%$ B_2O_3 少量の Al_2O_3	熱膨張率が低い．可視光と赤外線を透過し，紫外線を透過しない．耐熱性の調理器具や実験器具に使用される．
ソーダライムガラス	75% SiO_2 15% Na_2O 10% CaO	化学物質と熱に弱い．可視光を透過し，紫外線を透過しない．窓ガラスやガラス瓶に使用される．

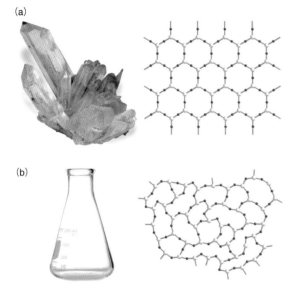

図 7・2　石英 (a, SiO_2 の結晶質固体) と，ガラス (b, SiO_2 の非晶質固体)．いずれの場合にも，原子は実際には三次元に配列しているが，長距離秩序の違いをわかりやすくするため，二次元の原子配列を表示している．[a: © Gontar Valeriv/123RF，b: © Kostyantine/123RF]

ガラスには多くの種類があり，ほとんどは添加物を加えて耐久性や色調などに特徴を与えたものである．ガラスは一般に，珪砂とよばれる石英の粒を添加物とともに加熱して溶かし，形を整えてから冷却して製造される．表 7・1 に，3 種類の代表的なガラスの名称と組成を示す．

結晶には，イオン，分子，原子をそれぞれ構成粒子とするものがあり，その性質は構成粒子の性質に応じて変化する．以下に，代表的な 4 種類の結晶について説明する．

イオン結晶

イオン間相互作用は最も強い分子間力であり，これにより粒子が集合したイオン化合物は，ほとんどが室温で固体である．イオン化合物は，カチオンとアニオンとが三次元に規則正しく配列した**イオン結晶**を形成する．

分 子 結 晶

固体中の無極性分子は分散力により集合している．極性分子ではこれに双極子-双極子相互作用が分子間力として加わり，N—H，O—H，F—H 結合をもつ分子ではさらに水素結合が働く．室温で固体である分子の例にヨウ素 (I_2) がある．ヨウ素は無極性分子であるが，分子量 ($M_r = 253.8$) が大きく，分散力が強いため，室温で

固体として存在する．

分子が結晶化して**分子結晶**を形成する際は，その大きさと形に合わせてできるだけ密に配列するのが一般的である．しかし，最も身近な分子である水は，例外的な結晶構造を形成する．水は分子間に水素結合をもつため，とても小さな分子であるにもかかわらず，きわめて高い沸点をもつ (§6・6 参照)．水素結合は結晶化の際にも重要な役割を果たし，分子が六角形に配列した特異な結晶構造の原因となる (図 7・3)．すなわち，分子間の水素結合が分子どうしの接近を妨げ，液体状態 (水) よりも固体状態 (氷) の密度が低くなるという，きわめて珍しい現象をひき起こす．

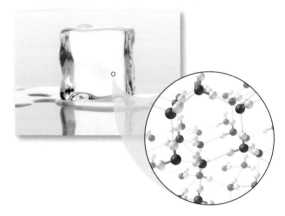

図 7・3　氷の三次元構造．実線は共有結合を，点線は水素結合を表している．[© gresei/123RF]

一般に，分子間に働く引力は，イオン間に働く引力に比べてはるかに小さい．実際，ルイス構造の書き方や分子の極性に関する説明で用いた CCl_4，SO_2，CO，C_2H_6，C_2H_4 などの分子はすべて室温で気体であり，きわめて低温に冷却してはじめて固体となる．

金 属 結 晶

原子を構成粒子とする結晶には金属性のものと非金属性のものとがある．金属元素の原子が高い秩序で三次元に配列した固体を**金属結晶**という．原子は**金属結合**とよばれるイオン結合や共有結合とは別形式の結合により集合している．金属結合では，各原子の価電子の一部が**自由電子**となって結晶内を動き回り，価電子を失って正電荷を帯びた金属イオンを結びつけている．図 7・4 に示すように，その様子は，価電子の海に金属イオンが規則正しく配列した状態と見ることができる．自由電子をもつ金属結晶は電気伝導性を示す．

金属結合の強さは金属の種類に応じてきわめて大きく

変化する．ほとんどの金属は室温で固体であるが，それらの融点は，室温よりもわずかに高い温度で融解する

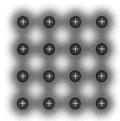

図 7・4 金属結晶の断面（概念図）．価電子の海（灰色の領域）に金属イオン（青丸）が規則正しく配列している．

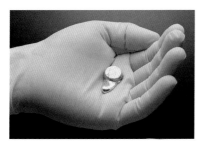

図 7・5 ガリウム（融点 29.8 °C）が手のひらで融解する様子
[© McGraw-Hill Education/Stephen Frisch, photographer]

ルビジウム（Rb），セシウム（Cs），ガリウム（Ga）から，融点が数千度に達するタングステン（W），レニウム（Re），オスミウム（Os）までさまざまである．セシウムやガリウムは室温で固体であるが，手のひらで溶かせるほど融点が低い（図7・5）．物質の融点については§7・3でさらに説明する．

非金属元素の中で，単原子の単体として結晶性の固体を与える元素は貴ガスだけである．貴ガス原子には弱い分子間力である分散力しか働かないので，きわめて低温でのみ固体に変わる．

共有結合結晶

貴ガスを除く非金属元素は分子を形成することが多いが，多数の原子が共有結合で連結し，二次元あるいは三次元に規則正しい配列をもつネットワーク構造をつくる場合がある．このような，共有結合によるネットワーク型の原子配列をもつ結晶を，**共有結合結晶**という．ダイヤモンドとグラファイトは共有結合結晶の代表例であり，いずれも炭素原子のみからできている．

図7・6に示すように，ダイヤモンド（a）では，各炭素原子が他の四つの炭素原子と四面体形に結合し，三次元ネットワークを構成している．これに対して，グラファ

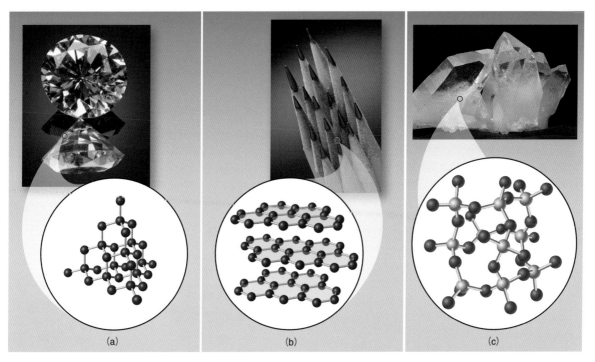

図 7・6 共有結合結晶の構造．（a）ダイヤモンド，（b）グラファイト，（c）石英（SiO_2）[a: © McGraw-Hill Education/Charles Winters, photographer, b: © McGraw-Hill Education/Charles Winters, photographer, c: © Doug Sherman/Geofile]

イト（b）では，各炭素原子が他の三つの炭素原子と平面三角形に結合してグラフェンとよばれる二次元シートを構成し，さらに各シートが分散力により弱く積層している．そのためシート間で横ずれを起こして滑り感が生じる．この性質によりグラファイトは工業的な潤滑剤に応用され，また鉛筆の芯として利用されている．石英（図7・6c）も共有結合結晶である．二酸化ケイ素（SiO_2）が三次元ネットワークを構成したこの結晶中で，各ケイ素原子は四つの酸素原子と四面体形に共有結合し，各酸素原子は二つのケイ素原子と共有結合している．

図7・7に，結晶を分類する際の手順を示す．

例題 7・1

以下の結晶質固体の種類を答えよ．また構成粒子を結びつけているおもな分子間力または結合を答えよ．

(a) Fe，(b) $CaBr_2$，(c) I_2，(d) SCl_2

解　(a) 金属結晶（金属結合），(b) イオン結晶（イオン間相互作用），(c) 分子結晶（分散力），(d) 分子結晶（双極子–双極子相互作用）

練習問題 7・1　以下の結晶質固体の種類を答えよ．また構成粒子を結びつけているおもな分子間力または結合を答えよ．

(a) NH_3，(b) $CaCl_2$，(c) CO_2

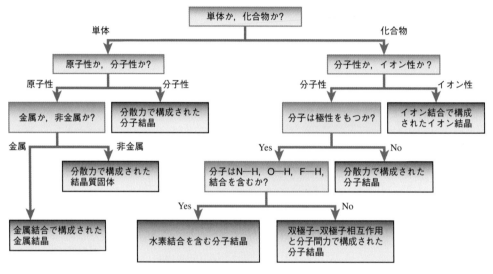

図 7・7　結晶質固体の判定法．共有結合結晶は含まれていない．

コラム 7・1　ダイヤモンド並みに硬い共有結合結晶

　2013年8月，国際鉱物学連合は，2009年に中国のチベット山脈で発見された天然のホウ素鉱物について青松鉱（Qingsongite）という名称を正式に承認した．この鉱物は，工業用ダイヤモンドに代わる安価で優れた研磨剤として50年以上にわたって製造されてきた立方晶窒化ホウ素とよばれる共有結合結晶と全く同じ物質である．

　ホウ素を含む鉱物は地表でも見られるが，青松鉱はダイヤモンドと同様，地球内部のきわめて高温高圧の条件下で形成されたと考えられている．この鉱物の骨格はダイヤモンドと等電子構造（§2・7参照）をもち，炭素原子の代わりにホウ素原子と窒素原子が交互に結合したネットワーク構造となっている．

　より一般的なホウ素の天然鉱物はホウ砂である．ホウ酸ナトリウム水和物ともよばれ，ホウ素，ナトリウム，酸素，水素を含むやや複雑な化学式を有する．ホウ砂は比較的柔らかい水溶性のイオン化合物で，米国のデスバレーから大量に搬出されるようになった19世紀の後半から，さまざまな工業用途と家庭用途に使用されている．

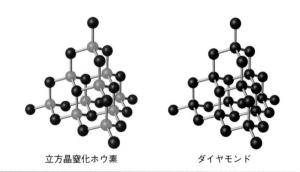

立方晶窒化ホウ素　　　ダイヤモンド

7・3　固体の物理的性質

固体は蒸気圧と融点をもとに区別される．本節では，これらの物理的性質に及ぼす分子間力の影響について説明する．

蒸　気　圧

蒸気圧とは，液体または固体と平衡にある気体（蒸気）の圧力を意味し，定性的には液相または固相から気相への物質の移動の容易さを表す．液相や固相で働く分子間力が弱くなると，分子などの構成粒子は気相に移動しやすくなり，蒸気圧が高くなる．分子間力は液体中よりも固体中で強くなる傾向があるので，固体の蒸気圧は一般的にきわめて低い．特にイオン化合物は本質的に蒸気圧をもたない．一方，図7・8に示すように，無極性分子については固体状態において比較的高い蒸気圧を示すものがある．

ナフタレンの固体はタール様の刺激臭をもつ（図7・8a）．その高い蒸気圧と蒸気の毒性を利用して古くは防虫剤として使われていたが，現在では人やペットに対してより安全な物質に代替されている．ヨウ素の固体は高い蒸気圧をもち，紫色の気体に容易に変化する（図7・8b）．一般にドライアイスとよばれている二酸化炭素の固体はきわめて高い蒸気圧をもつ（図7・8c）．二酸化炭素は耐圧容器に封入され，消火器としても使用される．耐圧容器内の圧力は大気圧の50倍以上あり，このような高圧下で二酸化炭素は液体として存在する．液体への変化は通常の圧力では起こらない．

例題 7・2

$-125\,^{\circ}\mathrm{C}$ において CHF_3 と CS_2 はともに固体である．いずれの蒸気圧が低いかを理由とともに答えよ．

解　両者の分子量は同程度であるが，CHF_3 は極性分子，CS_2 は無極性分子なので，双極子-双極子相互作用を伴う CHF_3 の蒸気圧が低くなる．

練習問題 7・2　CO_2 の固体（ドライアイス）が高い蒸気圧を示す理由を答えよ．

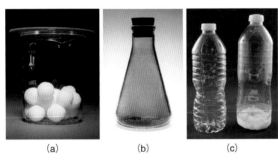

(a)　　　　　(b)　　　　　(c)

図 7・8　蒸気圧の高い固体の例．(a) ナフタレン（$C_{10}H_8$），(b) ヨウ素（I_2），(c) 二酸化炭素（CO_2，ドライアイス）［a：© McGraw-Hill Education/David A. Tietz, photograph; b：© Charles D. Winters/Science Source; c：© McGraw-Hill Education/Charles Winters, photographer］

融　　点

固体中の粒子は定まった位置にあるが，絶えず振動し，いくらかの運動エネルギーをもっている．固体を温めると粒子はエネルギーを受け，やがて運動エネルギーが固体を維持している分子間力を上回るようになる．このような状態において粒子は流動し，固体は溶けて液体に変わる．固体が液体に変化する温度を**融点**という．

固体中の分子間力が強いと融点が高くなる傾向がある．図7・9に14族〜17族元素の水素化物の融点を比較する．§6・6では同じ化合物を用いて，分子量と水素結合が沸点に及ぼす影響を示した（図6・10）．図7・9と図6・10にはほとんど同じ傾向が認められる．これは，

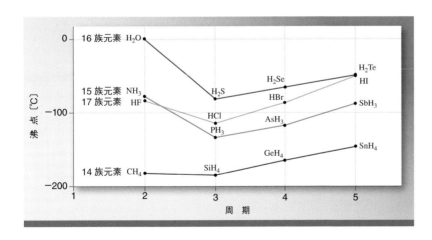

図 7・9　14族〜17族元素水素化物の周期と融点との関係

融点と沸点がともに分子間力に依存するためである．

　表7・2に，単体および化合物に働くおもな分子間力と融点との関係を示す．イオン化合物は強い分子間力であるイオン間相互作用を伴うため特に融点が高い．共有結合化合物である分子では，分子量が同程度であれば極性の高い分子ほど分子間力は強くなる．また，水素結合をもつ分子はもたない分子よりも分子間力が強く，さらに分子量の大きな分子では分散力が効果的に働く．糖の仲間であるフルクトース（果糖）やスクロース（ショ糖）は分子間に水素結合を形成し，分子量も大きいので融点が高い．一方，無極性の貴ガス（He, Ar）やフッ素分子（F_2）に働く分子間力は分散力だけであり，質量も小さいので融点はきわめて低くなる．

粘　度

　粘度は液体が流れに対して抵抗する力（応力），すなわち粘り気の尺度である．水と蜂蜜を比較する．両者を同じ形の容器からコップに注ぐと，水はすぐに空になるが，粘り気のある蜂蜜を空にするにはしばらく時間がかかる．すなわち，蜂蜜は水よりも粘度が高い．蜂蜜は糖質などの成分が水に溶けた混合物であるが，粘度の違いは純物質であるエチレングリコール（$C_2H_6O_2$，不凍液の成分）とグリセリン（$C_3H_8O_3$，食品や医薬品，化粧品の成分）との間でも観察される．図7・10に示すように，エチレングリコールをビーカーに注ぐとすぐに表面が平坦になるが，粘度の高いグリセリンが平坦になるには時間がかかる．

例題 7・3

　不等号を用いて LiCl, Cl_2, NCl_3 を融点の順に並べよ．
解　$Cl_2 < NCl_3 < LiCl$

練習問題 7・3　不等号を用いて PBr_3, BCl_3, PCl_3 を融点の順に並べよ．

7・4　液体の物理的性質

　固体と同様，液体の構成粒子に働く分子間力は，粘度，表面張力，蒸気圧，沸点などの物理的性質を支配する重要な因子となる．

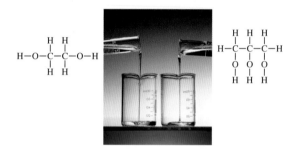

［出典: © Richard Megna/Fundamental Photographs］

図 7・10　エチレングリコール（左）とグリセロール（右）をメスシリンダーからビーカーに注いだときの様子

表 7・2　物質の種類とおもな分子間力および融点との関係

物　質	式量・分子量	おもな分子間力	融点〔℃〕
イオン化合物			
LiF	25.94	イオン間相互作用	854
NaF	41.99	イオン間相互作用	993
NaCl	58.44	イオン間相互作用	801
KI	166.0	イオン間相互作用	680
極性分子			
H_2O	18.02	水素結合，分散力	0
HF	20.01	水素結合，分散力	-83.6
HCl	36.46	双極子-双極子相互作用，分散力	-114.2
$C_6H_{12}O_6$（フルクトース）	180.2	水素結合，分散力	103
$C_6H_{12}O_6$（スクロース）	342.3	水素結合，分散力	186
貴ガス，無極性分子			
He	4.003	分散力	-272.2
F_2	38.00	分散力	-219.6
Ar	39.95	分散力	-189.3

表 面 張 力

液体中の分子は，周りの分子から分子間力により引き寄せられている．図7・11(a) に示すように，液体内部ではあらゆる方向から分子間力が加わるので，分子に働く引力は全体として釣合っている．一方，液体表面に存在する分子では下と横からの引力は存在するが，上からの引力は存在しない．そのため，表面分子は下に引き寄せられ**表面張力**が発生する．洗車の際，車体の上に丸い水滴ができるのは表面張力によるものである．また，国際宇宙ステーションで実証されているように，無重力の状態で水滴は球形となる（図7・11b）.

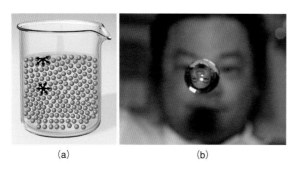

（a）　　　　　　　　（b）

図 7・11　(a) 液体の内部と表面における分子間力の違い．
(b) 無重力状態における水滴の様子 [b: NASA]

蒸 気 圧

蒸気圧も分子間力の大きさに依存する液体の性質の一つである．一般に，液体中の分子に働く分子間力は固体中に比べてはるかに弱いので，液体は固体に比べて高い蒸気圧をもつ．室温で蒸気圧の高い物質を**揮発性**，低い物質を**不揮発性**であるという．

液体中の分子は常に運動しており，運動に伴う運動エネルギーをもっている．この場合，分子はすべて同じ速度で動いているわけではなく，運動エネルギーにある種の分布が存在する．図7・12 は，その分布の様子を示したもので，横軸が運動エネルギーを，縦軸が分子数を表している．下で述べるように，分布曲線は温度に依存して変化するが，はじめに相対的に低い温度での分布を表す青色の曲線(a)を用いて説明する．液体の表面にある分子が分子間力から解放され，気相に移動するのに十分な運動エネルギー（図の青色領域）をもつと**蒸発**する．蒸発した分子は気相を飛び回るが，密閉容器内では液体表面で冷却されて再び液相に戻ることがある．この過程は**凝縮**とよばれる．蒸発と凝縮はいずれも状態変化であり，互いに逆過程である（§7・5参照）.

図7・13 は，揮発性の液体を入れた密閉容器内で，液

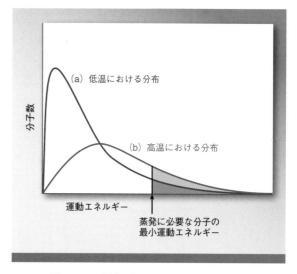

図 7・12　運動エネルギーと分子数との関係

相と気相との平衡（気液平衡）が確立されるまでの過程を図示したものである．液体の蒸発は一定温度において一定の速度で進行する．初期の段階では気相中の分子数が少ないので凝縮速度は遅い (a)．時間の経過とともに蒸発が進み気相中の分子数が増えると凝縮速度はしだいに速くなり（b～d），やがて蒸発速度と一致する (e)．これは**動的平衡**とよばれる状態で，蒸発と凝縮は依然として継続しているものの，両者の速度が一致しているため，これ以降は気相中の分子数は一定に保たれ，気相の圧力は一定となる (f)．動的平衡における気相の圧力は飽和蒸気圧あるいは単に蒸気圧とよばれ，各物質に固有の値である．

密閉容器の温度が上がると，分子の運動速度と運動エネルギーが高くなる．図7・12の赤色の曲線 (b) はこの状況を表したものである．図からわかるように，蒸発に必要な運動エネルギーに達した分子の数が増え，青色の領域に加えて赤色の領域に相当する分子が気相に移動する．このように，気相中の分子数が増えると圧力（蒸気圧）が上昇する．したがって，蒸気圧は温度の上昇とともに高くなる．

沸 点

温度の上昇に伴って液体の蒸気圧が高くなることを述べた．図7・14 に，ジエチルエーテル，水，水銀について，温度と蒸気圧との関係を示す．温度が上昇し，蒸気圧が高まって大気圧と等しくなると液体は沸騰する．蒸発では液体表面から分子が気相に移動したが，沸騰では表面だけでなく，液体の内部からも分子が気相に移動す

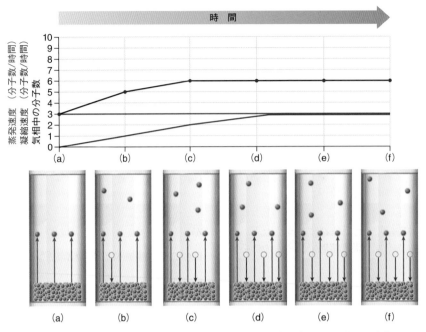

図 7・13　揮発性の液体を入れた密閉容器内で，気液平衡が確立されるまでの過程

る．液体が沸騰する温度，すなわち蒸気圧が大気圧と等しくなる温度を**沸点**という．液体のその他の性質と同様，沸点は分子間力の大きさに依存する．6 章で述べたように，第 2 周期の 15 族～17 族元素の水素化物は強い分子間力である水素結合を形成するため，特に高い沸点をもつ（図 6・10）．

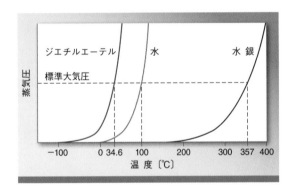

図 7・14　温度によるジエチルエーテル，水，水銀の蒸気圧の変化

　水の蒸気圧が常圧（海水面における大気圧）に達する温度（沸点）は 100 ℃ である（図 7・14）．これに対して，大気圧の低い高い山の上では，蒸気圧がより低い温度で大気圧と等しくなり，沸点が低下する．

例題 7・4

　メタノール（CH_3OH）とエチレングリコール（CH_2OHCH_2OH）のいずれの表面張力が高いかを，理由とともに答えよ．

解　いずれも水素結合を形成する極性分子であるが，分子量が高くヒドロキシ基（OH 基）を二つもつエチレングリコールの方が分子間力が強く，表面張力が高い．

練習問題 7・4　室温において，プロパノール（$CH_3CH_2CH_2OH$）とエチレングリコール（CH_2OHCH_2OH）のいずれの蒸気圧が高いかを，理由とともに答えよ．

7・5　エネルギーと物理変化

　本節では純物質の温度変化と状態変化について説明する．**エネルギー**の本質は熱を発生し，仕事をする能力にあり，この状況は身の回りの巨視的過程でも，原子分子レベルの微視的過程でも変わらない．

　エネルギーの SI 単位はジュール（J）であるが，非 SI 単位である**カロリー**（cal）も使用されている．両者は (7・1)式により換算される．エネルギーが大きいときには，SI 接頭辞を付けたキロジュール（kJ）やキロカロリー（kcal）などの単位が使用される．

$$1\,cal = 4.184\,J \qquad\qquad (7 \cdot 1)$$

温 度 変 化

　鍋に水を入れて火にかけるとやがて沸騰する．上で述べたように，沸騰は水の温度が上昇し，蒸気圧が大気圧と等しくなると起こる．水の入っていない鍋を加熱すると，水が入っているときに比べてはるかに早く熱くなる．両者の加熱速度に差が生じる理由は二つある．一つは，水が入っていると，水が入っていない場合に比べ質量が増えるからである．二つ目は，温度を同じだけ上げるときにも，物質ごとに異なる量のエネルギーが必要となるためである．

　たとえば，水とアルミニウムを比較すると，2 kg の水を室温（25 °C）から沸点（100 °C）まで温めるためには 600 kJ 以上のエネルギーが必要である．一方，同じ質量のアルミニウムを同じ温度範囲で温めるのに必要なエネルギー量は小さく，水の 1/5 程度である．この違いは，**比熱容量**（c）が物質ごとに異なることに起因している．比熱容量は単に**比熱**ともよばれ，単位質量（1 g）の物質を単位温度（1 K）だけ上げるのに必要なエネ

ルギーの量を表す．表 7・3 に種々の物質の比熱容量（c）を示す．単位は J/g·K である．水は比熱容量が特に大きく，冷却剤として有効である．また逆に，沸騰するのにしばしば長時間を必要とする．

　質量 m の物質の温度を ΔT だけ上昇するときに必要となるエネルギー量 q は，比熱容量 c を用いて（7・2）式のように与えられる．たとえば，2.00 kg の水とアルミニウムを 25.0 °C（298.15 K）から 100.0 °C（373.15 K）までそれぞれ温める（$\Delta T = 75.0$ K）ためのエネルギー量は，以下の二つの式により計算される．

$$q = c \times m \times \Delta T \qquad (7 \cdot 2)$$

水

$$q = 4.18 \, \text{J/g·K} \times 2000 \, \text{g} \times 75.0 \, \text{K} = 6.27 \times 10^5 \, \text{J}$$

アルミニウム

$$q = 0.902 \, \text{J/g·K} \times 2000 \, \text{g} \times 75.0 \, \text{K} = 1.35 \times 10^5 \, \text{J}$$

表 7・3　物質の比熱容量

物　質	比熱容量（c）〔J/g·K〕	物　質	比熱容量（c）〔J/g·K〕
アルミニウム	0.902	鉄	0.448
金	0.129	水　銀	0.139
グラファイト	0.710	水（液体）	4.18
銅	0.384	エタノール（C₂H₅OH）	2.42

（表内：エタノール（C_2H_5OH））

コラム 7・2　圧　力　鍋

　水の沸点は外気圧により変化する．圧力鍋はこの原理を利用し，短時間で調理ができるように工夫されたものである．

　標高が高いと大気圧が低くなる．そのため高地では，100 °C 以下の温度で水の蒸気圧が大気圧と等しくなり沸騰する．たとえば，標高 8848 m のエベレスト山頂では大気圧が地上の 1/3 程度しかなく，70 °C を少し超える温度で水が沸騰する．このような条件では高地用の特別な調理レシピが必要となる．

　これに対して圧力鍋では，蒸気を閉じ込めて内部の圧力が周囲よりも高くなるように設計されている．これにより水の沸点は 100 °C よりも高くなり，食材を早く調理できる．現代の圧力鍋は大気圧の 2 倍の圧力をかけることができ，水の沸点は 120 °C を超える．調理時間は通常の 1/3 程度に短縮される．

固体-液体間の状態変化: 融解と凝固

　コップ中で水（固体）に氷（固体）が浮かんでいるとき，コップの中には同じ物質の二つの状態が共存している．このように，物質の異なる状態が明確な境界をもって共存するときそれぞれを**相**とよび，物質が固体，液体，気体のいずれの状態であるかにより固相，液相，気相とよんで区別する．各相は異なる性質をもち，相互に状態を変化する．この変化を**相転移**という．固体から液体への変化を**融解**，液体から固体への変化を**凝固**という．

　融解は，分子がエネルギーを受け，分子を固体状態に束縛している分子間力から解放されたときに起こる．融解に要するエネルギー量を**融解熱**という．また，物質 1 mol 当たりの融解熱を**モル融解熱**（ΔH_{fus}）という．単位は kJ/mol である．

表 7・4　物質の融点とモル融解熱

物　質	融点〔°C〕	モル融解熱（ΔH_{fus}）〔kJ/mol〕
アルゴン（Ar）	−189.2	1.18
ベンゼン（C₆H₆）	5.5	9.87
エタノール（C₂H₅OH）	−114.5	4.93
ジエチルエーテル（C₂H₅OC₂H₅）	−116.3	7.19
水銀（Hg）	−38.8	2.30
メタン（CH₄）	−182.5	0.939
水（H₂O）	0.0	6.01

表7・4に, 種々の物質の融点とモル融解熱を示す. 固体から液体, 液体から固体への状態変化はともに融点で起こる. すなわち, 氷の温度は0℃を超えない. さらに, 氷が解けて生じる水の温度は, 氷がすべて融解するまで0℃に維持される. このように, 物質の状態変化 (相転移) は常に一定の温度で進行する.

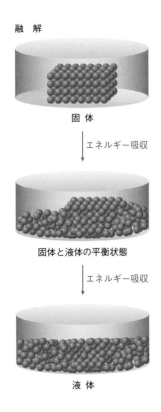

融解

固体

↓ エネルギー吸収

固体と液体の平衡状態

↓ エネルギー吸収

液体

固体から液体への状態変化は**吸熱過程**であり, 相転移には加熱が必要である. この事実は多くの日常的な現象に現れている. たとえば, 角氷は室温で放置するよりも熱した鍋の中で早く溶ける. 一方, 直感的には少し捉えにくいが, 逆の状態変化である凝固は**発熱過程**であり, 熱を奪うと起こる現象である. たとえば, 水を製氷皿に入れ, 冷凍室で冷やして熱を奪うと氷に変わる. これらの現象は, 水の融解が吸熱過程, 凝固が発熱過程であることを示している.

質量 m の物質の融解熱 q は, モル融解熱 ΔH_{fus} と物質のモル質量 M とを用いて (7・3)式のように与えられる. ここで m/M は物質量(mol)に相当する. たとえば, 1.00 kg (1.00×10^3 g) の氷を融解するのに必要なエネルギー量(融解熱)は以下のように計算される. 逆に, 1.00 kg の水を0℃で凝固し氷に変える際には同じ量 (334 kJ) のエネルギー (凝固熱) が発生するので, 冷やしてこれを除去する必要がある.

$$q = \Delta H_{fus} \times (m/M) \qquad (7 \cdot 3)$$

$$q = 6.01 \text{ kJ/mol} \times \frac{1.00 \times 10^3 \text{ g}}{18.02 \text{ g/mol}} = 334 \text{ kJ}$$

液体-気体間の状態変化: 蒸発と凝縮

熱湯を入れたやかんの中では, 液相と気相との間で水と水蒸気の平衡が成立している. 液相中の水分子がエネルギーを受け, 液体を形成している分子間力から解放されると**蒸発**して気相に移動する. 逆に, 気相中の水分子がエネルギーを失うと**凝縮**して液相に戻る. 蒸発は吸熱過程, 凝縮は発熱過程である.

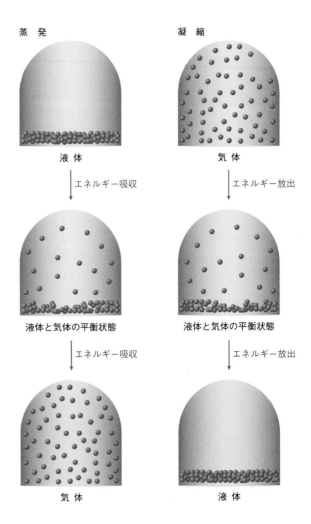

蒸発 / 凝縮

液体 / 気体

↓ エネルギー吸収 / ↓ エネルギー放出

液体と気体の平衡状態 / 液体と気体の平衡状態

↓ エネルギー吸収 / ↓ エネルギー放出

気体 / 液体

1 mol の液体を蒸発するのに必要なエネルギー量を**モル蒸発熱** (ΔH_{vap}) という. 単位は kJ/mol である. 表7・5に, 種々の物質の沸点とモル蒸発熱を示す.

質量 m の物質の蒸発熱 q は, モル蒸発熱 ΔH_{vap} とモル質量 M とを用いて (7・4)式のように与えられる. ここ

表 7・5　物質の沸点とモル蒸発熱

物　質	沸点〔℃〕	モル蒸発熱 (ΔH_{vap}) 〔kJ/mol〕
アルゴン（Ar）	−185.9	6.52
ベンゼン（C_6H_6）	80.1	30.7
エタノール（C_2H_5OH）	78.3	38.6
ジエチルエーテル （$C_2H_5OC_2H_5$）	34.6	26.5
水銀（Hg）	356.6	58.1
メタン（CH_4）	−161.5	8.18
水（H_2O）	100.0	40.7

で m/M は物質量（mol）を表す．1.00 kg（1.00×10^3 g）の水が 100 ℃ で蒸発する際に必要なエネルギー量は以下のように計算される．逆に，1.00 kg の水蒸気が 100 ℃ で凝縮して水に戻る際には，同じ量のエネルギーが発生する．

$$q = \Delta H_{vap} \times (m/M) \qquad (7 \cdot 4)$$

$$q = 40.7 \text{ kJ/mol} \times \frac{1.00 \times 10^3 \text{ g}}{18.02 \text{ g/mol}} = 2.26 \times 10^3 \text{ kJ}$$

固体-気体間の状態変化: 昇華

　二酸化炭素などの物質は通常は液体にならず，固体から気体に直接状態を変化する．この状態変化を**昇華**という．逆の過程である気体から固体への状態変化も昇華とよばれる[*]．固体から気体への変化は吸熱過程，気体から固体への変化は発熱過程である．図7・15に，物質の6種類の状態変化の関係をまとめる．

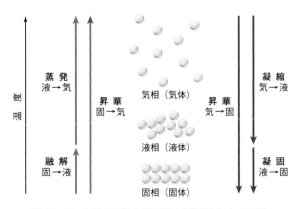

図 7・15　物質の三態と相転移（状態変化）との関係

---

[*]　訳注: 英語では気体から固体への状態変化に deposition という用語が使用される．この単語に対して凝華という訳語が提案されているが，一般的ではない．

例 題 7・5

　本文の表を参照し，以下の状態変化に伴うエネルギーの変化量を求めよ．また，状態変化が発熱過程であるか吸熱過程であるかを答えよ．
　（a）5.5 ℃ で 1 mol のベンゼンが固体から液体に変化する．
　（b）−182.5 ℃ で 73.2 g のメタンが液体から固体に変化する．
　（c）78.3 ℃ で 1.32 mol のエタノールが液体から気体に変化する．
解　(a) 9.87 kJ（吸熱），(b) 4.29 kJ（発熱），(c) 51.0 kJ（吸熱）

練習問題 7・5　25 ℃ の水 45.5 g をすべて 100 ℃ の水蒸気に変えるのに必要なエネルギー量を求めよ．

キ ー ワ ー ド

気体と気体の法則

7章では，固体と液体の物理的性質を及ぼす分子間力の役割について調べた．本章では気体の物理的性質について考える．気体に働く分子間力は固体や液体に比べて無視できるほど小さく，気体の圧力と体積，温度との間に比較的簡単な法則と関係式が成立する．本章では，この関係式とその使い方について学習する．

8・1 気体の性質

ほとんどの固体や液体は高温で気体に変わる．たとえば，水を加熱すると蒸発して水蒸気に変わる．図8・1に示すように，固体中や液体中と異なり，気体中の分子は分散した状態にある．この図では分子を大きく描いてあるが，実際の分子ははるかに小さく，その大きさは空間サイズに比べてほぼ完全に無視することができる．実際，5 mL の水が 100 °C ですべて水蒸気に変わると，その体積はおよそ 8.5 L となり，1700 倍に膨張する．

室温で気体の物質

室温で気体として存在する単体は少なく，水素（H_2），窒素（N_2），酸素（O_2），フッ素（F_2），塩素（Cl_2），および貴ガスだけである．貴ガスは単原子の単体，その他は二原子分子である．一方，化合物のうち分子量の低い分子は室温で気体として存在し，その種類は多い．代表例として，塩化水素（HCl），アンモニア（NH_3），二酸化炭素（CO_2），一酸化二窒素（N_2O），メタン（CH_4），

(a) 固 体　　　　　(b) 液 体　　　　　(c) 気 体

図 8・1 (a) 固体，(b) 液体，(c) 気体状態における物質の様子（概念図）

シアン化水素（HCN）などが挙げられる.

気体は以下の点で固体や液体と異なる.

1. 気体は容器に合わせて形と体積を変化する. 液体も形を変化し, 気体とともに**流体**とよばれるが, 液体が形だけを変えるのに対して, 気体は容器全体に広がって形と体積を変化する.

2. 気体は圧縮される. 気体中の分子間の隔たりは分子サイズに比べてはるかに大きく, 圧縮により気体の体積が小さくなっても, 分子は依然として分散した状態にある.

3. 気体の密度は, 固体や液体に比べてはるかに小さく, 温度と圧力に応じて大きく変化する. 気体の密度はg/L 単位で表し, 液体と固体の密度は g/mL あるいは g/cm³ 単位で表すのが一般的である.

4. 気体は, 他の気体と, 任意の割合で均一の混合物を与える. 液体では, 水と油のように混ざり合わない場合があるが, 気体中の分子は分散し, きわめて弱い相互作用しか受けないので, 性質の異なる複数の気体を均一に混合することができる.

　以上の四つの特徴は, 分子レベルの気体の性質によるものである.

気体分子運動論

　分子運動論は, 分子レベルでの微視的な気体の性質をもとに, 巨視的な気体の物理的性質を理解するための理論である. この理論は以下の四つの仮定に基づいている.

1. 気体分子は分散した状態にある. それぞれの分子が空間に占める体積は無視できるほど小さく, 互いに十分に離れた状態にある. そのため, 圧縮により分子は間隔を狭め, 気体は体積を減少する.

2. 気体分子は絶えずランダムに運動している. それぞれの分子は任意の方向に直線運動し, 容器の内壁や他の分子と衝突を繰返している. 容器の内壁は気体分子との衝突により圧力を受ける.

3. 気体分子には引力と反発力の, いずれの分子間力も働かない.

4. 気体分子の平均運動エネルギーは絶対温度に比例する. 図8·2は, 気体分子の速度分布が温度に依存して変化する様子を示したものである. 速度の大きい分子は運動エネルギーが大きい. 同様な分布は液体中でも観察された（図7·11）.

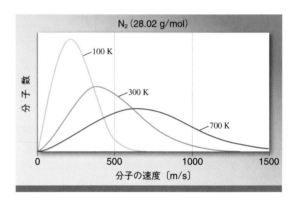

図 8·2 窒素ガス中の分子の温度による速度分布の変化. 高温ほど高速の分子の比率が高く, 平均運動エネルギーが大きくなる.

8·2 圧　力

　気体分子は絶えず高速で運動し, 他の分子や容器の内壁と衝突している. 衝突により内壁は圧力を受ける. たとえば, タイヤの中では, 空気を構成する窒素分子や酸素分子が衝突し, タイヤの内壁に圧力を及ぼしている. 気体は接触するすべてのものに圧力を及ぼすので, タイヤは内部からだけでなく, 外部の空気からも**大気圧**を受けている. 同様に, 私たちの体も大気圧を受けている. 私たちが大気圧を感じないのは, 体の内部からも同じ圧力がかかり, 内と外とでバランスがとれているからである. 一方, 図8·3に示すように, (a) 空の金属缶に真空ポンプをつなぎ, (b) 空気を抜くと, 内部と外部の圧力のバランスが崩れて缶がつぶれる. この実験は大気圧の存在と強さを示している.

圧力の定義と単位

　物体の表面に気体分子が衝突すると力が加わる. **圧力**は, 単位面積当たりに働く力の大きさと定義される.

$$圧 力 = \frac{力}{面 積}$$

圧力の SI 単位は**パスカル**（Pa）で, 1 Pa は 1 m² の面積に 1 N の力が加わったときの圧力に相当する.

(a)

(b)

図 8・3 空の金属缶を使った大気圧の実験 [© McGraw-Hill Education/Charles Winters, photographer]

$$1\,\text{Pa} = 1\,\text{N/m}^2$$

ニュートン（N）は力の SI 単位で, SI 基本単位を用いて次のように表される.

$$1\,\text{N} = 1\,\text{kg·m/s}^2$$

圧力の単位として Pa 以外の非 SI 単位が使われることも多い. 表8·1に, 代表的な単位について, 標準大気圧(平均海水面における大気圧)の値を比較する. バール(bar)は 10^5 Pa に相当し, ミリバール(mbar)として気象分野で使用されていたが, 1992 年からヘクトパスカル(hPa)に変更された. hPa は 10^2 Pa に相当し, 1013.25 mbar = 1013.25 hPa と同じ数値になるので単位の変更が容易であった. 化学では圧力の単位に気圧(atm)が

表 8・1 圧力の単位と標準大気圧

圧力の単位	標準大気圧
パスカル（Pa）	101,325 Pa
バール（bar）	1.01325 bar
気圧（atm）	1 atm
水銀柱ミリメートル（mmHg）	760 mmHg
トル（torr）	760 torr

使われることが多く, 本書でもおもにこの単位を使用する. 水銀柱ミリメートル（mmHg）は医学で使用され, たとえば血圧の単位は mmHg である.

例 題 8・1

以下の圧力をかっこ内の単位に換算せよ.

(a) 695 mmHg [atm], (b) 3.45 atm [Pa], (c) 2.87 bar [atm]

解 (a) 0.914 atm, (b) 3.50×10^5 Pa, (c) 2.83 atm

練習問題 8・1 以下の圧力をかっこ内の単位に換算せよ.

(a) 3.94 MPa [atm], (b) 1.75 atm [torr], (c) 651 Pa [mmHg]

圧力の測定

大気圧を測定する器具に気圧計がある. 図8·4に古典的な水銀気圧計を示す. 片方を閉じたガラス管に水銀を入れ, 管内に空気が入らないよう水銀の入った容器に逆さまに立てると, 容器の水銀面から 76 cm の高さで水銀柱が止まる. これは水銀柱の圧力と大気圧とが釣合うために起こる現象である. 標準大気圧はもともと 0 ℃で 760 mm の水銀柱と釣合う圧力と定義されていた. 水銀柱ミリメートル（mmHg）はこの定義に由来する単位で, 水銀気圧計を考案したイタリアの科学者トリチェリ（Evangelista Torricelli）にちなんでトル（またはトール, torr）の記号が使われることもある（表8·1）.

大 気 圧

76 cm

図 8・4 水銀気圧計（概念図）

圧力計は大気以外の気体の圧力を測定するため考案されたもので, 原理は気圧計と同じである. 図8·5に示す 2 通りの型式があり, (a) の閉管型は大気圧よりも低い圧力の測定に, (b) の開管型は大気圧よりも高い圧力の測定に使用される.

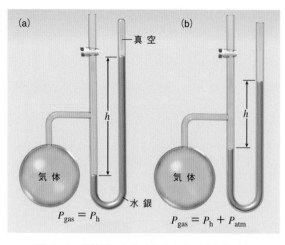

図 8・5 閉管型圧力計 (a) と開管型圧力計 (b)

8・3 気体の法則

本節では，17世紀から19世紀初めに発見された，気体の物理的な挙動に関する重要な法則について説明する．

ボイルの法則: 圧力と体積との関係

注射器に空気を入れ，指先で出口をしっかりと抑えてプランジャーを押すと，体積の減少に伴って圧力が高くなるのがわかる．英国の化学者ボイル（Robert Boyle, 1627〜1691）は，図8・6に示す実験により，気体の圧力と体積との関係を調べた．まず (a) のように，片方を閉じたJ字形のガラス管に100 mLの気体を入れ，水銀で封をする．このとき，左右のガラス管の水銀面は同じ高さなので，気体の圧力は大気圧（760 mmHg）と一

コラム 8・1　フリッツ・ハーバー

地球の大気はおもに2種類の気体から成り，窒素（N_2）が78%，酸素（O_2）が21%ほどである．窒素はアミノ酸やタンパク質の構成に必要不可欠な元素であるが，植物や動物は大気中に豊富に存在する N_2 を直接取込むことができない．そのため，食料や飼料となる植物の栽培には，**窒素固定**とよばれるプロセスにより，N_2 を植物が利用可能なアンモニアなどの化合物に変換する必要がある．窒素固定は落雷や土壌中の細菌により自然界でも起こっているが，その量は不十分で，歴史的にも人類が生産できる食物の量は，自然界で産出される窒素化合物の量により制限されてきた．この状況は，世界の人口が10億人を初めて超えた19世紀後半に重大な問題となった．

フリッツ・ハーバー
[© ullstein bild via Getty Images]

クララ・ハーバー
[© History Archives/Alamy]

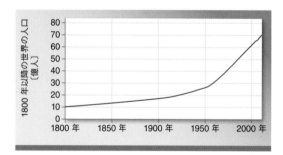

ドイツの化学者ハーバー（Fritz Haber）は，ボッシュ（Carl Bosch）とともに，大気中の窒素（N_2）をアンモニア（NH_3）に化学変換する画期的なプロセスを開発した．もしこの人工的な窒素固定法が開発されていなければ2011年10月に70億人に達したとされる人類が必要とする食物の半分しか生産できない．換言すれば，ハーバー・ボッシュ法により NH_3 を製造する工場がすべて停止すると，地球の人口の半分が飢餓状態に陥る．

ハーバーは文字通り何十億人もの命を救うプロセスを開発したが，気体を使った彼の研究には負の側面もあった．第一次世界大戦中にハーバーはドイツの化学兵器の開発に精力的に取組み，兵器のテストと運用を自ら監督した．また爆薬の開発にも従事し，二つの大戦で何百万人もの死者を出した．

ハーバーの最初の妻クララ（Clara Immerwah）はブレスラウ大学（現: ヴロツワフ大学）で化学の博士号を取得した最初の女性であったが，夫の化学戦での成功を祝うパーティーの後，うつ病になり自殺した．ハーバーは，窒素固定法に関する業績により1918年にノーベル化学賞を受賞したが，化学戦との関係で物議をかもした受賞であった．

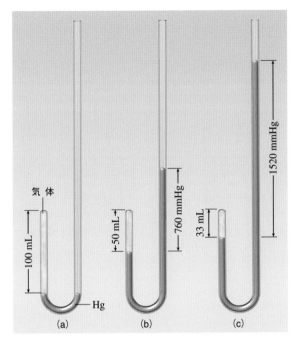

図 8・6 ボイルの法則. 各実験における気体の圧力は，水銀圧と大気圧との合計となる. (a) 0 + 760 = 760 mmHg, (b) 760 + 760 = 1520 mmHg, (b) 1520 + 760 = 2280 mmHg

ロットしたもので，(a) は圧力に対する体積の変化を，(b) は圧力の逆数に対する体積の変化を示している. 図からわかるように，温度 (*T*) と物質量 (*n*) が一定の条件において，気体の体積 (*V*) は圧力 (*P*) に反比例する. すなわち，気体の圧力と体積が (P_1, V_1) から (P_2, V_2) に変化しても，両者の積 (PV) は常に同じ値となる (8・1式). この関係を**ボイルの法則**という.

$$P_1 V_1 = P_2 V_2 \qquad (T, n\,\text{一定}) \qquad (8 \cdot 1)$$

例 題 8・2

気圧 1.00 atm の海面で 5.82 L の容量をもつ肺に空気を吸い込んでスキンダイビングをした. 圧力 1.92 atm の深さまで潜水した際の肺の体積を求めよ. ただし，肺の空気は潜水中も温度が変わらないものとする.
解 3.03 L

練習問題 8・2 4.11 atm で 3.44 L の体積をもつ気体が 7.86 L まで膨張した際の圧力を求めよ. ただし，温度は一定とする.

致している. 続いて (b) のように，右のガラス管に水銀を加え，水銀面が左よりも 760 mm 高くなるように調節する. このときの気体には水銀圧 (760 mmHg) と大気圧 (760 mmHg) の合計である 1520 mmHg (もとの 2 倍) の圧力がかかっている. これに伴い，気体の体積は (a) の 1/2 の 50 mL に減少する. さらに (c) のように水銀を追加し，気体の圧力を (a) の 3 倍の 2280 mmHg (1520 mmHg + 760 mmHg) にまで高めると，気体の体積は (a) の 1/3 の 33 mL まで減少する.

図 8・7 は，これらの実験で得られたデータをプ

シャルルの法則: 温度と体積との関係

風船を冷やすとしぼみ，暖めると膨らむ. 図 8・8 に示すように，(a) 空気で膨らませた風船に，(b) 液体窒素 (−196 ℃) をかけて冷やすと風船は劇的にしぼむ. 風船内部の圧力は (a)，(b) ともに大気圧と釣合っているとみなせるので，この現象は気体の体積が温度によって変化することを示している.

フランスの科学者ゲイ・リュサック (Joseph Gay-Lussac, 1778〜1850) は，同じフランスの科学者シャルル (Jacques Charles, 1746〜1823) の発見をもとに気

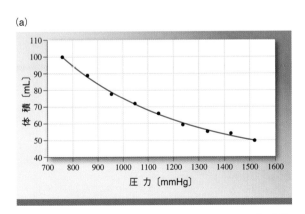

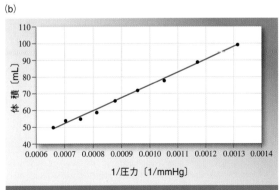

図 8・7 表 8・2 のデータの，圧力–体積プロット (a) と，(1/ 圧力)–体積プロット (b)

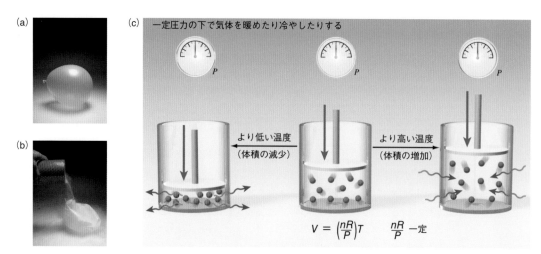

図 8・8 空気で膨らませた風船 (a) に, 液体窒素をかけて冷やすと, 風船は劇的にしぼむ (b). (c) 風船内部の圧力は大気圧と釣合っているとみなせるので, この結果は温度によって気体の体積が変化したことを示している. [a, b: © McGraw-Hill Education/ Charles Winters, photographer]

体の体積と温度との関係を調べ, 圧力と物質量が一定の条件において体積と温度が比例関係にあることを示した (図 8・9a). この関係を**シャルルの法則**という. 図 8・9(b) に示すように, 実験の圧力が変わると温度と体積との直線の傾きは変わるが, 直線を体積 0 に外挿したときの温度は常に**絶対零度** (0 K, −273.15 ℃) となっている. すなわち, 横軸のスケールが絶対温度 (T) であれば, 体積 (V) との間に次の比例式が成立する (8・2式).

$$\frac{V_1}{T_1} = \frac{V_2}{T_2} \qquad (P, \ n \text{一定}) \qquad (8 \cdot 2)$$

例 題 8・3

25 ℃ で 14.6 L の体積をもつ気体を 50 ℃ まで暖めた際の体積を求めよ. ただし, 圧力は一定とする.

解　15.8 L

練習問題 8・3　75 ℃ で 50.0 L の体積をもつ気体が 82.3 L に膨張する温度を求めよ. ただし, 圧力は一定とする.

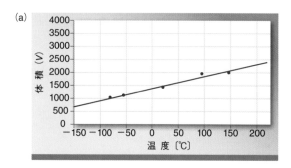

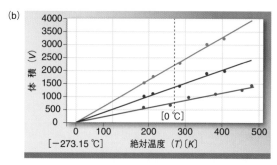

図 8・9 シャルルの法則: 気体の体積と温度との関係. (b) は, 赤, 青, 緑の順で実験圧が低下している.

アボガドロの法則: 物質量と体積との関係

イタリアの科学者アボガドロ (Amedeo Avogadro, 1776〜1856) は, 温度と圧力が同じであれば, 気体の種類が異なっても, 同じ体積に同じ個数の分子が含まれることを発見した. **アボガドロの法則**とよばれ, 温度と圧力が一定の条件において, 気体の体積 (V) が物質量 (n) に比例することを示している (8・3式). すなわち, 図 8・10 に示すように, 気体の体積は物質量 (mol) に比例して変化する.

$$\frac{V_1}{n_1} = \frac{V_2}{n_2} \qquad (P, \ T \text{一定}) \qquad (8 \cdot 3)$$

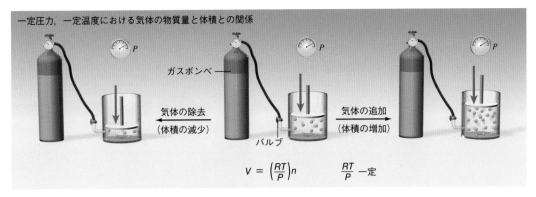

一定圧力, 一定温度における気体の物質量と体積との関係

気体の除去
（体積の減少）

ガスボンベ

バルブ

気体の追加
（体積の増加）

$$V = \left(\frac{RT}{P}\right)n \qquad \frac{RT}{P} \text{一定}$$

図 8・10 アボガドロの法則. 気体の体積は物質量に比例する.

例題 8・4

ある温度と圧力において 1.50 mol の理想気体の体積は 10.0 L であった. 同じ温度と圧力における 3.00 mol の理想気体の体積を求めよ.

解 20.0 L

練習問題 8・4 ある温度と圧力において 2.33 mol の CO（気体）の体積は 14.5 L であった. この試料に同じ温度と圧力で 3.67 mol の CO を追加した際の体積を求めよ.

8・4 気体の状態方程式

前節では, 気体の圧力（P）, 体積（V）, 温度（T）, 物質量（n）の関係を示す三つの法則について説明した. 本節では, これらの法則を統合し, 気体の状態を表すための一般式である気体の状態方程式を導く.

ボイル・シャルルの法則

(8・4) 式により (8・1) 式〜(8・3) 式は一つに統合される. すなわち, (8・4) 式は, 温度と物質量が一定（$T_1 = T_2$, $n_1 = n_2$）であれば (8・1) 式に, 圧力と物質量が一定（$P_1 = P_2$, $n_1 = n_2$）であれば (8・2) 式に, 圧力と温度が一定（$P_1 = P_2$, $T_1 = T_2$）であれば (8・3) 式にそれぞれ簡略化されるので, 3 本の関係式を包含している.

$$\frac{P_1 V_1}{n_1 T_1} = \frac{P_2 V_2}{n_2 T_2} \qquad (8・4)$$

さらに, $n_1 = n_2$ のとき (8・4) 式は (8・5) 式に簡略化される. この式の関係はボイルの法則とシャルルの法則とを組合わせたもので, **ボイル・シャルルの法則**とよばれている.

$$\frac{P_1 V_1}{T_1} = \frac{P_2 V_2}{T_2} \qquad (n \text{一定}) \qquad (8・5)$$

コラム 8・2 自動車用エアバッグとシャルルの法則

ほとんどの自動車にはエアバッグが装備され, 毎年何百万人もの人々をけがや死から救っている. 自動車のセンサーが衝突を感知すると, 化学反応により窒素ガス（N_2）を発生し, エアバッグが膨らむ. 写真は運転席側のエアバッグが爆発的に展開した様子を示している. 膨張は 0.06 秒で起こり, 運転者の体がハンドルに当たるのを瞬時に防止する.

N_2 ガスを発生する化学反応は爆発的かつ発熱的で, 展開したエアバッグは瞬時に熱くなる. 展開後のバッグは速やかに収縮をはじめ, 運転者や同乗者が自由を確保し車両から脱出できるようになる. エアバッグが収縮する原因の一つは, 気体が抜けるよう排気孔が設けられていることにある. もう一つの原因は, 膨張直後から始まる急激な温度の低下にある. 気体が一定の圧力で冷えると体積は減少する. これはシャルルの法則の実例である.

理想気体の状態方程式

(8・4)式は，気体の状態が (P_1, V_1, T_1, n_1) から (P_2, V_2, T_2, n_2) に変化しても PV/nT が常に同じ値，すなわち定数となることを示している．この定数を R と置いて変形すると，次の (8・6)式が得られる．**理想気体の状態方程式**とよばれる関係式で，R は**気体定数**とよばれる．この関係式は，厳密には，分子の体積と分子間力が完全に無視できると仮定した**理想気体**に対して成立する[*1]．

$$PV = nRT \qquad (8・6)$$

温度 0 ℃，圧力 1 atm の条件を気体の**標準状態**とよび，**STP**（standard temperature and pressure）の略語をあてる[*2]．この条件にある 1 mol の気体の体積は 22.4 L（実験値）で，多くの物質について一定である．気体定数はこの値を用いて次のように計算される．

$$R = \frac{PV}{nT} = \frac{1\,\text{atm} \times 22.4\,\text{L}}{1\,\text{mol} \times 273\,\text{K}} = 0.0821\ \text{atm·L/K·mol}$$

状態方程式を用いてさまざまな条件における気体の圧力，体積，物質量，温度を計算することができる．すなわち，気体定数 R 以外の 4 個の変数のうち 3 個がわかれば，残りの変数を求めることができる．

$$P = \frac{nRT}{V} \quad V = \frac{nRT}{P} \quad n = \frac{PV}{RT} \quad T = \frac{PV}{nR}$$

たとえば，25 ℃（$T = 298$ K）で $P = 1.00$ atm，$V = 1.00$ L の気体の物質量（n）は，次のように計算される．

$$n = \frac{PV}{RT} = \frac{1.00\,\text{atm} \times 1.00\,\text{L}}{0.0821\ (\text{atm·L/K·mol}) \times 298\,\text{K}}$$

$$= 0.0409\ \text{mol}$$

またこの気体を，圧力を変えずに 50 ℃（$T = 323$ K）まで温めたときの体積は，次のように計算される．

$$V = \frac{nRT}{P}$$

$$= \frac{0.0409\,\text{mol} \times 0.0821\ (\text{atm·L/K·mol}) \times 323\,\text{K}}{1.00\,\text{atm}}$$

$$= 1.08\ \text{L}$$

なお，気体の温度変化に伴う体積変化は，シャルルの法則 (8・2) 式を用いてより簡単に計算することもできる．

$$V_2 = \frac{V_1 T_2}{T_1} = \frac{1.00\,\text{L} \times 323\,\text{K}}{298\,\text{K}} = 1.08\ \text{L}$$

例題 8・5

25.0 ℃ で 1.00 atm の理想気体 1.00 mol の体積を求めよ．

解　24.5 L

練習問題 8・5　24.5 g のヘリウムを 25.0 ℃ で 15.5 L の容器に入れた．圧力を求めよ．

例題 8・6

298 K で 1.80 atm の理想気体 12.3 L の物質量を求めよ．

解　0.905 mol

練習問題 8・6　1.05 g の H_2 が 0.306 atm で 10.0 L の体積となる温度（℃ 単位）を求めよ．

気体の密度と分子量

理想気体の状態方程式（8・6式）から，気体の密度（d）を計算するための一般式を誘導する．式の両辺を V と RT で割ると次式が得られる．

$$\frac{P}{RT} = \frac{n}{V}$$

物質量（n, mol）にモル質量（M, g/mol）を掛けると質量（g）が，また質量（g）を体積（V, L）で割ると密度（d, g/L）が得られるので，上の式の両辺にモル質量（M）を掛けると気体の密度（d）が求まる．

$$d = \frac{nM}{V} = \frac{PM}{RT}$$

さらに，この式を次のように変形すると，気体の密度（d, g/L）から気体分子のモル質量（M, g/mol）が計算され，分子量を求めることができる．

$$M = \frac{dRT}{P}$$

[*1]　訳注: 理想気体に対して実際の気体を**実在気体**という．実在気体の分子は体積と分子間力をもつので，それらの影響に伴う"ずれ"を補正するためにファンデルワールスの状態方程式などの補正式が考案されている．なお，室温以上の定圧条件にある実在気体は理想気体からのずれが少なく，(8・6)式によく適合する．

[*2]　訳注: 標準状態にはいくつかの定義があり，IUPAC では 0 ℃, 10^5 Pa を STP と定義している．圧力と体積の単位がそれぞれ Pa と m^3 のとき，$R = 8.31$ Pa·m^3/K·mol となる．

例題 8·7

気温 28.0 ℃, 気圧 1009.5 hPa の地上で 6.25 L の体積をもつヘリウム風船が, 気温 −34.0 ℃, 気圧 488.5 hPa の上空に達した際の体積を求めよ.

解　10.3 L

練習問題 8·7　例題 8·7 の風船を水温 26.0 ℃ のプールに沈め, 1229.6 hPa の圧力をかけた際の体積を求めよ.

例題 8·8

常温・常圧（25.0 ℃, 1.00 atm）における CO_2（気体）の密度を求めよ.

解　1.80 g/L

練習問題 8·8　He を 25.0 ℃ で圧縮し, CO_2（1.00 atm）と同じ密度にするのに必要な圧力を求めよ.

8·5 混合気体

前節までの説明は, 空気を除いて, 純物質の気体に関するものであった. 本節では混合気体の物理的性質について考える.

ドルトンの分圧の法則

一つの容器に 2 種類以上の気体分子が共存する場合でも, それぞれの気体は, あたかも単独で存在するかのような挙動をとる. 図 8·11(a) に示すように, 5.0 L の容器に 0.45 mol の窒素ガスを 0 ℃ で導入すると, 容器の圧力（P_1）は,

$$
\begin{aligned}
P_1 &= \frac{nRT}{V} \\
&= \frac{0.45\ \text{mol} \times 0.0821\ (\text{atm·L/K·mol}) \times 273\ \text{K}}{5.0\ \text{L}} \\
&= 2.0\ \text{atm}
\end{aligned}
$$

となる. 続いて, 同じ容器に 0.65 mol の酸素ガスを追加すると,（c）のように, 容器の圧力（P_{total}）は 4.9 atm となる. 一方,（b）のように, 0.65 mol の酸素ガスを単独で 5.0 L の容器に入れると容器の圧力（P_2）は,

$$
\begin{aligned}
P_2 &= \frac{nRT}{V} \\
&= \frac{0.65\ \text{mol} \times 0.0821\ (\text{atm·L/K·mol}) \times 273\ \text{K}}{5.0\ \text{L}} \\
&= 2.9\ \text{atm}
\end{aligned}
$$

となるので, 2 種類の気体を入れた容器（c）の圧力（$P_{\text{total}} = 4.9\ \text{atm}$）は, 窒素ガス（$P_1 = 2.0\ \text{atm}$）と酸素ガス（$P_2 = 2.9\ \text{atm}$）の圧力の合計となっている. すなわち, $P_{\text{total}} = P_1 + P_2$ が成立している.

このように, 混合気体の圧力は, 各成分気体が単独で存在するときの圧力の和に等しい. この関係を**ドルトンの分圧の法則**という. また, 各成分気体の圧力を**分圧**, その合計である混合気体の圧力を**全圧**という.

例題 8·9

25.0 ℃ で 1.00 L の容器に窒素ガス 0.215 mol と水素ガス 0.0118 mol を封入した. 容器の全圧と各気体の分圧を求めよ.

解　全圧 5.55 atm, N_2 分圧 5.26 atm, H_2 分圧 0.289 atm

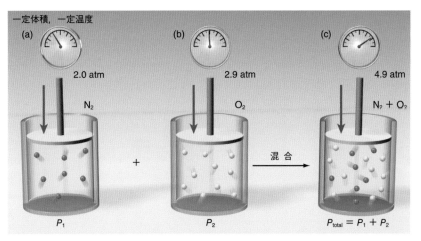

図 8·11　ドルトンの分圧の法則. 混合気体の圧力（全圧）は, 各成分気体の圧力（分圧）の和に等しい.

モル分率

混合気体を構成する各成分の相対量は, **モル分率**を用いて規定する. モル分率 (x_i) は, 各成分の物質量 (n_i, mol) を, 混合気体の全物質量 (n_{total}, mol) で割った値である.

$$x_i = \frac{n_i}{n_{total}} \tag{8・7}$$

モル分率に関して以下の三つのポイントがある.

1. 各成分のモル分率は常に 1 以下である.
2. すべての成分のモル分率の合計は常に 1 である.
3. モル分率は無次元数で単位をもたない.

さらに, ある特定の温度と体積において, 物質量 (n) と圧力 (P) は比例関係にあるので, 各成分の分圧 (P_i) を混合気体の全圧 (P_{total}) で割った値は, その成分のモル分率となる.

$$x_i = \frac{P_i}{P_{total}} \tag{8・8}$$

本章で説明した他の関係式と同様, (8・7)式と (8・8)式は必要に応じて移項して使用される. たとえば, (8・8)式を $P_i = P_{total} \times x_i$ と書き換えれば, 全圧 (P_{total}) とモル分率 (x_i) から分圧 (P_i) が求まる.

図 8・12 に, 化学反応で発生した気体を, 水上置換法でメスシリンダーに捕集する実験を示す. 捕集された気体の体積は置換された水の体積に等しい. 一方, メスシリンダー内には捕集された気体以外に水蒸気が含まれるので, メスシリンダー内の全圧 (P_{total}) は気体の分圧 (P_{gas}) と水蒸気の分圧 (P_{H_2O}) の合計となる.

$$P_{total} = P_{gas} + P_{H_2O}$$

コラム 8・3　高気圧酸素療法

1918 年, 世界中で数千万人の命を奪ったスペインかぜ (インフルエンザ) が大流行した際, 医師カニンガム (Orville Cunningham) は, 高地で生活する人よりも, 低地で生活する人の生存率が高いことに気づいた. カニンガムはこの原因が気圧の上昇にあると考え, 感染者を治療する高圧室を開発した. 治療当初の最も注目すべき成功例の一つは, 感染で瀕死の状態にあった同僚が回復したことである. カニンガムはその後, 数十人の患者を一度に収容できる大きさの高圧室を建設し, 多くの感染者を治療し, そのほとんどを回復させた.

高気圧療法はスペインかぜ終息後の数十年で医学界からの支持を失い, 大部分が中止された. しかし, 1940 年代に米軍が水中活動を増やし, 減圧症 (潜水病) に苦しむダイバーを治療するため高圧室を建設したことから再び注目されるようになった. 高気圧療法の顕著な発展は, 1970 年代に潜水医学会 (1976 年に潜水および高気圧医学会に改称) が高圧室の臨床利用に関与してからである. 今日, 高気圧酸素療法は, 一酸化炭素中毒, 重度の失血による重症貧血, 重度のやけど, 致命的な細菌感染など, 幅広い症状の治療に利用されている. かつて代替療法と考えられ, 懐疑的な見方をされた高気圧酸素療法は現在, 保険診療の対象となっている.

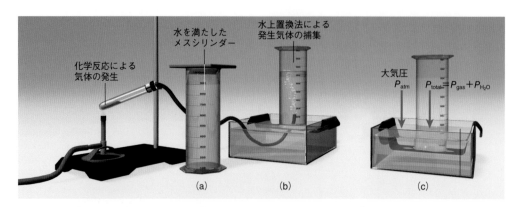

図 8・12　化学反応により発生した気体の水上置換による捕集. 水を満たしたメスシリンダー (a) を, 水浴に逆さまに立て (b), 化学反応により発生した気体を捕集する. (c) メスシリンダー内の全圧 (P_{total}) は大気圧 (P_{atm}) と一致し, 発生気体の分圧 (P_{gas}) は全圧 (P_{total}) から水の飽和蒸気圧 (P_{H_2O}) を引いた値に等しい.

ここで全圧は大気圧に等しい．また水の蒸気圧（飽和蒸気圧）は温度により表8・2に示す値をとることが知られている．両者の差から気体の分圧を求め，体積および温度とともに状態方程式に代入すると，発生した気体の物質量が計算される．

表 8・2 水の飽和蒸気圧（P_{H_2O}）

温度 〔℃〕	P_{H_2O} 〔torr〕	温度 〔℃〕	P_{H_2O} 〔torr〕	温度 〔℃〕	P_{H_2O} 〔torr〕
0	4.6	35	42.2	70	233.7
5	6.5	40	55.3	75	289.1
10	9.2	45	71.9	80	355.1
15	12.8	50	92.5	85	433.6
20	17.5	55	118.0	90	525.8
25	23.8	60	149.4	95	633.9
30	31.8	65	187.5	100	760.0

例 題 8・10

　未熟児などに起こる肺疾患の治療と予防に一酸化窒素が使用され，N_2 と NO の混合ガスとして病院に供給されている．25.00 ℃ で 10.00 L のガスボンベに封入された混合ガスの全圧は 14.75 atm で，6.022 mol の窒素ガスを含んでいた．混合ガス中の一酸化窒素のモル分率（x_{NO}）を求めよ．ただし，気体定数は 0.08206 atm·L/K·mol とせよ．

解　$x_{NO} = 0.001$

練習問題 8・10　15.8 L のガスボンベにキセノンとネオンを 30.0 ℃ で封入した．全圧は 6.50 atm，キセノンのモル分率は 0.761 である．各成分気体の分圧（P）と物質量（n）を求めよ．

例 題 8・11

　金属カルシウムは水と反応し，H_2 ガスを発生する．図 8・12 の水上置換法により，大気圧 0.967 atm，温度 25.0 ℃ の条件下で 525 mL の気体を捕集した．反応により発生した H_2 の物質量を求めよ．

解　2.01×10^{-2} mol

練習問題 8・11　$KClO_3$ を加熱すると分解し，O_2 ガスが発生する．大気圧 1.015 atm，温度 30.0 ℃ の条件下で 821 mL の気体を水上置換法により捕集した．反応により発生した O_2 の質量を求めよ．

キ ー ワ ー ド

流体（fluid）76
分子運動論（kinetic molecular theory）76
大気圧（atmospheric pressure）76
圧力（pressure）76
パスカル（pascal, Pa）76
ニュートン（newton, N）77
バール（bar）77
ミリバール（mbar）77
ヘクトパスカル（hPa）77
気圧（atm）77
水銀柱ミリメートル（mmHg）77
気圧計（barometer）77
トル（またはトール，torr）77
圧力計（manometer）77
窒素固定（nitrogen fixation）78
ボイルの法則（Boyle's law）79
シャルルの法則（Charles's law）80
絶対零度（absolute zero）80
アボガドロの法則（Avogadro's law）80
ボイル・シャルルの法則（combined gas law）81
理想気体の状態方程式（ideal gas equation of state）82
気体定数（gas constant）82
理想気体（ideal gas）82
標準状態（standard state）82
実在気体（real gas）82
ドルトンの分圧の法則（Dalton's law of partial pressures）83
分圧（partial pressure）83
全圧（total pressure）83
モル分率（mole fraction）84

CHAPTER 9

溶液の物理的性質

地球に豊富に存在する水のほとんどは純粋ではなく，何らかの物質を含んでいる．たとえば海水には，塩化ナトリウムをはじめとするさまざまな物質が溶けている．ミネラルウォーターにも少量の物質が含まれている．物質が溶けた水は，均一混合物である（§3・1参照）．本章では，溶液とよばれる均一混合物の性質について調べる．

で，他にもさまざまな物質の溶体が存在する．たとえば，装飾品などに使われるスターリングシルバーは，銀に銅などの金属を混合した固溶体で，**合金**の一種である．空気は，窒素と酸素に少量の二酸化炭素や水蒸気などを含んだ混合気体である．本章では水溶液に焦点をあて，溶液の性質について説明する．

溶液は溶質の量で分類される．ある温度で一定量の溶

9・1 溶　体

2種類以上の物質から構成された均一混合物を**溶体**という．表9・1に示すように，溶体は，固体，液体，気体のいずれの状態でも存在し，固体状態の溶体を**固溶体**，液体状態の溶体を**溶液**，気体状態の溶体を**混合気体**という．溶体に含まれる物質のうち，最も多く存在するものを**溶媒**，それ以外を**溶質**という．

飲料水や液体洗剤など，身の回りにある溶体の多くは水を溶媒とする**水溶液**である．水溶液は生体内でも重要な役割を担っている．一方，溶体の種類は原理的に無限

表 9・1　溶体の種類

溶 媒	溶 質	溶 体	例
気 体	気 体	混合気体	空 気
液 体	気 体	溶 液	炭酸水
液 体	液 体	溶 液	3%過酸化水素水（市販のオキシドール）
液 体	固 体	溶 液	塩水（塩化ナトリウム水溶液）
固 体	液 体	固溶体	歯科用アマルガム（銀やスズの合金を水銀で練ったもの）
固 体	固 体	固溶体	真鍮（しんちゅう，銅と亜鉛の合金）

(a)　　　　　(b)　　　　　(c)　　　　　(d)　　　　　(e)

図 9・1　溶質濃度による水溶液の分類．詳細は本文参照［a〜e：© McGraw-Hill Education/Charles Winters, photographer］

(a) (b) (c) (d) (e)

図 9・2 過飽和溶液中で結晶が成長する様子. 種結晶を加えると結晶化が促進される. [a〜e: © McGraw-Hill Education/Charles Winters, photographer]

媒に溶ける溶質の限界量を**溶解度**, 溶解度に相当する量の溶質が溶けた溶液を**飽和溶液**という. たとえば, 水に対する NaCl の溶解度は 20 ℃で水 100 mL 当たり 36 g である. 溶解度は温度により変化し, NaCl では温度が高くなると溶解度が高くなる. 一方, 溶解度よりも少ない量の溶質を含む溶液を**不飽和溶液**, 溶解度を超える量の溶質を含む溶液を**過飽和溶液**という.

図 9・1 に示すように, 溶質が溶解度に満たない場合は完全に溶けて不飽和溶液ができる (a→b). さらに溶質を加えると溶け残りが生じ, その上澄み液は飽和溶液となる (c→d). この溶け残りを含む混合物を温めて溶質を完全に溶かし, 温度をもとに戻してもすぐに固体が生じないことがある (d→e). この溶液は溶解度を超えた過飽和溶液である.

過飽和溶液をそのまま放置するとやがて溶質が結晶として析出する. 特に, 図 9・2 に示すように, 種結晶とよばれる溶質の小さな結晶を加えると結晶化が促進される.

9・2 水への溶解度

純物質と同様, 混合物である溶液においても 7 章で述べた分子間力が重要な役割を担っている. たとえば, 固体が水に溶解するとき, 固体を構成する粒子は水との分子間力により徐々に固体表面からはがされ, 水分子に取り囲まれて溶液全体に分散する[*]. そのため, 水との間に強い分子間力が働く物質は水に溶けやすく, 極性分子, 特に水素結合を形成できる分子の溶解度が高い. また多くのイオン化合物も水に溶解する. "似たものどうしはよく溶ける"とは物質の溶解度について的を射た表現で

あり, 溶媒と同じ型式の分子間力が働く溶質は溶解度が高い. つまり, 極性およびイオン性の物質は極性溶媒に溶けやすく, 無極性の物質は無極性溶媒に溶けやすい. 逆に, 水と油のように, 性質の異なる物質は混ざらない. なお, 多くのイオン化合物は水に可溶であるが (表 9・2), いくつかの例外もある (表 9・3).

表 9・2 水に溶けるイオン化合物

種 類	例外 (水に不溶)
アルカリ金属イオン (Li$^+$, Na$^+$, K$^+$, Rb$^+$, Cs$^+$), アンモニウムイオン (NH$_4^+$) を含む化合物	
硝酸イオン (NO$_3^-$), 酢酸イオン (CH$_3$CO$_2^-$), 塩素酸イオン (ClO$_3^-$) を含む化合物	
塩化物イオン (Cl$^-$), 臭化物イオン (Br$^-$), ヨウ化物イオン (I$^-$) を含む化合物	Ag$^+$, Hg$_2^{2+}$, Pb^{2+} を含む化合物
硫酸イオン (SO$_4^{2-}$) を含む化合物	Ag$^+$, Hg$_2^{2+}$, Pb^{2+}, Ca^{2+}, Sr^{2+}, Ba^{2+} を含む化合物

表 9・3 水に溶けないイオン化合物

種 類	例外 (水に可溶)
炭酸イオン (CO$_3^{2-}$), リン酸イオン (PO$_4^{3-}$), クロム酸イオン (CrO$_4^{2-}$), 硫化物イオン (S^{2-}) を含む化合物	アルカリ金属イオン (Li$^+$, Na$^+$, K$^+$, Rb$^+$, Cs$^+$), アンモニウムイオン (NH$_4^+$) を含む化合物
水酸化物イオン (OH$^-$) を含む化合物	アルカリ金属イオン (Li$^+$, Na$^+$, K$^+$, Rb$^+$, Cs$^+$), バリウムイオン (Ba^{2+}), アンモニウムイオン (NH$_4^+$) を含む化合物

---

[*] 訳注: 溶質粒子が溶媒分子に取り囲まれる現象を**溶媒和**, 水による溶媒和を**水和**とよぶ.

9・3　溶液の濃度

　溶質濃度の低い溶液を**希薄溶液**，溶質濃度の高い溶液を**濃厚溶液**という．希薄と濃厚は，単に濃度の相対的な違いを表した用語で，溶液中の溶質量について定量的な情報は含まない．本節では，溶液の濃度を数値で表す際に用いる，質量パーセント濃度，モル濃度，質量モル濃度について説明する．

質量パーセント濃度

　質量パーセント濃度[*1] は，溶液（＝溶媒＋溶質）に対する溶質の質量比を百分率で表したものである．

$$質量パーセント濃度 = \frac{溶質の質量}{溶液の質量} \times 100\% \quad (9\cdot1)$$

この式の分母と分子の質量単位は計算時に消去されるので，分母と分子の単位が同じであれば単位の種類によらず同じ値が得られる．

例 題 9・1

　100 g の水に 29.5 g の $MgCl_2$ を含む水溶液の質量パーセント濃度を求めよ．

解　22.8%

練習問題 9・1　以下の溶液の質量パーセント濃度を求めよ．

(a) 500 g の水に 3.72 g の CO_2 を含む水溶液

(b) 475 mg の水に 278 mg の LiF を含む水溶液

(c) 1975 g の水に 0.00331 kg の K_2CO_3 を含む水溶液

例 題 9・2

　質量パーセント濃度 11.8% の $NaNO_3$ 水溶液 250.0 g に含まれる溶質の質量を求めよ．

解　29.5 g

練習問題 9・2　以下の質量パーセント濃度をもつ溶液にはそれぞれ 15.0 g の溶質が溶けている．溶液の質量を求めよ．

(a) 25.1% KCl 水溶液，(b) 9.77% $Mg(CH_3CO_2)_2$ 水溶液，(c) 2.11% LiCN 水溶液

モ ル 濃 度

　モル濃度（C）[*2] は，溶質の物質量（mol）を溶液の体積（L）で割った値である．単位である mol/L を簡略化した M（モーラー）も単位記号として使用される．1 mol/L ＝ 1 M である．

$$モル濃度（C） = \frac{溶質の物質量（mol）}{溶液の体積（L）} \quad (9\cdot2)$$

モル濃度は実験室で最もよく使用される濃度である．溶液の体積から物質量が簡単に計算できるので，特に化学反応を調べる際に便利である．

例 題 9・3

　グルコース（$C_6H_{12}O_6$）0.223 mol を含む，全量 1.50 L の水溶液のモル濃度を求めよ．

解　0.149 mol/L

練習問題 9・3　以下の溶液のモル濃度を求めよ．

(a) グルコース 136 g を含む 750.0 mL の水溶液

(b) 0.118 mol の HF を含む 1.50 L の水溶液

(c) 14.2 g の HF を含む 844 mL の水溶液

例 題 9・4

　0.0448 mol/L の Na_3PO_4 水溶液には 0.313 mol の溶質が溶けている．溶液の体積を求めよ．

解　6.99 L

コラム 9・1　微 量 濃 度

　環境問題ではしばしば，ごく少量あるいは微量の汚染物質が対象となる．たとえば，米国連邦医薬品局（FDA）では，食用魚に含まれる水銀の最大許容量を 1 ppm としている．また，米国環境保護庁（EPA）では，飲料水に含まれるヒ素の最大許容量を 10 ppb としている．これらの単位である ppm（parts per million, 百万分率）や ppb（parts per million, 十億分率）の定義は，パーセント（percent, 百分率）の定義に似ている．1 パーセントは 1/100 を意味し，混合物全体に対する成分物質の質量比に 100 を掛けるとパーセントに換算される．同様に，質量比に 100 万あるいは 10 億を掛けると，それぞれ ppm あるいは ppb に換算される．

$$比率 \times 100 = パーセント（\%）$$
$$比率 \times 1{,}000{,}000 = ppm$$
$$比率 \times 1{,}000{,}000{,}000 = ppb$$

[*1]　訳注: 質量パーセント濃度の単位記号として % 以外に mass% や wt%，質量% が用いられる．これは，濃度を溶液と溶質の体積比で表す体積パーセント濃度（vol%，体積%）と区別するためである．

[*2]　訳注: molarity は古い用語で，IUPAC では amount concentration や amount of substance concentration の使用を推奨している．

練習問題 9・4　以下の溶液に含まれる溶質の質量を求めよ.

  (a) 0.229 mol/L (NH$_4$)$_2$S 水溶液 1.25 L

  (b) 2.63 mol/L HBr 水溶液 25.0 mL

  (c) 0.119 mol/L NaCl 水溶液 50.0 mL

質量モル濃度

質量モル濃度（m）は，溶質の物質量（mol）を溶媒の質量（kg）で割った値である.　これまでと異なり，分母が溶液ではなく"溶媒"の質量である点に注意してほしい.

$$質量モル濃度（m） = \frac{溶質の物質量（mol）}{溶媒の質量（kg）} \quad (9・3)$$

モル濃度の基準である溶液の体積は温度により変化するが，質量モル濃度の基準である溶媒の質量は温度によらず一定である.　そのため，質量モル濃度は，溶液の温度変化を調べる凝固点降下や沸点上昇などの実験に利用される（§9・6参照）.

例題 9・5

以下の溶液の質量モル濃度を求めよ.

  (a) 水 1.75 kg に 0.253 mol のスクロースを溶かした水溶液

  (b) 水 275 g に 12.1 g の CH$_3$OH を溶かした水溶液

解　(a) 0.145 mol/kg,　(b) 1.37 mol/kg

練習問題 9・5　以下の溶液の質量モル濃度を求めよ.

  (a) 2.42 mol の KF が溶けた 1.99 kg の水溶液

  (b) 596 g の CH$_3$OH が溶けた 4999 g の水溶液

溶液濃度の換算

実験ではしばしば溶液濃度をある単位から別の単位に換算する必要がある.　しかし，たとえば 1.0 L の溶媒に 0.1 L の溶質を溶かしても溶液の体積は通常 1.1 L にはならないので，溶液濃度の換算には溶液密度などの追加情報が必要となる.

質量モル濃度が 0.396 mol/kg のグルコース（ブドウ糖）水溶液をモル濃度（mol/L）に換算してみる.　実験により，この溶液の密度は 25 ℃ で 1.16 g/mL と決定されたとする.　質量モル濃度とモル濃度は，濃度の基準（分母）がそれぞれ溶媒の質量と溶液の体積である点で異なる.　したがって，水溶液の質量を求め，密度をもとにこれを体積に換算すればモル濃度が求まる.

まず，水溶液に含まれるグルコース（C$_6$H$_{12}$O$_6$, M_r = 180.2）の質量を求め，これに水の質量を加算して水溶液の質量を求める.　0.396 mol/kg の質量モル濃度は 1 kg の水（溶媒）に 0.396 mol のグルコース（溶質）が溶けているという意味なので，グルコースの質量は，物質量とモル質量（分子量 M_r と同値）から次のように計算される（5・2式参照）.

$$グルコースの質量 = 0.396 \text{ mol} \times 180.2 \text{ g/mol} = 71.4 \text{ g}$$

この値に水の質量（1 kg = 1000 g）を加え，比重で割ると水溶液の体積が求まる.

$$水溶液の体積 = \frac{71.4 \text{ g} + 1000 \text{ g}}{1.16 \text{ g/mL}} = 923 \text{ mL}$$
$$= 0.923 \text{ L}$$

この体積に含まれるグルコースの物質量は 0.396 mol とわかっているので，水溶液のモル濃度は次のように計算される.

$$水溶液のモル濃度 = \frac{0.396 \text{ mol}}{0.923 \text{ L}} = 0.429 \text{ mol/L}$$

例題 9・6

消毒用アルコールはイソプロピルアルコール（C$_3$H$_7$OH）と水の混合物で，比重 0.79 g/mL（20 ℃），イソプロピルアルコールの質量パーセント濃度は 70% である.　(a) モル濃度と (b) 質量モル濃度を求めよ.

解　(a) 9.2 mol/L,　(b) 39 mol/kg

練習問題 9・6　質量モル濃度が 1.49 mol/kg の希硫酸（H$_2$SO$_4$）の質量パーセント濃度を求めよ.

9・4　電　解　質

水に溶解する物質は電解質と非電解質とに分類される.　スポーツドリンクに電解質が含まれていることは知っているであろう.　体液に含まれる電解質は電気的刺激の伝達に必要で，神経伝達や筋収縮などの生理的プロセスの発現に必須である.　水に**電解質**が溶けると電気を通すが，**非電解質**が溶けても電気を通さない.　それぞれの身近な例に，塩化ナトリウム（NaCl, 電解質）と砂糖の主成分であるスクロース（ショ糖, C$_{12}$H$_{22}$O$_{11}$, 非電解質）がある.

NaCl とスクロースの重要な違いは，NaCl の水溶液がイオンを含み，スクロースの水溶液がイオンを含まないことである.　電解質である NaCl は水溶液中で Na$^+$ と Cl$^-$ とに解離する.　このように物質がカチオンとアニオ

ンに分かれる現象を**電離**ともいう．一方，非電解質であるスクロースは水溶液中でも分子のままである．NaClは水中でほぼ完全にイオンに解離する強電解質であり[*]，その水溶液中ではイオンの移動により電気が流れる．

図 9・3 に NaCl が水に溶解する過程を図示する．Na^+（正電荷をもつ灰球）と Cl^-（負電荷をもつ緑球）が交互に配列した NaCl の固体から，Na^+ と Cl^- が水分子との静電相互作用によって表面を離れ，水和されて溶液内に分散していく．その際，Na^+ は負に分極した水の酸素原子と，Cl^- は正に分極した水の水素原子と相互作用す

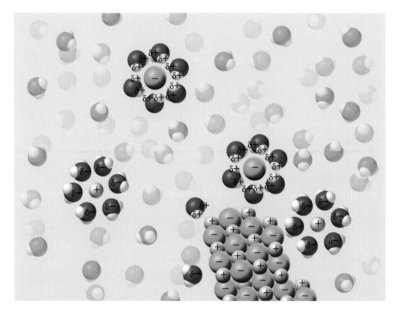

図 9・3　塩化ナトリウム（NaCl，固体）が水に溶解する過程

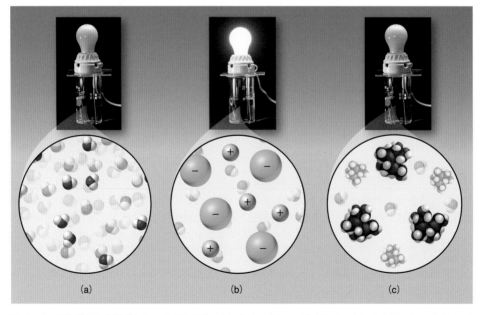

図 9・4　電解質と非電解質とを区別する実験．(a) 純水，(b) NaCl 水溶液，(c) スクロース（$C_{12}H_{22}O_{11}$）水溶液［© McGraw-Hill Education/Stephen Frisch, photographer］

---

　*　訳注：酢酸やアンモニアなどの解離度の低い電解質を弱電解質という．

る.

図9・4の実験により電解質と非電解質とを区別することができる. ビーカー中の液体に浸した2枚の電極板に電球と電池が接続されている. 電球が点灯するためには液体内を電流が流れる必要がある. (a) のビーカーには純水が入っている. 純水はイオンを含まない絶縁体なので電球は光らない. 一方, 強電解質である NaCl を溶かした (b) の水溶液では, イオンの働きによって電流が流れ, 電球が点灯する. NaCl がイオンに解離する過程は電離式を用いて次のように表す. ここで NaCl(s) の(s)は NaCl が固体(solid)であることを, また $Na^+(aq)$ と $Cl^-(aq)$ の (aq) はこれらのイオンが水溶液中にあることを示している.

$$NaCl(s) \longrightarrow Na^+(aq) + Cl^-(aq)$$

図9・4(c) のビーカーにはスクロースの水溶液が入っている. 非電解質であるスクロースは水に溶けてもイオンに解離しないので電球は光らない. すなわち, イオンを含まない水溶液は電気を通さない.

$$C_{12}H_{22}O_{11}(s) \longrightarrow C_{12}H_{22}O_{11}(aq)$$

2個以上のイオンに解離するイオン化合物がある. たとえば, Na_2SO_4 は SO_4^{2-} に対して2倍の Na^+ を含むので, 水溶液中ではカチオンとアニオンの比が2:1となる.

$$Na_2SO_4(s) \longrightarrow 2Na^+(aq) + SO_4^{2-}(aq)$$

9・5 溶液の調製

水溶液を調製する一般的な方法が二つある*. 一つは, 溶質となる物質を水に溶かして望みとする濃度の溶液を調製する方法である. もう一つは, まず濃度の高い溶液を調製し, これを水で希釈して望みとする濃度の溶液に変える方法である.

溶質から溶液の調製

図9・5に, 溶質となる物質からモル濃度が明確な溶液を調製する方法を図示する. 手順は以下の通りである.

1. 溶質を正確に秤量して適切な容量のメスフラスコ(全量フラスコ) に入れる.
2. フラスコのおよそ半分まで水を加え, フラスコを回すように振って溶液を撹拌し, 溶質を完全に溶解する.
3. 水を少し加えては撹拌する操作を繰返し, 標線の少し下まで水を加えたらフラスコを静置する. スポイトなどを使って注意深く水を加え, 水の高さ (メニスカスの下面) を標線に合わせる.
4. 共栓をしてフラスコを上下逆さまにする操作を繰返し, 溶液を均一にする.

はじめに入れた溶質の質量とモル質量から物質量を計算し, これをメスフラスコの容量で割ると溶液のモル濃

1965 年, ゲイターズ (Gators, フロリダ大学のアメリカンフットボールチーム) のアシスタントコーチであったダグラス (Dwayne Douglas) は, 選手の健康について危惧していた. それは, 暑い日の練習や試合での, (1) 大幅な体重の減少, (2) 大幅な排尿の減少, (3) 特に練習や試合の後半でのスタミナの低下についてであった. ダグラスは, フロリダ大学医学部の研究者で腎臓病が専門のケード博士 (Robert Cade) に相談し, 選手の持久力不足の原因究明に向けたプロジェクトに着手した. その結果, 大量の発汗を伴う激しい運動の後, 選手は血糖値の低下と血液量の減少, 電解質のアンバランスに陥り, これらのすべてが熱疲労の原因となっていることを突きとめた.
ケードと共同研究者は, 適切な量の糖分, 水分, 電解質を含む溶液を選手に飲ませることで, それらの大幅な

減少を改善できるかもしれないと考えた. またこの考えをもとに, 砂糖とナトリウム, カリウムを汗に類似の組成で水に溶かした飲料を開発した. 当初この飲料は誰も飲めないほどひどい味であったが, ケードの妻メアリー (Mary Cade) の提案によりレモン汁を加えたことで, まずまずの味となった. こうして, 最初のスポーツ飲料となるゲータレード (Gatorade) の原型が誕生した. 1966 年のシーズン, ゲイターズは第3・第4クォーターに反撃することから "second-half team (後半に強いチーム)" として評判となった. ゲイターズのグレイブス監督 (Ray Graves) はその理由が, 血糖値と血液量, 電解質バランスを改善する新たな補助飲料にあると考えた. 現在, スポーツ飲料は数十億ドルの市場規模があり, いくつかの人気商品が登場しているが, ゲータレードは依然として大きなシェアを維持している.

---

* 訳注: 濃度や組成を決めて溶液や物質をつくることを**調製**という.

度が求まる（9・2式参照）.

例題 9・7

グルコース（$C_6H_{12}O_6$）水溶液について以下の値を求めよ.

(a) グルコース 50.0 g から調製した全量 2.00 L の溶液のモル濃度

(b) (a) の溶液のうち 0.250 mol のグルコースを含む溶液の体積

(c) (a) の溶液 0.500 L 中に含まれるグルコースの物質量

解　(a) 0.139 mol/L, (b) 1.80 L, (c) 0.0695 mol

練習問題 9・7　NaCl 水溶液について以下の値を求めよ.

(a) 155 g の NaCl を含む 3.75 L の溶液のモル濃度

(b) (a) の溶液のうち 4.58 mol の NaCl を含む溶液の体積

(c) (a) の溶液 22.75 L 中に含まれる NaCl の物質量

保存溶液から希釈溶液の調製

　高濃度の**保存溶液**の一部を採取して**希釈**することにより，濃度の異なる一連の溶液を再現性よく調製することができる. 保存溶液は，市販品を使用するか，図9・5の方法で調製する. 希釈法は以下の通りである.

1. ホールピペットを用いて，保存溶液から必要量をメスフラスコに移す. フラスコの途中まで水を入れ，フラスコを回すように振って溶液を撹拌する.

2. 水を追加し，スポイトなどを使って水の高さ（メニスカスの下面）を注意深く標線に合わせる.

3. 共栓をしてフラスコを上下逆さまにする操作を繰返し，溶液を均一にする.

　以上の希釈操作において，はじめに採取した保存溶液中の溶質の物質量は希釈後も変化しない. 物質量 (n) は，保存溶液のモル濃度 (C_s) にホールピペットの容量 (V_s) を掛けた値である ($n = C_s \times V_s$). 一方，希釈溶液のモル濃度 (C_d) にメスフラスコの容量 (V_d) を掛けても同

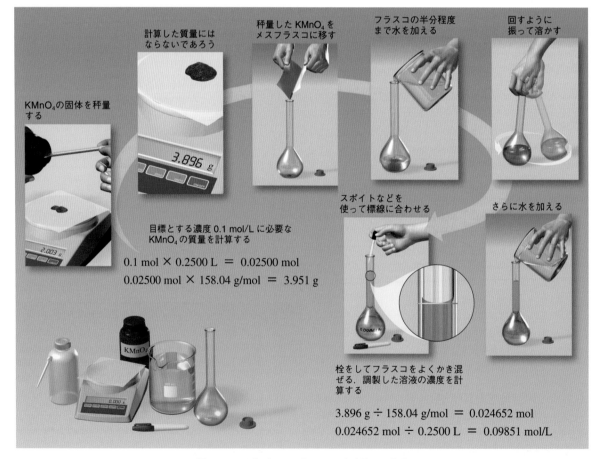

KMnO₄の固体を秤量する

計算した質量にはならないであろう

秤量した KMnO₄ をメスフラスコに移す

フラスコの半分程度まで水を加える

回すように振って溶かす

目標とする濃度 0.1 mol/L に必要な KMnO₄ の質量を計算する

0.1 mol × 0.2500 L ＝ 0.02500 mol
0.02500 mol × 158.04 g/mol ＝ 3.951 g

スポイトなどを使って標線に合わせる

さらに水を加える

栓をしてフラスコをよくかき混ぜる. 調製した溶液の濃度を計算する

3.896 g ÷ 158.04 g/mol ＝ 0.024652 mol
0.024652 mol ÷ 0.2500 L ＝ 0.09851 mol/L

図 9・5　固体（KMnO₄）からの水溶液の調製法

じ値が得られるので $(n = C_d \times V_d)$，次の (9・4)式が成立する．

$$C_s \times V_s = C_d \times V_d \qquad (9・4)$$

この式を次のように変形すると希釈溶液のモル濃度(C_d)が求まる．

$$C_d = \frac{V_s}{V_d} \times C_s$$

また，次のように変形すると，はじめに採取すべき保存溶液の体積が求まる．

$$V_s = \frac{C_d}{C_s} \times V_d$$

一般に，ホールピペットとメスフラスコの容量（V_sとV_d）には mL が，モル濃度（C_sとC_d）には mol/L が単位として使われるが，割り算（V_s/V_d, C_d/C_s）により単位が消去されるので，mL を L に換算しなくても C_d は C_s と，V_s は V_d と同じ単位になる．

例題 9・8

市販の濃塩酸（12.0 mol/L）から 0.125 mol/L の希塩酸を 250.0 mL 調製したい．調製に必要な濃塩酸の体積を求めよ．

解　2.60 mL

練習問題 9・8　6.0 mol/L の硫酸水溶液 127 mL を 0.20 mol/L の濃度に希釈した．希釈溶液の体積を求めよ．

9・6 束 一 的 性 質

冬場の凍結を防ぐため，道路に塩化カルシウムなどの融雪剤が散布され，自動車のラジエーターにも不凍液が使用される．これらの対策は溶液の束一的性質を利用したものである．**束一的性質**は希薄溶液の状態変化に関する性質で，溶質の種類に依存せず，溶質粒子の数だけに依存する性質をいう．本節では，凝固点降下，沸点上昇，浸透圧の3種類の束一的性質について説明する．

凝 固 点 降 下

塩などの物質が水に溶けると凝固点が下がる．この現象を**凝固点降下**とよぶ．融雪剤が撒かれた道路では凝固点降下が起こり，気温が純水の凝固点である 0 ℃ 以下になっても路面は凍結せずに湿った状態となる．同様に，ラジエーターの水にエチレングリコールを加えると凝固点が下がり，0 ℃ 以下でも凍らない．

溶質の質量モル濃度（m）と凝固点降下度（ΔT_f）との間に (9・5)式の比例式が成立する．K_f は**モル凝固点降下定数**とよばれる比例定数で，溶媒により変化する．水の K_f 値は 1.86 K·kg/mol である．

$$\Delta T_f = K_f \cdot m \qquad (9・5)$$

(9・5)式に溶質の性質に関する項は含まれていないので，凝固点降下度は溶質の種類によらず，物質量（粒子数）だけに依存して変化する．

コラム 9・3　連 続 希 釈 法

連続希釈法により，段階的に濃度を落とした一連の溶液を調製することができる．例として，0.400 mol/L の $KMnO_4$ 水溶液（右下図 a）から 10 倍希釈を繰返し，4段階に濃度を変えた溶液（右下図 b）を調製する．まず，ホールピペットを用いて保存溶液（a）から 10.00 mL を採取し，100.00 mL のメスフラスコを用いて水で希釈する．希釈溶液のモル濃度は，$C_d = (V_s/V_d) \times C_s = (10.00/100.00) \times 0.400 = 0.400 \times 10^{-1}$ mol/L となる．続いて，この希釈溶液から 10.00 mL を採取し，100.00 mL のメスフラスコを用いて希釈すると，溶液の濃度は 0.400×10^{-2} mol/L となる．さらに同様の操作を繰返すと，0.400×10^{-3} mol/L と 0.400×10^{-4} mol/L のモル濃度をもつ希釈溶液が調製される．

$KMnO_4$ の固体から 0.400×10^{-4} mol/L のモル濃度（有効数字3桁）をもつ溶液を調製するには，1000 mL の

メスフラスコを用いる場合でも，わずかに 6.32 mg の $KMnO_4$ を正確に秤量する必要がある．一方，連続希釈法を用いると，秤量の比較的容易なグラムスケールの固体から目的とする溶液を調製することができる．

(a)　　　　(b)

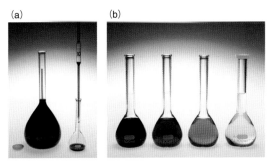

[a, b: © McGraw-Hill Education/Charles Winters, photographer]

例題 9・9

エチレングリコールは不揮発性（沸点 197 °C）で水によく溶け, 不凍液の添加剤として使用される. 2075 g の水に 11.04 mol のエチレングリコールを添加した溶液の凝固点を求めよ. ただし, 水のモル凝固点降下定数 (K_f) は 1.86 K·kg/mol とする.

解　-9.90 °C

練習問題 9・9

47.3 g のエチレングリコール $(CH_2(OH)CH_2(OH))$ が 168 g の水に溶けた溶液の凝固点を求めよ.

沸 点 上 昇

溶質の存在は沸点にも影響を及ぼす. たとえば, 不揮発性の溶質を含む水溶液の沸点は, 純水の沸点（100 °C）よりも高くなる. この現象を**沸点上昇**とよぶ. 実際, 自動車の冷却水にエチレングリコールを添加すると凝固点が低下するとともに沸点が上昇し, 使用できる温度範囲が広くなる.

溶質の質量モル濃度 (m) と沸点上昇度 (ΔT_b) との間に (9・6)式の比例式が成立する.

$$\Delta T_b = K_b \cdot m \qquad (9 \cdot 6)$$

K_b は**モル沸点上昇定数**とよばれる比例定数で, 溶媒により変化する. 水の K_b 値は 0.512 K·kg/mol である. 凝固点降下度と同様, モル沸点上昇度は溶質の物質量（粒子数）だけに依存して変化する.

例題 9・10

グリセリンは医薬品や化粧品に広く利用される. 7.75 mol のグリセリンを 1895 g の水に溶かした溶液の沸点を求めよ. ただし, 水のモル沸点上昇定数 (K_b) は 0.512 K·kg/mol とせよ.

解　102.09 °C

練習問題 9・10

2.50 kg の水に 3165 g のグリセリン $(CH_2(OH)CH(OH)CH_2(OH))$ を溶かした溶液の沸点を求めよ.

浸 透 圧

水のような小さな溶媒分子は通すが, 大きな溶質粒子は通さない膜を**半透膜**という. 半透膜を介して濃度の異なる二つの水溶液を接すると, 濃度の低い溶液から高い溶液に水分子が侵入してくる. この現象を**浸透**とよぶ.

図 9・6 に浸透の様子を示す.（a）中央を半透膜で仕切った U 字管の左右に純水と水溶液を同じ高さまで入れると,（b）しだいに純水側（左）の液面が下がり, 水溶液側（右）の液面が上がる. 純水側から水溶液側に水分子が侵入するのは, 両者の濃度差を緩和するように**浸透圧**とよばれる力が働くからである. この場合, 溶質粒子は半透膜を通過できないので, 水分子が通過して濃度差が緩和される. 浸透圧の存在は, これに相当する圧力を水溶液側にかけると, 液面の変化が停止することから確認される. 浸透圧は溶液のモル濃度に比例して高くなり, 溶質や溶媒の種類には依存しない*.

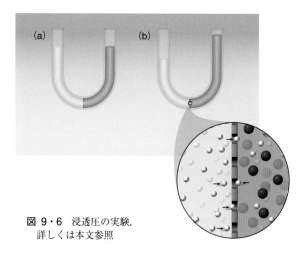

図 9・6　浸透圧の実験.
詳しくは本文参照

浸透と浸透圧は生体系において特に重要である. たとえば, 人の血液には細胞の一種である赤血球が血漿（タンパク質などを含んだ血液の液状成分）に懸濁した状態で存在し, 赤血球は半透膜である細胞膜で覆われている. 細胞が正常に働くためには, 水の出入りのバランスが保たれる必要があり, 溶解物質の濃度が細胞膜の内（細胞中）と外（血漿中）とで同じである必要がある. 図 9・7 は, 赤血球を異なる濃度の溶液に入れたときの様子を示している.（a）は希薄溶液中,（b）は細胞と同じ濃度の溶液中,（c）は濃厚溶液中での状態である. 赤血球は,（a）では膨張し,（c）では収縮し, ともに損傷を受けている. 損

---

* 訳注: 希薄溶液において, 浸透圧 $(\varPi)$ と溶液のモル濃度 (C) との間に, $\varPi = CRT$ の関係式が成立する. ここで, R は気体定数, T は絶対温度である.

傷を防ぐためには血漿の浸透圧を非常に狭い範囲に制御する必要がある．そのため，点滴などに使用される薬剤は，血漿と同じ濃度となるよう注意深く調製されている．

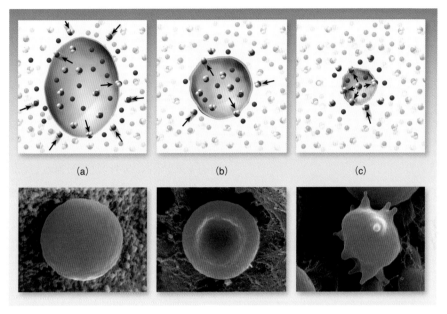

(a)　　　　　(b)　　　　　(c)

図 9・7　赤血球に及ぼす溶液濃度の影響．詳細は本文参照［© David M. Phillips/Science Source］

キーワード

溶体（solution）86
固溶体（solid solution）86
溶液（liquid solution）86
混合気体（gaseous solution または mixed gas）86
溶媒（solvent）86
溶質（solute）86
水溶液（aqueous solution）86
合金（alloy）86
溶解度（solubility）87
飽和（saturated）87
不飽和（unsaturated）87
過飽和（supersaturated）87
溶媒和（solvation）87
水和（hydration）87
希薄（dilute）88
濃厚（concentrated）88
質量パーセント濃度（percent by mass または percent concentration by mass）88

モル濃度（molarity または molar concentration, C）88
質量モル濃度（molality または molal concentration, m）89
電解質（electrolyte）89
非電解質（nonelectrolyte）89
電離（electrolytic dissociation）90
調製（preparation）91
保存溶液（stock solution）92
希釈（dilution）92
束一的性質（colligative property）93
凝固点降下（freezing-point depression）93
モル凝固点降下定数（molar freezing-point-depression constant）93
沸点上昇（boiling-point elevation）94
モル沸点上昇定数（molar boiling-point elevation constant）94
半透膜（semipermeable membrane）94
浸透（osmosis）94
浸透圧（osmotic pressure）94

CHAPTER 10

化学反応と化学反応式

1章において，原子の構造について説明し，原子を構成する亜原子粒子の数と配置によって原子の特性が決まることを述べた．原子の特性は物質を形づくる原子間の結合様式に反映される．本章では，化学反応とよばれる物質の化学変化の過程と，それを記述するための化学反応式について学習する．

10・1 化学反応

化学反応について理解するため，鉄がさびる現象と，ケーキやクッキーを焼くと膨らむ現象について考える．図 10・1(a) のように，鉄製品がさびると表面の色と質感が劇的に変化する．新しい鉄は灰色で滑らかな比較的光沢のある硬い表面をしているが，さびると茶色でざらざらしたはがれやすい表面に変わる．これは鉄が鉄さびに化学変化したためであり，この化学変化は鉄と酸素および水との**化学反応**によって起こる．一方，図 10・1(b) のように，ケーキを焼くと膨らむが，これは生地に入れた重曹（炭酸水素ナトリウム）が加熱により分解とよばれる化学反応を起こし，無数の小さな気泡が発生したためである．このように，物質の色と質感が変化し，気体が発生する際には化学反応が起こっている．炎が上がるなど，熱や光の発生を伴う化学反応もある．たとえば，木が燃えるときには化学反応が起こっている．

1章と3章においてドルトンの第一と第二の仮説を示した．

1. 物質は，原子とよばれるとても小さく分割不可能な粒子から構成されている．ある元素の原子はすべて同一であり，他のいかなる元素の原子とも異なる（§1・2）．
2. 化合物は2種類以上の元素の原子からなり，同じ化合物には同じ種類の原子が常に同じ比で存在する（§3・4）．

ここで第三の仮説を追加する．

3. 化学反応は原子の配列を変化させるが，原子を生成あるいは破壊しない．

この仮説は，原子の種類と数が化学反応の前後で変わらないことを意味している．原子はそれぞれ固有の質量をもつので，化学反応に関わる物質の総質量は反応の前後で変化しないことになる．これを**質量保存の法則**という*．

(a)

(b)

図 10・1 (a) 鉄の腐食と，(b) ベーキングパウダーを加えたケーキの生地が加熱により膨らむ様子 [a, b: © McGraw-Hill Education/David A. Tietz, photographer]

---

* 訳注: 質量保存の法則は，フランスの化学者ラボアジェ（Antoine Lavoisier）により発見され（1774 年），ドルトンの原子説の登場（1803 年）によりその理解が進んだ（コラム 10・3 アントワーヌ・ラボアジェ参照）．

10・2 化学反応式

3章において，元素記号を組合わせた化学式を用いて単体や化合物を表記する方法について学んだ．化学ではさらに，化学式を組合わせた**化学反応式**（または単に**反応式**）を用いて化学反応を記述する．反応式には反応の内容が書かれている．たとえば，次式を"アンモニアと塩化水素が反応し，塩化アンモニウムが生成する"と読むと反応の中身がわかる．

$$NH_3 + HCl \longrightarrow NH_4Cl$$

同様に，次式は"炭酸カルシウムが反応し，酸化カルシウムと二酸化炭素が生成する"と読むことができる．

$$CaCO_3 \longrightarrow CaO + CO_2$$

このように化学反応式では，左辺の物質が反応し，右辺の物質が生成する．前者を**反応物**，後者を**生成物**とよぶ．反応では反応物が消費され，生成物に変化する．

化学反応式は解釈できるだけでなく，書いて化学反応を表現できる必要がある．たとえば，硫黄と酸素から二酸化硫黄が生成する反応は次のように表される．

$$S + O_2 \longrightarrow SO_2$$

また，三酸化硫黄と水から硫酸が生じる反応は次のように表記される．

$$SO_3 + H_2O \longrightarrow H_2SO_4$$

化学式に (g)，(l)，(s) のラベルを付けて，反応物と生成物が気体，液体，固体のいずれの状態にあるかを表す．水溶液中の化学種には (aq) のラベルを付ける．

$$NH_3(g) + HCl(g) \longrightarrow NH_4Cl(s)$$
$$S(s) + O_2(g) \longrightarrow SO_2(g)$$
$$CaCO_3(s) \longrightarrow CaO(s) + CO_2(g)$$
$$SO_3(g) + H_2O(l) \longrightarrow H_2SO_4(l)$$

化学反応式に化合物を書くときは，それが分子であれば分子式，イオン化合物あれば組成式を用いる．イオンの反応を表すイオン反応式については§10・4で説明する．単体には通常複数の同素体（§3・4参照）があり，その表記法は元素により以下のように変化する．

金　属

金属元素の単体は組成の明確な分子ではなく，原子が三次元ネットワークを構成しているので，反応式には組成式が用いられる．たとえば，鉄の組成式は元素記号と同じ Fe である．

非 金 属

非金属元素の単体にはいくつかの書き方がある．たとえば，炭素の単体には構造の異なる複数の同素体があるので，組成式を用いて C と表記する．C（グラファイト）や C（ダイヤモンド）のようにかっこ内に同素体の種類を示すこともある．

非金属元素の単体のうち，組成の明確な H_2, N_2, O_2, F_2, Cl_2, Br_2, I_2, P_4 などの多原子分子は，分子式を用いて表記する．硫黄の安定形は S_8 であるが，これ以外にも多くの同素体が存在するので，通常は組成式を用いて S と表記する．

貴 ガ ス

すべての貴ガス元素は単原子の単体であり，元素記号を用いて He，Ne，Ar，Kr，Xe，Rn と表記する．

半 金 属

半金属元素の単体も，金属元素と同様，三次元のネットワーク構造をもつので，B，Si，Ge のように組成式を用いて表記する．

反応式の矢印の上下に，溶媒や温度などの反応条件を書き込むことがある．具体的な反応温度の代わりに，単に加熱していることを示すときは Δ の記号が用いられる．次式は，$KClO_3$（固体）の加熱（Δ）により，KCl（固体）と酸素（気体）が生成することを表している．

$$2KClO_3(s) \xrightarrow{\Delta} 2KCl(s) + 3O_2(g)$$

10・3 化学量論係数

前節の説明内容をもとに，水素（気体）と酸素（気体）から水（液体）が生成することを書くと，次の反応式になる．

$$H_2(g) \quad + \quad O_2(g) \quad \longrightarrow \quad H_2O(l)$$

しかしこの式は，左辺（2H + 2O）と右辺（2H + O）の原子数が異なるので質量保存の法則に反している．その修正に**化学量論係数**（または単に**係数**）が使用される．すなわち，H_2 と H_2O の前に係数の 2 を付けて分子数をそれぞれ 2 倍にすると，左辺（4H + 2O）と右辺（4H + 2O）の原子数が一致する．この場合，反応物

や生成物の変更や追加により原子数を合わせてはいけない.

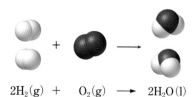

$$2H_2(g) \ + \ O_2(g) \ \longrightarrow \ 2H_2O(l)$$

　化学量論係数の決定には試行錯誤が必要であるが, 最初にすべての係数を1として反応式を書き, 両辺の原子数を比較すると, 正解が見つけやすい. ブタンと酸素から二酸化炭素と水が生成する次の反応を例に係数を求めてみる. まず, 全係数が1の反応式を書き, 原子数を比較する.

$$C_4H_{10}(g) + O_2(g) \longrightarrow CO_2(g) + H_2O(g)$$

4-C-1
10-H-2
2-O-3

CとHを含む物質は両辺にそれぞれ1種類ずつなので, C_4H_{10} の原子数をもとに CO_2 と H_2O の係数をそれぞれ4と5とおける. またその際, 右辺のOの個数が13となるので, 左辺の O_2 に13/2の係数を付けて個数を合わせる. これにより両辺の原子数がすべて一致する.

$$C_4H_{10}(g) + (13/2)O_2(g) \longrightarrow 4CO_2(g) + 5H_2O(g)$$

4-C-4
10-H-10
13-O-13

最後に, すべての係数に2を掛けて整数とする.

$$2C_4H_{10}(g) + 13O_2(g) \longrightarrow 8CO_2(g) + 10H_2O(g)$$

8-C-8
20-H-20
26-O-26

例 題 10・1

　水溶液中で水酸化バリウムと過塩素酸から過塩素酸バリウムと水が生成する反応の反応式を書け.
解　$Ba(OH)_2(aq) + 2HClO_4(aq) \longrightarrow$
$$Ba(ClO_4)_2(aq) + 2H_2O(l)$$

練習問題 10・1　プロパンの燃焼を表す反応式を書け. なお, 反応物と生成物はすべて気体とする.

例 題 10・2

　酪酸 (ブタン酸, $C_4H_8O_2$) は1869年にバターから単離された乳脂肪成分の一つで, がん予防効果をもつことから近年注目されている. この化合物が体内で代謝され

るときの反応式 (燃焼と同じ反応式) を書け.

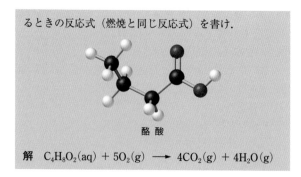

酪 酸

解　$C_4H_8O_2(aq) + 5O_2(g) \longrightarrow 4CO_2(g) + 4H_2O(g)$

■ コラム 10・1　代謝の化学

　食事で摂取した炭水化物と脂肪は消化器系で小分子に分解される. 炭水化物はグルコース ($C_6H_{12}O_6$) などの単糖類に分解され, 脂肪は脂肪酸とグリセリン (グリセロール, $C_3H_8O_3$) に分解される. 消化の過程で生成し

グリセリン
(グリセロール)

た小分子は, その後の複雑な生化学反応により消費される. 単糖類と脂肪酸の代謝は比較的複雑な過程を伴うが, 最終的な結果は燃焼と本質的に同じであり, 酸素と反応して二酸化炭素と水, さらにエネルギーに変わる. グルコースの代謝は次の化学反応式で表される.

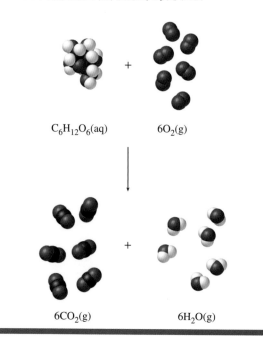

$C_6H_{12}O_6(aq)$　　　　$6O_2(g)$

$6CO_2(g)$　　　　$6H_2O(g)$

練習問題 10・2　アンモニア（気体）と酸化銅（Ⅱ）（固体）との反応により金属銅と窒素および水が生成する。反応式を書け。

10・4　水溶液中の化学反応

　本節では水溶液中で起こる化学反応について説明する。化学反応にはいくつかの分類法がある。一つは化学反応の仕組み（反応機構）に基づくもので，水溶液中では酸塩基反応と酸化還元反応が代表例である。また生成物が沈殿するという物理的な現象により進行する反応もある。これに対して，反応に伴う原子の組換え様式に基づく分類法があり，化合と分解およびこれらが複合した置換の3種類に反応を大別することができる。

沈 殿 反 応

　図 10・2 に示すように，ヨウ化ナトリウム（NaI）の水溶液に硝酸鉛（Ⅱ）（Pb(NO₃)₂）の水溶液を加えると，ヨウ化鉛（Ⅱ）（PbI₂）の黄色固体が生成する。同時に生成する硝酸ナトリウム（NaNO₃）は溶液に溶けている。固体の生成は反応の進行を示すよい指標となる。溶液から生ずる固体を**沈殿**，沈殿の生成を伴う反応を**沈殿反応**

という。

例 題 10・3

　表 9・2 と表 9・3 を参照し，次の化合物が水に可溶か不溶かを判定せよ。
　　(a) AgNO₃，(b) CaSO₄，(c) K₂CO₃
解　(a) 可溶，(b) 不溶，(c) 可溶

練習問題 10・3　表 9・2 と表 9・3 を参照し，次の化合物が水に可溶か不溶かを判定せよ。
　　(a) PbCl₂，(b) (NH₄)₃PO₄，(c) Fe(OH)₃

　図 10・2 の反応は次の反応式により表される。

$$Pb(NO_3)_2(aq) + 2NaI(aq) \longrightarrow 2NaNO_3(aq) + PbI_2(s)$$

金属カチオンの間で対アニオン（§2・7 参照）の交換が起こっている。すなわち Pb^{2+} の対アニオンが NO_3^- から I^- に変わり，逆に Na^+ の対アニオンが I^- から NO_3^- に変わっている。このように，2種類の化合物が成分を交換して別の2種類の化合物に変化する反応を**二重置換反応**という*。

　沈殿反応の多くはイオン化合物で起こるが，イオン化合物から常に沈殿が生じるわけではない。沈殿が生成す

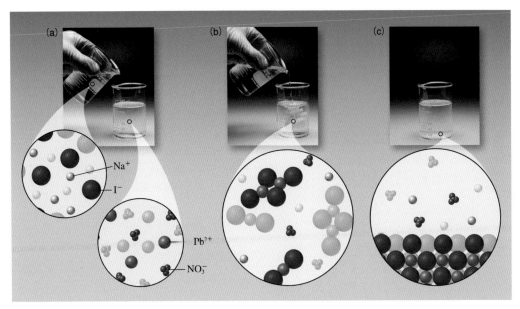

図 10・2　NaI の水溶液に Pb(NO₃)₂ の水溶液を加えた際に起こる変化。無色の Pb(NO₃)₂ 水溶液に，無色の NaI 水溶液を加えると (a)，PbI₂ の黄色固体が生じ (b)，ビーカーの底に沈殿する (c)。このとき，Na^+ と NO_3^- は溶液に溶けている。［© McGraw-Hill Education/Charles D. Winters, photographer］

＊　訳注：**メタセシス**あるいは**複分解**ともいう。一般式 AB + CD $\longrightarrow$ AC + BD で表されるこの型式の反応はイオン化合物以外でも起こる。

るか否かは生成物の溶解度に依存する．9章の表9・2と表9・3に，水に可溶なイオン化合物と，水に不溶なイオン化合物の判断指針がそれぞれ示されている．表9・2からわかるように，$NaNO_3$ は硝酸イオン（NO_3^-）を含むので水に可溶である．一方，PbI_2 はヨウ化物イオン（I^-）を含み，さらに Pb^{2+} を含む化合物なので水に不溶で，反応溶液から固体として沈殿する．これを PbI_2 に（s）のラベルを付けて表している．

ところで，もし PbI_2 を含むすべての物質が水に可溶な電解質であれば，反応系に化合物は存在せず，2種類のカチオン（Pb^{2+}, Na^+）と2種類のアニオン（NO_3^-, I^-）が溶解しているだけとなる．すなわち，実質的な反応は起こらないはずである．しかし実際には，水に不溶な PbI_2 が液相から固相に移動して分離するため，反応式の左から右に向けて反応が進む．このように，化学反応には反応を推進する仕組みがあり，その仕組みを**駆動力**とよぶ．

電解質をカチオンとアニオンに置き換えて反応式を書くと，より現実的な反応系の様子が見えてくる．両辺に存在する Na^+ と NO_3^- は反応に関与しないので，**傍観イオン**とよばれる．

$$Pb^{2+}(aq) + \cancel{2NO_3^-(aq)} + \cancel{2Na^+(aq)} + 2I^-(aq)$$
$$\longrightarrow \cancel{2Na^+(aq)} + \cancel{2NO_3^-(aq)} + PbI_2(s)$$

傍観イオンを消去すると，沈殿反応に関与するイオンだけを残した**イオン反応式**が現れる．イオン反応式は，イオン化合物の溶液を混合した際に起こる正味の反応を表している．

$$Pb^{2+}(aq) + 2I^-(aq) \longrightarrow PbI_2(s)$$

例題 10・4

酢酸鉛（II）（$Pb(CH_3CO_2)_2$）の水溶液と塩化カルシウム（$CaCl_2$）の水溶液を混合した．想定される反応式とイオン反応式を書け．

解 反応式：$Pb(CH_3CO_2)_2(aq) + CaCl_2(aq) \longrightarrow$
$$PbCl_2(s) + Ca(CH_3CO_2)_2(aq)$$
イオン反応式：$Pb^{2+}(aq) + 2Cl^-(aq) \longrightarrow PbCl_2(s)$

練習問題 10・4 溶液中で硫酸カリウムと塩化バリウムを混合した．想定される反応式とイオン反応式を書け．

酸塩基反応

水に溶かすと水素イオン（H^+）を生じる物質を**酸**，水酸化物イオン（OH^-）を生じる物質を**塩基**という*．身の回りには酸や塩基を使用したものが多い．たとえば，アスコルビン酸はビタミンCとして働く．酢酸は食用酢がもつ酸味と刺激臭の原因物質である．塩酸はトイレ洗剤などに含まれ，胃液（胃酸）の主成分でもある．アンモニアはガラスクリーナーに，水酸化ナトリウムはパイプクリーナーに配合されている．

中和反応　酸と塩基が反応すると酸から塩基に H^+ が移動し，互いの性質が打ち消される．このような反応を**中和反応**または**中和**とよび，多くの場合に水と塩が生成する．**塩**は，塩基のカチオン部分と酸のアニオン部分が結合したイオン化合物である．たとえば，HClとNaOHとの反応により水とNaClが生成する．

$$HCl(aq) + NaOH(aq) \longrightarrow H_2O(l) + NaCl(aq)$$

この反応式の HCl, NaOH, NaCl は強電解質なので，実際の溶液中ではイオンに解離している．

$$H^+(aq) + Cl^-(aq) + Na^+(aq) + OH^-(aq) \longrightarrow$$
$$H_2O(l) + Na^+(aq) + Cl^-(aq)$$

両辺にある Na^+ と Cl^- は傍観イオンなので，次のイオン反応式により正味の反応が表される．すなわち，中和反応は水を生じる反応であり，酸と塩基の量が一致していれば，塩を含む中性の水溶液を生じる．

$$H^+(aq) + OH^-(aq) \longrightarrow H_2O(l)$$

以下に代表的な酸塩基反応（中和反応）を示す．沈殿反応と同様，酸塩基反応は2種類の化合物がイオン成分を交換する二重置換反応である．

$$HNO_3(aq) + KOH(aq) \longrightarrow H_2O(l) + KNO_3(aq)$$
$$H_2SO_4(aq) + 2NaOH(aq) \longrightarrow 2H_2O(l) + Na_2SO_4(aq)$$
$$2CH_3CO_2H(aq) + Ba(OH)_2(aq) \longrightarrow$$
$$2H_2O(l) + Ba(CH_3CO_2)_2(aq)$$

---

* 訳注：これらはアレニウスの酸と塩基の定義である（13章参照）．水素イオンは水溶液中で H_2O 分子と結合してオキソニウムイオン（H_3O^+）となるが，H^+ と簡略化して書くことが多い．

例題 10・5

下に示すように，(a) 水酸化マグネシウムは水に不溶であるが，(b) 塩酸を加えると，(c) 均一水溶液に変わる．化学反応式とイオン反応式を書け．また，塩酸を加えると均一水溶液に変わる理由を述べよ．

(a) Mg(OH)₂の懸濁液　　(b) HClを添加　　(c) 透明な溶液になる

[© McGraw-Hill Education/Charles D.Winters, photographer]

解　反応式: $Mg(OH)_2(s) + 2HCl(aq) \longrightarrow MgCl_2(aq) + 2H_2O(l)$

イオン反応式: $Mg(OH)_2(s) + 2H^+(aq) \longrightarrow Mg^{2+}(aq) + 2H_2O(l)$

理由: 中和反応により水に不溶な水酸化マグネシウムが水に可溶な塩化マグネシウムと水に変わるため均一溶液に変わる．

練習問題 10・5　硫酸水溶液に水酸化バリウム水溶液を加えると白色の沈殿が生成する．化学反応式とイオン反応式を書き，沈殿が生成する理由を述べよ．

気体生成反応　炭酸ナトリウム水溶液に塩酸を加えると，次の酸塩基反応により二酸化炭素が生成する．

$$2HCl(aq) + Na_2CO_3(aq) \longrightarrow 2NaCl(aq) + H_2O(l) + CO_2(g)$$

この反応は2段階に分けて書くと理解しやすい．まず2種類の反応物がイオンを交換する二重置換反応が起こる．生成物の一つである炭酸は不安定で，すぐに水と二酸化炭素に分解する．

$$2HCl(aq) + Na_2CO_3(aq) \longrightarrow 2NaCl(aq) + H_2CO_3(aq)$$

$$H_2CO_3(aq) \longrightarrow H_2O(l) + CO_2(g)$$

以下に，二重置換反応により生成し，すぐに分解して気体を生成する不安定化合物を示す．亜硫酸は水と二酸化硫黄に分解する．水酸化アンモニウムは水とアンモニアに分解する．

$$H_2SO_3(aq) \longrightarrow H_2O(l) + SO_2(g)$$

$$NH_4OH(aq) \longrightarrow H_2O(l) + NH_3(g)$$

塩酸と硫化ナトリウムの反応では硫化水素の気体が直接発生する．

$$2HCl(aq) + Na_2S(aq) \longrightarrow H_2S(g) + 2NaCl(aq)$$

例題 10・6

亜硫酸水素ナトリウム（$NaHSO_3$）の水溶液に希塩酸（HCl）を加えた際に起こる反応の反応式を書け．

解　$NaHSO_3(aq) + HCl(aq) \longrightarrow NaCl(aq) + H_2O(l) + SO_2(g)$

練習問題 10・6　炭酸カルシウムの粉末に希塩酸を滴下したところ表面から気体が発生した．反応式を書け．

酸化還元反応

図10・3に示すように，亜鉛板を硫酸銅(II)の水溶液に浸すと板の表面に金属銅が析出して黒ずむ．同時に，金属亜鉛が亜鉛イオン（Zn^{2+}）として溶液に溶け出す．全体の反応は次式により表される．

$$Zn(s) + CuSO_4(aq) \longrightarrow ZnSO_4(aq) + Cu(s)$$

また，イオン反応式を用いて次のように表すこともでき

コラム 10・2　酸素発生装置

旅客機では出発前に必ず機内の安全設備について案内があるが，黄色の酸素マスクが実際に下りたところを見た人は少ないであろう．マスクが下りると化学反応により発生した酸素が供給される．航空機で使用される一般的な酸素源は塩素酸ナトリウム（$NaClO_3$）の固体で，次の反応式に従って塩化ナトリウムと酸素に分解する．

$$2NaClO_3(s) \longrightarrow 2NaCl(s) + 3O_2(g)$$

$NaClO_3$は飲料缶大の円筒容器に入れられている．乗客がマスクを引くと容器に取り付けられた安全ピンが外れて小型の雷管が爆発し，その熱によって$NaClO_3$が分解し，酸素が発生する．

容器は通常安全性に問題をもたないが，誤った表示を付けた箱に入れられて輸送されたため大事故をひき起こした．円筒容器は旅客機の貨物室で発火し，加熱によって発生した酸素により，室内の他の荷物は瞬く間に激しく燃え上がった．その結果，旅客機は米国フロリダ州エバーグレーズに墜落し，110名が犠牲となった．

る．この場合，傍観イオンである硫酸イオンは消去されている．

$$Zn(s) + Cu^{2+}(aq) \longrightarrow Zn^{2+}(aq) + Cu(s)$$

これは**酸化還元反応**の一例である．酸化還元反応は**レドックス反応**ともよばれ，反応の過程で反応物の一方が電子を失い，他方が電子を獲得する．電子を失うことを**酸化**，獲得することを**還元**という．上記の $Zn(s)$ と $Cu^{2+}(aq)$ との反応では，Zn 原子が2電子を失って Zn^{2+} イオンとなり（酸化），Cu^{2+} イオンが2電子を獲得して Cu 原子となる（還元）．

金属の単体が水溶液中で電子を放出してカチオンになる傾向を**イオン化傾向**という*．イオン化傾向の大きい金属は電子を放出しやすく酸化されやすい．逆に，イオン化傾向の小さな金属は電子を受け入れやすく還元されやすい．図10・3では，イオン化傾向の大きな亜鉛が酸化され，イオン化傾向の小さな銅が還元されている．

$Zn(s)$ と $Cu^{2+}(aq)$ との反応では，実際に前者から後者に電子が移動した．一方，電子の授受が明確でない

反応でも，物質を構成する原子の酸化状態に変化が起こっている．たとえば，水素（H_2）とフッ素（F_2）からフッ化水素（HF）が生成する次の反応では，水素が酸化され，フッ素が還元されている．これを理解するため，次に酸化数の概念について説明する．

$$H_2(g) + F_2(g) \longrightarrow 2HF(g)$$

酸 化 数　　物質を構成する原子の**酸化状態**を統一的に表すために**酸化数**の概念が利用される．酸化数は化学結合のイオン性を誇張した考え方から得られるパラメーターで，以下の規則に従って各原子に割り当てる．

A. 単体中の原子の酸化数は0とする．
B. ある化学種中の全原子の酸化数の和は，その化学種がもつ電荷数に等しい．
C. 表10・1に示す特定元素について酸化数が規定されているので，上位の項目から優先的に適用し，他の原子の酸化数を決める．

先に取り上げた二つの反応に上の規則を適用し，酸化

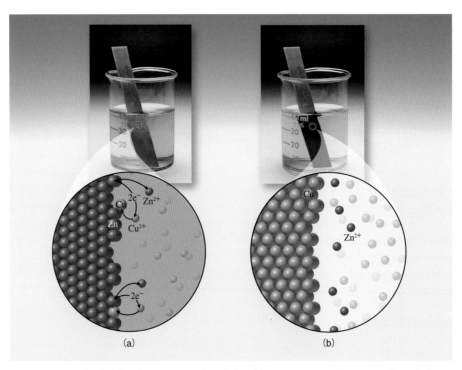

図 10・3　硫酸銅(Ⅱ)水溶液に浸した亜鉛板の変化．(a) Zn 原子から Cu^{2+} イオンに電子が移動して，Cu 原子が析出し，Zn^{2+} イオンが溶け出す．(b) やがて亜鉛板の表面が Cu 原子に覆われる．
[© McGraw-Hill Education/Charles D. Winters, photographer]

---

*　訳注: イオン化傾向は Li > K > Ca > Na > Mg > Al > Zn > Fe > Ni > Sn > Pb >（H）> Cu > Hg > Ag > Pt > Au の順に小さくなる．この序列をイオン化列という．イオン化傾向は電気化学的データ（標準電極電位）を用いて数量化できる．

表 10・1 酸化数の基準となる特定元素とその酸化数

項目	元 素	酸化数	例 　外
1	フッ素（F）	−1	
2	1 族金属 2 族金属	+1 +2	
3	水素（H）	+1	金属との化合物 （例: LiH, CaH$_2$ では −1）
4	酸素（O）	−2	項目 2, 3 の元素との化合物 （例: H$_2$O$_2$ では −1; KO$_2$ では −1/2）
5	F を除く 17 族元素	−1	項目 1, 4 の元素との化合物 （例: ClF の Cl は +1; BrO$_4^-$ の Br は +7; IO$_3^-$ の I は +5）

還元反応を詳しくみてみたい．Zn と Cu^{2+} の反応では，原子と単原子イオンがもつ電荷がそのまま酸化数となる（規則 B）．一方，単体である H$_2$ と F$_2$ の各原子の酸化数は 0 である（規則 A）．また，表 10・1 の項目 1 と 3 をもとに，HF の H の酸化数は +1，F の酸化数は −1 となる．すなわち，H$_2$ と F$_2$ の反応において，水素は酸化され（0 → +1），フッ素は還元されている（0 → −1）．

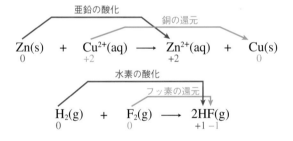

KMnO$_4$ の各原子の酸化数は次のように決める．まず，表 10・1 の項目 2 から K の酸化数は +1 である．また，項目 4 から個々の O 原子の酸化数は −2 なので，4 個の合計は −8 となる．KMnO$_4$ は全体として電荷をもたないので，全原子の酸化数の和は 0 である必要がある（規則 B）．したがって，Mn の酸化数は +7 となる．

KMnO$_4$
原子の酸化数 　+1 +7 −2
酸化数の小計 　+1 +7 −8 　［酸化数の合計 0］

例 題 10・7

次の化合物あるいはイオン中の各原子の酸化数を答えよ．
(a) SO$_2$, (b) NaH, (c) CO$_3^{2-}$, (d) N$_2$O$_5$
解 (a) S +4, O −2, (b) Na +1, H −1, (c) C +4, O −2, (d) N +5, O −2

練習問題 10・7 次の化合物あるいはイオン中の各原子の酸化数を答えよ．
(a) H$_2$O$_2$, (b) MnO$_2$, (c) O$_2^{2-}$, (d) ClO$^-$

酸化還元反応の種類 酸化還元反応はいくつかの種類に分類される．その一つは，単体原子が化合物中の原子と置き換わるもので，**単置換反応**とよばれる．下に反応例を示す．反応の前後で酸化数が変化する原子に数字が示されている．いずれの場合も，左辺の酸化数の合計と，右辺の酸化数の合計とが一致し，酸化と還元のバランスがとれている．

$$\text{Zn(s)} + \text{CuSO}_4\text{(aq)} \longrightarrow \text{ZnSO}_4\text{(aq)} + \text{Cu(s)}$$
　0　　　　+2　　　　　　　+2　　　　　0

$$\text{Cu(s)} + 2\text{AgNO}_3\text{(aq)} \longrightarrow \text{Cu(NO}_3)_2\text{(aq)} + 2\text{Ag(s)}$$
　0　　　　+1　　　　　　　+2　　　　　　0
　　　　　（×2）　　　　　　　　　　　（×2）

$$2\text{Al(s)} + 3\text{NiCl}_2\text{(aq)} \longrightarrow 2\text{AlCl}_3\text{(aq)} + 3\text{Ni(s)}$$
　0　　　　+2　　　　　　+3　　　　　0
（×2）　（×3）　　　　（×2）　　　（×3）

複数の反応物から単一の生成物が生じることを**化合**という．以下の反応の反応物は原子の酸化数が 0 の単体であるが，生成物では赤の原子の酸化数が上がり，青の原子の酸化数が下がっている．すなわち酸化還元反応が起こっている．N$_2$ と H$_2$ から NH$_3$ が生成する反応はハーバー・ボッシュ法とよばれている（コラム 8・1 参照）．

$$\text{N}_2\text{(g)} + 3\text{H}_2\text{(g)} \longrightarrow 2\text{NH}_3\text{(g)}$$
　0　　　　　0　　　　　　−3 +1
　　　　　　　　　　　　　　（×3）

$$2\text{Na(s)} + \text{Cl}_2\text{(g)} \longrightarrow 2\text{NaCl(g)}$$
　0　　　　0　　　　　　+1 −1

$$\text{Cu(s)} + \text{S(s)} \longrightarrow \text{CuS(s)}$$
　0　　　0　　　　　+2 −2

化合とは逆に，単一の反応物から複数の生成物が生じることを**分解**という．以下の反応では，酸化水銀，塩素酸カリウム，過酸化水素の分解により，酸素（気体）が生成する．

$$2\text{HgO(s)} \longrightarrow 2\text{Hg(l)} + \text{O}_2\text{(g)}$$
　+2 −2　　　　0　　　　0

$$2\text{KClO}_3\text{(s)} \longrightarrow 2\text{KCl(s)} + 3\text{O}_2\text{(g)}$$
　+5 −2　　　　　−1　　　　0
　（×3）

$$2\text{H}_2\text{O}_2\text{(aq)} \longrightarrow 2\text{H}_2\text{O(l)} + \text{O}_2\text{(g)}$$
　−1　　　　　　−2　　　　0
　（×2）

物質が光や熱を発生しながら燃える現象を**燃焼**とよび，狭義には酸素（O$_2$）が酸化剤として働く酸化反応

を示す．炭素を含む物質の燃焼は身近な現象である．メタンを主成分とする天然ガスの燃焼により二酸化炭素と水が生成する．炭素を主成分とする石炭の燃焼により二酸化炭素が生成する．また水素が燃焼すると水に変わる．いずれの場合にも，酸素原子は酸化数が 0 から -2 に変化して還元され，炭素原子や水素原子は酸化数が高くなって酸化されている．

$$CH_4(g) + 2O_2(g) \longrightarrow CO_2(g) + 2H_2O(g)$$
$$\underset{-4}{} \quad \underset{0}{} \qquad \underset{+4\,-2}{} \qquad \underset{-2}{}$$
$$(\times 2) \qquad (\times 2)$$

$$C(s) + O_2(g) \longrightarrow CO_2$$
$$\underset{0}{} \quad \underset{0}{} \qquad \underset{+4\,-2}{}$$
$$(\times 2)$$

$$2H_2 + O_2 \longrightarrow 2H_2O$$
$$\underset{0}{} \quad \underset{0}{} \qquad \underset{+1\,-2}{}$$
$$(\times 2)$$

キーワード

コラム 10・3　アントワーヌ・ラボアジェ

　ラボアジェ（Antoine Lavoisier）は，化学を定性的な科学から定量的な科学へと変革したとされ，しばしば近代化学の父と称されている．ラボアジェは，燃焼を中心に反応前後の物質の質量を精密に測定する実験を数多く実施し，質量保存の法則を支持する重要な成果を収めた．そのため母国のフランスでは，質量保存の法則はラボアジェの法則とよばれている．ラボアジェが登場するまで

ラボアジェ
[© Fine Art Images/Heritage Images/Getty Images]

燃焼は謎めいたものであった．当時の学説は“フロギストン理論”とよばれ，可燃性物質にはフロギストンとよばれる物質が含まれていると信じられていた．この学説によれば，物質が燃焼するとフロギストンが放出されて質量は減少するはずである．一方ラボアジェは，燃焼により質量が減少する物質は多いが，質量が増加する物質も存在することを実証した．また，燃焼が物質と酸素との反応であるという現在の考え方を提示した．

　ラボアジェは水が元素ではなく化合物であることや硫黄が化合物でなく元素であることを証明し，酸素と水素を元素として特定し命名した．また，当時知られていた元素を初めて包括的な表にまとめ，未知の元素（ケイ素）の存在を予測した．さらに，急速に増え続ける膨大な化学知識を体系化してわかりやすくするために化学命名法を提案し，メートル法の成立にも尽力した．

　ラボアジェは，フランス革命の恐怖政治の時代に，他の科学者や知識人とともに過激な政治派閥から“革命の敵”とみなされ，断頭台で悲劇的な最期を遂げた．彼の処刑から1年半後，フランス政府は，ラボアジェの冤罪を宣言し，無実を証明した．

化学反応の量的関係

10章では，化学反応式について学び，質量保存の法則をもとに係数を調節して反応式を完成させた．化学実験ではしばしば，反応物の使用量から生成物の収量を予測し，また逆に生成物の収量から反応物の消費量を推測する必要がある．本章では，化学反応式をもとに，これらの計算を行う方法について学習する．

11・1 物質量の関係

化学反応に関与する物質の量的関係を**化学量論**関係という．化学反応式は化学量論関係を記述した式で，化学量論係数は各物質の物質量の比を表している.たとえば，次の反応式は，CO と O_2 が 2：1 の物質量比で反応し，CO と同じ物質量（O_2 の 2 倍の物質量）の CO_2 が生成することを示している*.

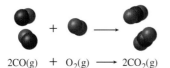

$$2CO(g) \; + \; O_2(g) \; \longrightarrow \; 2CO_2(g)$$

CO が係数に示された物質量の O_2 と反応し，全量が CO_2 に変換されるとき，CO は**化学量論量**の O_2 と反応し，定量的に CO_2 に変換されたと表現する．たとえば，3.82 mol の CO を CO_2 に変換するために必要な化学量論量

の O_2 は $3.82 \times 1/2 = 1.91$ mol であり，この反応が定量的に進行すると 3.82 mol の CO_2 が生成する．

11・2 質量の関係

化学反応式は，反応の化学量論関係を物質量比で表したものである．これに対して通常の化学実験では，秤量により反応物と生成物の質量を求めることが多い．質量と物質量の換算は (5・1) 式と (5・2) 式に従い，モル質量を用いて行う（図 11・1）．

例題 11・1

次の反応によりアンモニアと二酸化炭素から尿素が生成する．

$$2NH_3(g) + CO_2(g) \longrightarrow (NH_2)_2CO(aq) + H_2O(l)$$
尿素

(a) 89.4 g のアンモニアから得られる尿素の理論収量（質量）を求めよ．(b) その際に必要な二酸化炭素の質量を求めよ．

解 (a) 158 g, (b) 116 g

図 11・1 反応物の質量から生成物の質量（理論収量）を計算する際の手順

---

* 訳注：物質量比を**モル比**とよぶことも多い．

練習問題 11・1　十酸化四リン（P_4O_{10}）と水との反応によりリン酸が得られる.
（a）反応式を書け.（b）568 g のリン酸を得るために必要な P_4O_{10} の質量を求めよ.

11・3　反 応 収 率

化学反応の重要な目標は, 特定の反応物から最大量の目的生成物を生成させることにある.

制 限 反 応 物

反応は常に定量的に起こるとは限らないので, 特定の反応物以外の反応物を化学量論量よりも過剰に使用し, できるだけ多くの目的生成物が得られるようにする. 反応系では, 化学量論的に少ない反応物によって生成物の量が制限されるので, この反応物を**制限反応物**という. 一方, 過剰に使用された**過剰反応物**は, 反応後もその一部が生成系に残ることになる.

一酸化炭素と水素からメタノールが生成する次の反応を用いて, 制限反応物を含む反応系の物質収支について考える.

$$CO(g) + 2H_2(g) \longrightarrow CH_3OH(l)$$

図 11・2 に示すように, 反応系に 5 mol の CO と 8 mol の H_2 を導入したとする. 反応物の物質量の比は CO：H_2 = 5：8 である. 一方, 反応式に示された物質量の比は CO：H_2 = 1：2 = 5：10 なので, CO がすべて反応するためには H_2 が足りない. すなわち, この反応系では CO が過剰反応物, H_2 が制限反応物であり, H_2 がすべて消費された後も 5 mol − 4 mol = 1 mol の CO が残ることになる. また反応式から, 制限反応物と生成物の物質量の比は H_2：CH_3OH = 2：1 = 8：4 なので, CH_3OH の生成量の最大値は 4 mol となる.

例 題 11・2

窒素 35.0 g と水素 12.5 g を用いて次の反応を行った.
（a）過剰反応物を示し,（b）反応後の残存量（質量）を答えよ.

$$N_2(g) + 3H_2(g) \longrightarrow 2NH_3(g)$$

解　（a）水素,（b）4.9 g

練習問題 11・2　水溶液中でリン酸と水酸化カリウムを反応させ, リン酸をすべてリン酸カリウムに変換した.
（a）反応式を書け.（b）254.7 g のリン酸カリウムが定量的に生成し, 67.3 g の水酸化カリウムが反応せずに残った. 反応に用いたリン酸と水酸化カリウムの質量を求めよ.

収　　率

制限反応物が目的生成物に定量的に変換されたときの量を**理論収量**, 実際に得られた目的生成物の量を**収量**という. また, 理論収量に対する収量の割合を百分率で表した値を**収率**という（11・1 式）.

$$収 率 = \frac{収 量}{理論収量} \times 100\% \qquad (12・1)$$

実際の化学反応では, 収率が 100% に達しないことの方が多い. そのおもな理由としては, 反応が完結しない, 予想と異なる反応（副反応）が併発する, 生成物を分離する際に損失が起こるなどが挙げられる. 12 章では, 温度や圧力が化学反応に及ぼす影響について議論する.

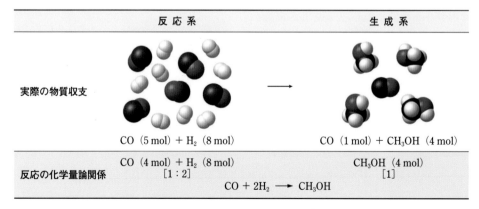

	反 応 系	生 成 系
実際の物質収支	CO（5 mol）+ H_2（8 mol）	CO（1 mol）+ CH_3OH（4 mol）
反応の化学量論関係	CO（4 mol）+ H_2（8 mol） [1：2]	CH_3OH（4 mol） [1]
	CO + 2H_2 $\longrightarrow$ CH_3OH	

図 11・2　CO と H_2 との反応による CH_3OH の生成. 図の各分子は 1 mol に相当する.

例題 11・3

鎮痛解熱薬であるアセチルサリチル酸（アスピリン，$C_9H_8O_4$）はサリチル酸（$C_7H_6O_3$）と無水酢酸（$C_4H_6O_3$）から次の反応式に従って合成される．

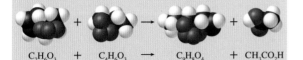

$$C_7H_6O_3 \quad + \quad C_4H_6O_3 \quad \longrightarrow \quad C_9H_8O_4 \quad + \quad CH_3CO_2H$$

サリチル酸 104.8 g と無水酢酸 77.47 g からアセチルサリチル酸が 105.6 g 得られた．収率を求めよ．

解 77.3%

練習問題 11・3 次式の反応によりエタノール 207 g からジエチルエーテルが 73.2% の収率で得られた．ジエチルエーテルの収量を求めよ．

$$2CH_3CH_2OH(l) \longrightarrow CH_3CH_2OCH_2CH_3(l) + H_2O(l)$$

11・4 水溶液の反応

濃度の明確な水溶液を混合して反応を行う際には，水溶液の体積とモル濃度から反応物の物質量を求める（図 11・3）．§10・4 で説明した沈殿反応，酸塩基反応，酸化還元反応のいずれについても，反応式に書かれた化学量論関係をもとに制限反応物を特定し，目的生成物の理論収量を予測する．

例題 11・4

塩化物イオンの定量分析に硝酸銀水溶液を用いた沈殿反応が利用される．

（a）イオン反応式を書け．（b）0.250 mol/L の硝酸銀水溶液を用いて，0.0173 mol/L の塩化ナトリウム水溶液 2 L に含まれる塩化物イオンをすべて沈殿させたい．反応に必要な硝酸銀水溶液の体積を求めよ．

解 （a）$Cl^-(aq) + Ag^+(aq) \longrightarrow AgCl(s)$，（b）0.138 L

練習問題 11・4 Pb^{2+} イオンの定量分析に塩化ナトリウム水溶液を用いた沈殿反応が利用される．

（a）イオン反応式を書け．（b）0.119 mol/L の塩化ナトリウム水溶液を用いて，0.00616 mol/L の硝酸鉛（II）水溶液 4.50 L に含まれる Pb^{2+} イオンをすべて沈殿させたい．反応に必要な塩化ナトリウム水溶液の体積を求めよ．

例題 11・5

次の酸性水溶液の中和に必要な水酸化ナトリウム水溶液（0.150 mol/L）の体積を求めよ．（a）0.0750 mol/L の塩酸 275 mL，（b）0.225 mol/L の硫酸水溶液 1.95 L，（c）0.0583 mol/L のリン酸水溶液 50.0 mL

解 （a）138 mL，（b）5.85 L，（c）58.3 mL

練習問題 11・5 275 mL の水酸化バリウム水溶液（0.0350 mol/L）を中和するのに必要な塩酸（0.211 mol/L）の体積を求めよ．

例題 11・6

次式に示す三ヨウ化物イオン（I_3^-）との反応を用いて，スポーツ飲料中のアスコルビン酸（ビタミン C，$C_6H_8O_6$）の含量を分析することができる．

$$I_3^-(aq) + C_6H_8O_6(aq) \longrightarrow$$
$$3I^-(aq) + C_6H_6O_6(aq) + 2H^+(aq)$$

350 mL のスポーツ飲料からサンプリングした 25.00 mL の試料に，三ヨウ化物イオン水溶液（0.00125 mol/L）を 29.25 mL を加えて反応が完結した．もとの 350 mL の飲料に含まれるアスコルビン酸の質量を求めよ．

解 90.2 mg．計算方法：[I_3^- 溶液の濃度（0.00125 mol/L）] × ([I_3^- 溶液の体積（29.25 mL）] / [試料溶液の体積（25.00 mL）]) × 0.350 L × [アスコルビン酸のモル質量（176.12 g/mol）] × 1000 [g を mg に換算]

練習問題 11・6 水溶液に含まれる Fe^{2+} イオンの量を過マンガン酸カリウム（$KMnO_4$）水溶液を用いて定量分析（酸化還元滴定）することができる．イオン反応式は次のように表される．

$$5Fe^{2+}(aq) + MnO_4^-(aq) + 8H^+(aq) \longrightarrow$$
$$5Fe^{3+}(aq) + Mn^{2+}(aq) + 4H_2O(l)$$

25.00 mL の試料溶液に，2.175×10^{-5} mol/L の $KMnO_4$ 水溶液を 21.30 mL 加えると反応が完結した．試料溶液の Fe^{2+} 濃度を ppm（mg/L）単位で求めよ．

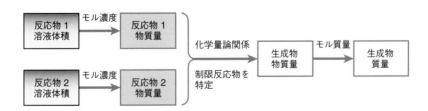

図 11・3 濃度が明らかな 2 種類の水溶液から生成物の理論収量を計算する手順

11・5　気 体 の 反 応

気体の量は体積により測られることが多い. 反応物と生成物がすべて気体の反応では, 温度と圧力が一定であれば, 各気体の体積は簡単な整数比をなす. これはゲイ・リュサック (Joseph Gay-Lussac) が発見した**気体反応の法則**であり, アボガドロの法則 (§8・3 参照) の基礎となった. アボガドロの法則から, 温度と圧力が一定であれば気体の体積は物質量に比例するので, 以下のように, 反応式中の各気体の体積の比は, 必然的に係数の比と一致する.

反応式 (係数)	$N_2(g)$	+	$3H_2(g)$	→	$2NH_3(g)$
物質量の比	1	:	3	:	2
体積の比	1	:	3	:	2

次の反応の CO と O_2 の係数の比は 2:1 = 1:1/2 なので, 65.8 mL の CO を完全に CO_2 に変換する際に必要な O_2 の体積は $65.8 × 1/2 = 32.9$ mL と計算される.

$$2CO(g) + O_2(g) \longrightarrow 2CO_2(g)$$

一方, 次式は固体 (Na) と気体 (Cl_2) との反応なので, 反応物の量をそれぞれ質量と体積として求めるのが便利である. 図 11・4 に示すように, Na の質量から(5・1)式を用いて物質量を求め, 続いて Na と Cl_2 との係数比 (= 物質量(n)の比 = 2:1) をもとに, 反応に必要な Cl_2 の物質量を求める. 最後に気体の状態方程式 (8・6 式) を用いて Cl_2 の体積を求める.

$$2Na(s) + Cl_2(g) \longrightarrow 2NaCl(s)$$

コラム 11・1　元 素 分 析

質量を正確に量った有機化合物を元素分析装置で完全燃焼させ, 生成する CO_2 と H_2O の質量を測定することにより, 成分元素の質量組成 (§5・3) を決定できる. 以下にグルコース ($C_6H_{12}O_6$) を例に説明する. 燃焼の反応式は次式により表される.

$$C_6H_{12}O_6(s) + 6O_2(g) \longrightarrow 6CO_2(g) + 6H_2O(g)$$

グルコースに O_2 だけを加えたこの反応では, 生成物である CO_2 中の炭素と H_2O 中の水素はすべてグルコースに由来している. 一方, 生成物中の酸素は, 燃焼に用いた O_2 だけでなく, グルコースにも由来する可能性がある.

18.8 mg のグルコースを完全燃焼させて 27.6 mg の CO_2 と 11.3 mg の H_2O が得られた場合を例に化合物の組成式を求めてみる. §5・4 で述べたように, 組成式は成分元素の質量組成から求めることができる. 炭素は 27.6 mg の CO_2 にすべて含まれているので, その質量は次のように計算される. 12.01 と 44.01 はそれぞれ C の原子量と CO_2 の分子量である.

$$炭素の質量 = 27.6\,mg × \frac{12.01}{44.01} = 7.53\,mg$$

また, 水素は 11.3 mg の H_2O にすべて含まれているので, その質量は H の原子量 (1.008) と H_2O の分子量 (18.02) を用いて次のように計算される.

$$水素の質量 = 11.3\,mg × \frac{2 × 1.008}{18.02} = 1.26\,mg$$

さらに, 分析に用いたグルコースの質量から炭素と水素の質量を引いた $18.8\,mg - (7.53\,mg + 1.26\,mg) = 10.0$ mg は酸素の質量である[*]. 各元素の質量をグルコースの質量で割り, 炭素 40.1%, 水素 6.70%, 酸素 53.2% の質量組成が求まる. これを元素分析値という.

§5・4 で説明したように, 各成分元素の質量と原子量との比を比例式で表し, 最も簡単な整数比に直すと元素数の比が求まる. すなわち, 組成式は CH_2O となる.

$$
\begin{aligned}
炭素数:水素数:酸素数 &= \frac{40.1}{12.01} : \frac{6.70}{1.008} : \frac{53.2}{16.00} \\
&= 3.34 : 6.65 : 3.33 \\
&= 1 : 2 : 1
\end{aligned}
$$

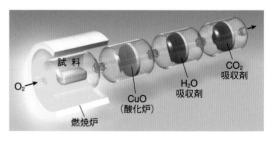

元素分析装置の模式図

---

[*] 訳注: 燃焼を利用した元素分析では, CO_2 と H_2O に変化しない別の元素であることしかわからないが, 多くの場合に, 反応物の種類などから成分元素の種類を合理的に特定することができる.

図 11・4 固体（Na）と気体（Cl$_2$）の反応に必要な反応物の量を計算する手順

例題 11・7

自動車用のエアバッグは，衝突時にアジ化ナトリウム（NaN$_3$）が次式の分解反応を起こし，窒素ガスが発生して膨らむ．

$$2NaN_3(s) \longrightarrow 2Na(s) + 3N_2(g)$$

50.0 g の NaN$_3$ から発生する窒素ガスの体積を，85 ℃，1.00 atm の条件で求めよ．

解 33.9 L

練習問題 11・7 グルコース（C$_6$H$_{12}$O$_6$）の代謝は，燃焼と同じ反応式で表される．

$$C_6H_{12}O_6(aq) + 6O_2(g) \longrightarrow 6CO_2(g) + 6H_2O(l)$$

10.0 g のグルコースから発生する CO$_2$ ガスの体積を，37.0 ℃，1.00 atm の条件で求めよ

例題 11・8

宇宙船内の空気から二酸化炭素を除去するために過酸化ナトリウム（Na$_2$O$_2$）が使用され，次式の反応が起こる．

$$2Na_2O_2(s) + 2CO_2(g) \longrightarrow Na_2CO_3(s) + O_2(g)$$

1.00 kg の Na$_2$O$_2$ によって除去できる CO$_2$ の体積（0.00

℃，1.00 atm）を求めよ．

解 287 L

練習問題 11・8 1.00 L の CO$_2$（0.00 ℃，1.00 atm）の除去に必要な過酸化ナトリウム（Na$_2$O$_2$）の質量を求めよ．

11・6 反 応 熱

化学反応には，反応に伴って熱（エネルギー）を吸収する**吸熱反応**と，熱を放出する**発熱反応**とがある．反応に伴って吸収あるいは放出される熱量を**反応熱**という．

以下に，代表的な二つの反応について反応熱を示す．それぞれ，反応式に表された物質量すなわち 1 mol の CaCO$_3$(s) が分解する過程と，1 mol の CH$_4$ が燃焼する過程の反応熱に相当する．吸熱反応では符号が正に，発熱反応では符号が負になる．なお，吸熱を表す"＋"の符号は省略しないので注意してほしい*．

吸熱反応： $CaCO_3(s) \longrightarrow CaO(s) + CO_2(g)$

反応熱： ＋178 kJ

発熱反応： $CH_4(g) + 2O_2(g) \longrightarrow CO_2(g) + 2H_2O(l)$

反応熱： －890.5 kJ

コラム 11・2 ジョセフ・ゲイ・リュサック

フランスの科学者ゲイ・リュサック（Joseph Gay-Lussac）は，化学と物理学の分野に多大な貢献を果たした．不朽の業績の一つは，水が 2：1 の水素と酸素から

ゲイ・リュサック
[© Library of Congress]

できていることを実験的に証明したことである．また，空気の組成が高度により変化しないことを発見し，気体の圧力が絶対温度に比例することを証明した．さらに，ヨウ素に元素名を付け，同時代のデイビー（Humphry Davy）とテナール（Louis Jacques Thenard）とともにホウ素を発見した．また，さらに元素分析装置に酸化銅（II）を用いた酸化炉を導入し，分析精度を向上させた（コラム 11・1 元素分析の図を参照）．

ゲイ・リュサックのさらに有名な実験は水素気球を用いたものである．気球は 7000 m の高度に到達し，この記録はその後半世紀にわたって破られなかった．この実験により，地球の大気が一定の組成をもつことと，地球の磁気が高高度でも消えないことが証明された．ゲイ・リュサックの名前は，フランスの歴史的に重要な 72 人の科学者，技術者，数学者の 1 人として，パリのエッフェル塔に刻まれている．

---

* 訳注： 一般に反応熱は，標準反応エンタルピーを用いて表される（コラム 11・3 標準反応エンタルピー参照）．

反応熱は，反応の種類によって呼び名が変わり，分解反応では分解熱，燃焼反応では燃焼熱，酸塩基の中和反応では中和熱などとよばれる．

キーワード

コラム 11・3　標準反応エンタルピー

　反応熱は，定圧過程の熱量変化に相当する**標準反応エンタルピー**（$\Delta_r H^\ominus$）を用いて記される．ここで"標準"は，化学熱力学の標準状態（25 ℃, 1 bar $= 10^5$ Pa）を意味する．

　物質を構成する化学結合は固有のエネルギーをもち，結合が切断されると物質のエンタルピーが増加して物質は不安定化し，結合が形成されると物質のエンタルピーが低下して物質は安定化する．標準状態において，化合物を構成する各元素の単体から，化合物 1 mol が生成する際に起こるエンタルピー変化を**標準生成エンタルピー**（$\Delta_f H^\ominus$）という．定義により，単体のエンタルピーを 0 kJ とし，結合形成に伴うエネルギーの利得を負の符号で表すので，標準生成エンタルピーは多くの場合に負の値となる．

　標準反応エンタルピー（$\Delta_r H^\ominus$）は，すべての生成物の標準生成エンタルピーの総和（$\Delta_f H^\ominus{}_{生成物}$）から，すべての反応物の標準生成エンタルピーの総和（$\Delta_f H^\ominus{}_{反応物}$）を引いた値である．

$$\Delta_r H^\ominus = \Delta_f H^\ominus{}_{生成物} - \Delta_f H^\ominus{}_{反応物}$$

　多くの物質について標準生成エンタルピーが報告されているので，標準反応エンタルピーを計算することができる．たとえば，メタンの燃焼に関係する各物質の標準生成エンタルピー（kJ/mol 単位）は，$CH_4(g)$ [−74.6], $O_2(g)$ [0.0], $CO_2(g)$ [−393.5], $H_2O(l)$ [−285.8] なので，標準反応エンタルピーは次のように計算される．

$$\Delta_r H^\ominus = [\underset{CO_2}{(-393.5)} + \underset{2H_2O}{(-285.8) \times 2}] - [\underset{CH_4}{(-74.6)} + \underset{2O_2}{(0.0) \times 2}]$$
$$= -890.5 \text{ kJ}$$

反応速度と化学平衡

健康な人の体温（平熱）はおよそ 37 ℃ である．特に異常な状況でなければ，外部の温度変化にかかわらず体温は平熱に保たれる．体温を一定に保つために多くの化学的過程と物理的過程が寄与している．ある過程で体温が上がり，別の過程で体温が下がり，それらが釣合って体温が維持される．化学反応においても，正逆両方向の反応が釣合い，反応系内の物質量の比が変化しなくなる**化学平衡**とよばれる現象が存在する．本章では，この化学平衡と，平衡に及ぼす因子について学習する．

12・1 反 応 速 度

化学反応により反応物が生成物に変化する速度を**反応速度**という．反応速度は，単位時間当たりの反応物あるいは生成物の変化量で表す．たとえば，A → B で示される単分子反応の速度 v は**反応速度式**を用いて $v = k[A]$ と記述される．ここで k は**反応速度定数**とよばれる比例定数で，大かっこで囲った $[A]$ は反応物 A のモル濃度を表す．秒単位の時間スケールにおいて k の単位は s^{-1}（/s），モル濃度 $[A]$ の単位は mol/L なので，v の単位は mol/(L·s) となり，反応速度 v が単位時間当たりの反応物 A のモル濃度の変化を表していることがわかる．

反応速度は反応によって大きく異なる．視覚や爆発に伴う反応は瞬時に起こるが，ダイヤモンドからグラファイトへの変化のように数百万年を要するきわめて遅い反応もある．図 12・1(a) に示すアジ化ナトリウム（NaN₃）の分解は高速で進行するが，(b) の鉄の腐食（酸化）はゆっくりと進む．化学工業ではしばしば，反応速度を上げて生産効率を向上することが重要な仕事となる．

反応温度が上がり，反応物の濃度が高くなると，反応は速くなる．**衝突理論**を用いて理由を説明する．例として，気相中で塩素原子（Cl）と塩化ニトロシル（Cl-NO）から塩素分子（Cl_2）と一酸化窒素（NO）が生成する次式の反応を考える．

$$Cl(g) + NOCl(g) \longrightarrow Cl_2(g) + NO(g)$$

衝突理論では，反応物となる原子や分子などの粒子が反応に適した方向から十分な運動エネルギーをもって衝突し，反応を起こしうる高エネルギーの**活性化状態**に変われば生成物に移行できると考える．図 12・2(a) に示すように，上の反応では，Cl 原子と Cl-NO 分子が Cl-NO 結合の開裂と Cl-Cl 結合の形成に適した方向から衝突し，高エネルギーの活性化状態に変化すると Cl_2 と NO に移行する．一方，(b) のように，衝突時のエネルギーが足りなければ反応は起こらない．

図 12・2(c) に示す**反応座標**を用いて反応物から生成物までのエネルギー変化を図示することができる．反応

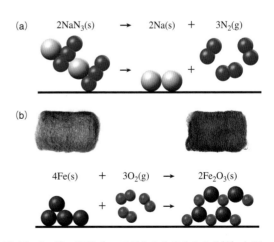

図 12・1 速い反応（a，アジ化ナトリウムの分解）と遅い反応（b，鉄の腐食）〔© McGraw-Hill Education/David A. Tietz, photographer〕

物と活性化状態とのエネルギー差を**活性化エネルギー**（E_a）という．活性化エネルギーは，反応物から生成物への正反応が起こる際に必要なエネルギーに相当し，反応物がこのエネルギー障壁（**活性化障壁**）を越えられなければ反応は起こらない．

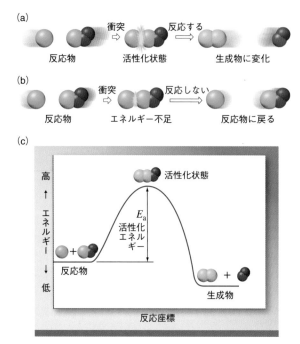

図 12・2　衝突理論に基づく塩素原子（Cl）と塩化ニトロシル（Cl-NO）との反応の理解

一方，反応物と生成物のエネルギー差は両者の安定性の差を表す．この例では反応物よりも生成物が安定なので，反応は発熱反応である．§12・3で述べるように，発熱反応では逆反応よりも正反応が起こりやすく，両者の釣合いの位置が生成物側に偏り，平衡は生成物に有利となる．

反応速度は，反応物粒子の単位時間当たりの衝突回数と，衝突体のエネルギーが活性化エネルギーを超える確率によって決まる*．衝突回数は反応物の濃度が上がると増加する．また，反応温度が上がると粒子の運動速度が高くなるので衝突回数が増える（§8・1参照）．さらに，反応温度が上がり粒子の運動エネルギーが大きくなると，衝突時に活性化エネルギーを超える確率が高くなる．すなわち，反応物の濃度が上がり，反応温度が高くなると，反応は速くなる．

12・2　化 学 平 衡

化学反応に関するこれまでの説明では，反応物がすべて生成物に変換されるものとしてきた．しかし，多くの化学反応は**可逆**であり，反応物から生成物を与える正反応と，生成物から反応物を与える逆反応が同時に起こっている．反応の進行とともに反応物の濃度が低下して正反応は遅くなる．また同時に，生成物の濃度が上昇して逆反応は速くなる．そのため正反応と逆反応の速度はやがて釣合い，反応物と生成物の濃度が変化しなくなる．この状態を**平衡状態**，平衡状態にある反応物と生成物の混合物を**平衡混合物**とよぶ．

平衡状態は，化学変化のみならず物理変化においても成立する．液体表面で起こる気液平衡（§7・4）や，飽和溶液内で起こる溶解平衡（§9・1）などである．図12・3に後者の例を示す．ヨウ化銀（AgI）の固体を水に入れると（a），Ag^+とI^-が水和イオンとなって水に溶け出す（b，溶解）．このとき，Ag^+とI^-がAgIの固体に戻る逆過程（析出）が同時に起こっている．水和イオンの量がAgIの溶解度に達すると（c），溶解速度と析出速度が釣合って平衡状態となり，水和イオンの量が見かけ上は変化しなくなる（d）．この状態をAgI(s) $\rightleftharpoons$ Ag^+(aq) + I^-(aq)のように二重矢印（$\rightleftharpoons$）を使って表現する．二重矢印はまた，化学変化や物理変化が可逆であることを表している．

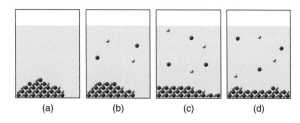

図 12・3　水中でヨウ化銀（AgI）の溶解平衡が成立する様子

次の（12・1）式に示す四酸化二窒素（N_2O_4）から二酸化窒素（NO_2）への解離反応を例に，化学平衡について見てみよう．図12・4に示すように，無色の気体であるN_2O_4をガラス容器に入れて温めると（a），容器内がしだいに褐色に変わる（b）．これはN_2O_4の一部が分解して褐色の気体であるNO_2に変わるためである．容器内の色はNO_2の増加とともに濃くなるが，反応が平衡状態に達すると変化しなくなる（c～e）．

---

*　訳注：反応速度定数kと活性化エネルギーE_aとの間に$k = A \times \exp(-E_a/RT)$の関係式（**アレニウスの式**）が成立する．$A$は**頻度因子**とよばれ，反応物が反応に適した向きで衝突する頻度を表す．また$\exp(-E_a/RT)$は，衝突体が活性化エネルギーを超える確率に相当する．

$$N_2O_4(g) \rightleftharpoons 2NO_2(g) \qquad (12\cdot1)$$

反応容器内では，正反応（N_2O_4 の分解）と逆反応（NO_2 の化合）の速度に以下の変化が起きている．

(a) 実験開始直後の反応系には N_2O_4 のみが存在するので，正反応だけが起こる（NO_2 が存在しないので，逆反応は起こらない）．

(b) 正反応の進行により N_2O_4 濃度が低下し，NO_2 濃度が上昇するので，正反応は徐々に遅くなり，逆反応は逆に速くなる．

(c) やがて正反応と逆反応の速度が釣合い，それ以降は N_2O_4 と NO_2 の濃度が変化しなくなる（d，e）．

平衡は動的状態であり，正反応と逆反応は継続して起こるが，両者の速度が一致するため，反応物と生成物の濃度は一定に保たれる．

12・3 平 衡 定 数

平衡状態では，反応物の濃度の積と，生成物の濃度の積の比が一定値（定数）となる．これは 19 世紀中頃にノルウェーの化学者グルベル（Cato Guldberg）とヴォー

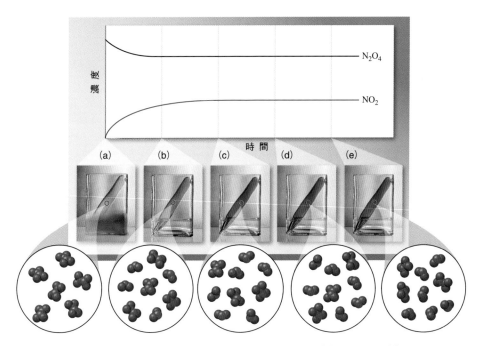

図 12・4　気相中で N_2O_4 の解離平衡が成立する様子 $N_2O_4(g) \rightleftharpoons 2NO_2(g)$

コラム 12・1　平衡が動的過程である証拠

平衡状態では反応物と生成物の濃度が一定となり，反応は止まっているように見える．しかし実際の平衡系は動的な状態にあり，正反応と逆反応が起こり続けている．右に示すように，安定同位体（^{129}I）を含むヨウ化銀（$Ag^{129}I$）の飽和水溶液（a）に，ヨウ素の放射性同位体である ^{131}I でラベルしたヨウ化銀（$Ag^{131}I$）の固体を添加すると，この動的平衡を観測することができる．仮に溶解平衡が止まった状態であれば，(b) のように $^{131}I^-$ が溶け出すことはないが，実際には (c) や (d) のよ

うに $Ag^{131}I$ の固体を添加した直後から $^{131}I^-$ が溶け出して溶液内に分散する．

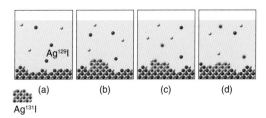

ゲ（Peter Waage）が見出だした関係で，**化学平衡の法則**とよばれている．

平衡定数の計算

たとえば，(12・1)式の反応に対して(12・2)式の**平衡式**が成立する．式の分母には各反応物のモル濃度の積を，分子には各生成物のモル濃度の積を書く．この反応の反応物は N_2O_4 だけなので分母は $[N_2O_4]$ である．一方，生成物は2分子の NO_2 なので分子は $[NO_2]^2$ となる．ここで肩付き数字の2は反応式の係数と一致する[*1]．

$$K_c = \frac{[NO_2]^2}{[N_2O_4]} \qquad (12\cdot2)$$

比例定数 K_c は**濃度平衡定数**とよばれ，温度が一定であれば一定値となる[*2]．また，平衡状態における各物質の濃度を**平衡濃度**という．

(12・1)式の反応物と生成物はすべて気体なので，モル濃度の代わりに分圧（$P_{N_2O_4}$，P_{NO_2}）を用いて平衡式を書くことができる（12・3式）．分圧に基づく平衡定数 K_p を**圧平衡定数**という[*3]．

$$K_p = \frac{(P_{NO_2})^2}{P_{N_2O_4}} \qquad (12\cdot3)$$

表12・1に，25 ℃の実験条件で，異なる量の N_2O_4 から生じた平衡混合物中の各気体の濃度と分圧を示す(1 bar = 10^5 Pa)．これらの値を(12・2)式と(12・3)式にそれぞれ代入すると，以下の濃度平衡定数と圧平衡定数が得られ，すべての実験について良い一致を示す．

$$K_c = (5.90 \pm 0.04) \times 10^{-3}$$
$$K_p = 0.146 \pm 0.001$$

表 12・1　25 ℃における平衡濃度と分圧 $N_2O_4(g) \rightleftharpoons 2NO_2(g)$

実験	$[N_2O_4]$ 〔mol/L〕	$[NO_2]$ 〔mol/L〕	K_c	$P_{N_2O_4}$ 〔bar〕	P_{NO_2} 〔bar〕	K_p
1	0.504	0.0547	5.94×10^{-3}	12.5	1.36	0.148
2	0.386	0.0475	5.85×10^{-3}	9.57	1.18	0.145
3	0.351	0.0457	5.95×10^{-3}	8.70	1.13	0.147
4	0.191	0.0335	5.88×10^{-3}	4.74	0.83	0.145
5	0.0706	0.0204	5.89×10^{-3}	1.75	0.506	0.146

例 題 12・1

次の可逆反応の平衡式を書け．

(a) $N_2(g) + 3H_2(g) \rightleftharpoons 2NH_3(g)$

(b) $H_2(g) + I_2(g) \rightleftharpoons 2HI(g)$

(c) $Ag^+(aq) + 2NH_3(aq) \rightleftharpoons Ag(NH_3)_2^+(aq)$

(d) $2O_3(g) \rightleftharpoons 3O_2(g)$

(e) $Cd^{2+}(aq) + 4Br^-(aq) \rightleftharpoons CdBr_4^{2-}(aq)$

(f) $2NO(g) + O_2(g) \rightleftharpoons 2NO_2(g)$

解　(a) $K_c = \dfrac{[NH_3]^2}{[N_2][H_2]^3}$　　(d) $K_c = \dfrac{[O_2]^3}{[O_3]^2}$

(b) $K_c = \dfrac{[HI]^2}{[H_2][I_2]}$　　(e) $K_c = \dfrac{[CdBr_4^{2-}]}{[Cd^{2+}][Br^-]^4}$

(c) $K_c = \dfrac{[Ag(NH_3)_2^+]}{[Ag^+][NH_3]^2}$　　(f) $K_c = \dfrac{[NO_2]^2}{[NO]^2[O_2]}$

練習問題 12・1　次の平衡式に対応する平衡反応式を書け．

(a) $K_c = \dfrac{[HCl]^2}{[H_2][Cl_2]}$　　(d) $K_c = \dfrac{[H^+][ClO^-]}{[HClO]}$

(b) $K_c = \dfrac{[HF]}{[H^+][F^-]}$　　(e) $K_c = \dfrac{[H^+][HSO_3^-]}{[H_2SO_3]}$

(c) $K_c = \dfrac{[Cr(OH)_4^-]}{[Cr^{3+}][OH^-]^4}$　　(f) $K_c = \dfrac{[NOBr]^2}{[NO]^2[Br_2]}$

例 題 12・2

一酸化炭素と塩素からホスゲン（$COCl_2$）を生じる次の反応の平衡濃度は 74 ℃ において以下の通りである．

$$CO(g) + Cl_2(g) \rightleftharpoons COCl_2(g)$$

$[CO] = 1.2 \times 10^{-2}$ mol/L, $[Cl_2] = 0.054$ mol/L, $[COCl_2] = 0.14$ mol/L

(a) 平衡式を書け．(b) 平衡定数を求めよ．

解　(a) $K_c = \dfrac{[COCl_2]}{[CO][Cl_2]}$　　(b) $K_c = 2.2 \times 10^2$

練習問題 12・2　次の反応の平衡濃度は 100 ℃ において以下の通りである．

$$Br_2(g) + Cl_2(g) \rightleftharpoons 2BrCl(g)$$

$[Br_2] = 2.3 \times 10^{-3}$ mol/L, $[Cl_2] = 1.2 \times 10^{-2}$ mol/L, $[BrCl] = 1.4 \times 10^{-2}$ mol/L

[*1]　訳注：$aA + bB \rightleftharpoons cC + dD$ で表される反応の平衡式は $K_c = [C]^c[D]^d/[A]^a[B]^b$ と記述される．

[*2]　訳注：厳密には，化学熱力学における物質の有効濃度である活量を用いて平衡式と平衡定数（K）が定義されるが，実用的には，活量の代わりに濃度や分圧を用いた近似式と近似値が使用される．その際，近似値であることを表すため，濃度を用いた濃度平衡定数には concentration（濃度）の頭文字を添えた K_c の記号を，圧力を用いた圧平衡定数には pressure（圧力）の頭文字を添えた K_p の記号を用いる．なお定義により平衡定数は単位をもたない．

[*3]　訳注：気体の分圧はモル濃度と比例関係にある（コラム 12・2 濃度平衡定数と圧平衡定数との関係参照）．

（練習問題 12・2 つづき）

　　(a) 平衡定数を求めよ．(b) 100 ℃ において $[Br_2]$ = 4.2×10^{-3} mol/L，$[Cl_2]$ = 8.3×10^{-3} mol/L であるときの BrCl の濃度を求めよ．

平衡定数の大きさ

　次の一般式で表される反応について，平衡定数（K_c = $[C][D]/[A][B]$）と平衡濃度との関係を調べてみよう．

$$A + B \rightleftharpoons C + D$$

正逆両方向の反応が円滑に進行する条件で A（1 mol/L）と B（1 mol/L）を反応させると，反応系の組成は平衡定数の大きさに応じて次の3通りに収束する．

(1) K_c が大きい場合: $[A] : [B] : [C] : [D]$ = 1 : 1 : 99 : 99 のとき K_c = 9801 なので，平衡定数がこれ

よりも大きければ（$K_c > 10^4$），99％以上の反応物が生成物に変わる．

(2) K_c が小さい場合: $[A] : [B] : [C] : [D]$ = 99 : 99 : 1 : 1 のとき K_c = 1.0×10^{-4} なので，平衡定数がこれよりも小さければ（$K_c < 10^{-4}$），99％以上の反応物が残り，生成物はほとんど生じない．

(3) K_c が中程度の場合: 平衡定数が（1）と（2）との間にあれば，少なくとも1％以上の反応物あるいは生成物を含む平衡混合物となる．

　次の Ag^+ と NH_3 との反応は（1）の場合に相当する．NH_3 は H_2O よりも強く Ag^+ と結合するため$[Ag(NH_3)_2]^+$ の生成は発熱的で，平衡は生成物に有利で右に大きく傾いている．

$$Ag^+(aq) + 2NH_3(aq) \rightleftharpoons Ag(NH_3)_2{}^+(aq)$$
$$K_c = 1.5 \times 10^7 \ (20 \ ℃)$$

　一方，次式に示す N_2 と O_2 との気相反応は（2）の場

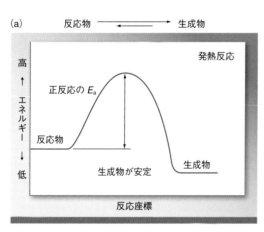

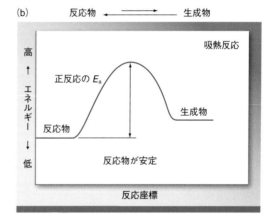

図 12・5　発熱反応と吸熱反応の反応座標（概念図）

コラム 12・2　濃度平衡定数と圧平衡定数との関係

　（12・1）式に示した気相中の平衡反応について，濃度平衡定数（K_c）と圧平衡定数（K_p）との関係を導いてみよう．気体の状態方程式（§8・4）より，気体の物質量は $n = PV/RT$ と書けるので，これを反応容器の体積 V で割った値（P/RT）が各気体のモル濃度となる．ここで P_{NO_2} と $P_{N_2O_4}$ はそれぞれ NO_2 と N_2O_4 の分圧（§8・5）である．

$$[NO_2] = \frac{n_{NO_2}}{V} = \frac{P_{NO_2}}{RT} \qquad [N_2O_4] = \frac{n_{N_2O_4}}{V} = \frac{P_{N_2O_4}}{RT}$$

これらを（12・2）式に代入すると次の関係式が得られる．すなわち，濃度平衡定数（K_c）と圧平衡定数（K_p）との間には $K_p = K_c \times (RT)$ の関係がある．

$$K_c = \frac{(P_{NO_2}/RT)^2}{(P_{N_2O_4}/RT)} = \frac{(P_{NO_2})^2}{P_{N_2O_4}} \times (RT)^{-1} = K_p \times (RT)^{-1}$$

　さらに，一般式が $aA + bB \rightleftharpoons cC + dD$ と表される気相反応に対して，$K_p = K_c \times (RT)^{(c+d)-(a+b)}$ の関係が成立する．たとえば，$N_2 + 3H_2 \rightleftharpoons 2NH_3$ では $K_p = K_c \times (RT)^{-2}$ となる．

合に相当する．反応は吸熱的で平衡定数がきわめて小さく，平衡は反応物側に大きく傾いている．さらに活性化エネルギーも大きいので，反応は室温では起こらないが，自動車エンジン内の高温条件では有意に進行し，酸性雨の原因物質の一つである NO_x を与える．自動車には NO_x を N_2 に還元する触媒が装備され，大気汚染が防止されている．

$$N_2(g) + O_2(g) \rightleftharpoons 2NO(g)$$
$$K_c = 4.3 \times 10^{-25} \ (25\,^\circ C)$$

図 12・5 に発熱反応と吸熱反応の反応座標（概念図）を比較する．発熱反応では，相対的に安定な生成物側に平衡が偏る．逆に吸熱反応では，相対的に安定な反応物側に平衡が偏る．

12・4 化学平衡の移動

平衡状態にある可逆反応系において，濃度，圧力，温度などの状態変数を変化させると，その変化を緩和する方向に平衡が移動する．これを**ルシャトリエの原理**という*．

濃度変化による平衡の移動

ルシャトリエの原理をもとに平衡を移動させ，目的生成物の量を増加させることができる．アンモニアの工業的製法であるハーバー・ボッシュ法（コラム 3・1，コラム 8・1）を例に説明する．

$$N_2(g) + 3H_2(g) \rightleftharpoons 2NH_3(g)$$

図 12・6(a) に示すように，温度と体積が一定の条件で N_2 と H_2 を反応させ，次の平衡濃度の混合物が生じたとする．

$[N_2] = 2.05 \ mol/L$，$[H_2] = 1.56 \ mol/L$，$[NH_3] = 1.52 \ mol/L$

このときの平衡定数は次のように計算される．

$$K_c = \frac{[NH_3]^2}{[N_2][H_2]^3} = \frac{(1.52)^2}{(2.05)(1.56)^3} = 0.297$$

N_2 を追加して $3.51 \ mol/L$ まで濃度を上げると，(b) 追加直後は平衡が崩れるが，これを緩和するように生成物側に反応が進み（これを平衡が移動するという），(c) 反応系は再び平衡状態に戻る．その際の平衡濃度は次の通りである．平衡定数は $K_c = 0.297$ となり，(a) と一致する．

$[N_2] = 3.45 \ mol/L$，$[H_2] = 1.38 \ mol/L$，$[NH_3] = 1.64 \ mol/L$

(a) と (c) を比較すると，生成物である NH_3 の量が 1.52 mol から 1.64 mol に増えている．このように，平衡状

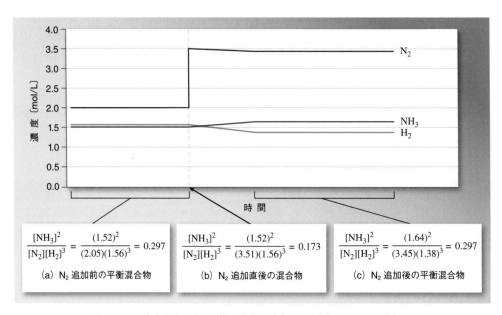

図 12・6 濃度変化による平衡の移動 $N_2(g) + 3H_2(g) \rightleftharpoons 2NH_3(g)$

---

* 訳注: 物質の状態変数は，系の大きさに比例する示量変数と，系の大きさに依存しない示強変数とに分類される．たとえば，気体を 1/2 に分けると体積と物質量は 1/2 になるので示量変数である．一方，濃度，圧力，温度は変化しないので示強変数である．ルシャトリエの原理は示強変数に対して適用される．

態にある反応系に反応物を加えて濃度を上げると，これを緩和するように生成物側に平衡が移動する．逆に反応物である NH_3 を反応系に加えて濃度を上げると，これを緩和するように反応物側に平衡が移動し，NH_3 の一部が N_2 と H_2 に変換される．このとき，温度が一定であれば平衡定数は一定に保たれる．

圧力変化による平衡の移動

気相中の可逆反応では，反応系の全圧を上げるとこれを緩和する方向，すなわち分子数が減少する方向に平衡が移動する．上記の反応では，反応物側（$N_2 + 3H_2 =$ 4分子）から生成物側（$2NH_3 =$ 2分子）に平衡が移動する．逆に，全圧を下げると生成物側から反応物側に平衡が移動する．

(12・1)式に示した N_2O_4 と NO_2 との平衡反応について，表12・1のデータを用いて具体的な変化を見てみよう．図12・7に示すように，ピストン付きのシリンダーに N_2O_4 の気体を入れ，25 ℃ の定温で放置すると N_2O_4 と NO_2 の平衡混合物が生成する．

図 12・7 圧力変化による平衡の移動 $N_2O_4(g) \rightleftharpoons 2NO_2(g)$

コラム 12・3 高地におけるヘモグロビン濃度の増加

高地に急に登ると高山病になることがある．めまいや頭痛，嘔吐などの高山病の症状は，体内組織への酸素の供給が不十分となる低酸素症によってひき起こされる．迅速な治療を施さずに重症となった場合は昏睡状態に陥り，死に至ることもある．それでも，数週間から数カ月間高地で過ごすと低酸素状態に適応し，高山病から徐々に回復して正常な生活が可能となる．

血液中で酸素の運搬を担うヘモグロビンと溶存酸素との化合は複雑な反応であるが，ここでの議論では，次式に示すヘモグロビン(Hb)とオキシヘモグロビン(HbO_2, ヘモグロビンと酸素との複合体) との簡単な平衡反応を想定すればよい．

$$Hb(aq) + O_2(aq) \rightleftharpoons HbO_2(aq)$$

この反応の平衡式は次のように表される．

$$K_c = \frac{[HbO_2]}{[Hb][O_2]}$$

高度 3000 m における大気中の酸素分圧は 0.14 atm 程度であり，海水面における 0.20 atm と比べてかなり低い．酸素分圧が低いと血液中の溶存酸素濃度が低下するので，ルシャトリエの原理により Hb と HbO_2 との平衡は右から左へ移動する．この変化によりオキシヘモグロビンの供給量が大きく低下して低酸素症をひき起こす．しかし健康体であれば，時間の経過とともに血液中のヘモグロビンが増加し，この問題に対処することができる．すなわち，ヘモグロビン濃度が上がると Hb と HbO_2 との平衡はオキシヘモグロビンを生成する右方向へしだいに移動する．人体が正常な機能を回復するまでヘモグロビン濃度が増加するには数週間が必要である．さらに，平地と同じ機能を獲得するには数年が必要である．高地の長期居住者は，平地の居住者に比べて 50% も多くのヘモグロビンを有しているという研究結果がある．人体がより多くのヘモグロビンを生産できれば血液による体内組織への酸素供給量が増加するので，マラソンなどの運動選手に高地トレーニングが普及している．

表 12・1 の実験 5 に対して N_2O_5 と NO_2 の分圧から反応系の全圧（$P_{total} = P_{N_2O_4} + P_{NO_2}$）と各気体のモル分率（$x_i = P_i/P_{total}$, §8・5 参照）を計算すると以下の値が得られる.

$$P_{total} = 2.26\ \text{bar},\ x_{N_2O_4} = 0.776,\ x_{NO_2} = 0.224$$

同様に，実験 1 について反応系の全圧と各気体のモル分率を求めると以下のようになる. NO_2 のモル分率は 0.098 と計算され，実験 5 のモル分率（0.224）に比べて明らかに小さくなっている.

$$P_{total} = 13.9\ \text{bar},\ x_{N_2O_4} = 0.902,\ x_{NO_2} = 0.098$$

すなわち，反応系の全圧が 2.26 bar から 13.9 bar に上昇したのに伴い，圧力を緩和する方向，すなわち分子数が減少する方向（反応物側）に平衡が移動したことがわかる. なお，表 12・1 の K_p 値からわかるように，温度が一定の条件では，全圧が変化しても平衡定数は変わらない.

例 題 12・4

以下の反応系の全圧を上げた際に起こる平衡の移動について，推定の根拠を含めて記述せよ.
(a) $PCl_5(g) \rightleftharpoons PCl_3(g) + Cl_2(g)$
(b) $3O_2(g) \rightleftharpoons 2O_3(g)$
(c) $H_2(g) + I_2(g) \rightleftharpoons 2HI(g)$

解 (a) 分子数が減少する左方向に平衡が移動する. (b) 分子数が減少する右方向に平衡が移動する. (c) 反応式の左右で分子数に変化がないので平衡は移動しない.

練習問題 12・4　以下の反応系の全圧を下げた際に起こる平衡の移動について，推定の根拠を含めて記述せよ.
(a) $2NOCl(g) \rightleftharpoons 2NO(g) + Cl_2(g)$
(b) $H_2(g) + F_2(g) \rightleftharpoons 2HF(g)$
(c) $2H_2(g) + O_2(g) \rightleftharpoons 2H_2O(g)$

温度変化による平衡の移動

図 12・8 に示すように，N_2O_4 と NO_2 の平衡混合物を加熱すると生成物側に平衡が移動し，褐色の NO_2 が増えて反応系の色が濃くなる. N_2O_4 から NO_2 への解離反応は，反応熱が +57.2 kJ の吸熱反応である. そのため，温度を上げると，これを緩和するように吸熱方向

（$N_2O_4 \rightarrow 2NO_2$）に平衡が移動する. 逆に，温度を下げると，これを緩和するように発熱方向（$N_2O_4 \leftarrow 2NO_2$）に平衡が移動する. 上記の濃度変化や圧力変化と異なり，温度変化に伴う平衡の移動は平衡定数の変化を伴う*.

図 12・8　温度変化による平衡の移動 $N_2O_4(g) \rightleftharpoons 2NO_2(g)$ ［© McGraw-Hill Education/Charles D. Winters, photographer］

次式に示す $[CoCl_4]^{2-}$ と $[Co(OH_2)_6]^{2+}$ との平衡では，$[Co(OH_2)_6]^{2+}$ の生成（正反応）が発熱的，$[CoCl_4]^{2-}$ の生成（逆反応）が吸熱的である. そのため，図 12・9 に示すように，加熱すると吸熱方向である左側（反応物側）に平衡が移動し，溶液は $[CoCl_4]^{2-}$ がもつ青色を呈する. 逆に，冷却すると発熱方向である右側（生成物側）に平衡が移動し，溶液は $[Co(OH_2)_6]^{2-}$ がもつ淡紅色を呈する.

$$[CoCl_4]^{2-} + 6H_2O \rightleftharpoons [Co(OH_2)_6]^{2+} + 4Cl^-$$

図 12・9　温度変化による平衡の移動（$[CoCl_4]^{2-} + 6H_2O \rightleftharpoons [Co(OH_2)_6]^{2+} + 4Cl^-$）［© McGraw-Hill Education/Charles D. Winters, photographer］

＊　訳注: 熱力学データから算出される平衡定数は，0 °C で 0.123，25 °C で 0.146，100 °C で 0.216 である. すなわち，正反応が吸熱的な平衡では，温度が上がると平衡定数が大きくなる. 逆に，正反応が発熱的な平衡では，温度の上がると平衡定数が小さくなる.

　以上をまとめると，温度を上げると吸熱反応が有利となり，温度を下げると発熱反応が有利となる．温度変化による平衡移動は，平衡定数の変化によって起こる．

キーワード

酸 と 塩 基

われわれの身の回りの多くの物質には酸や塩基が含まれている．本章では酸と塩基の性質を調べ，両者を混合したときに起こる中和反応について学習する．また，物質の酸性度と塩基性度の尺度について学習する．

13・1 酸と塩基の性質

酸は，多くの食品や飲み物に含まれる酸味の成分である．たとえば，ビタミンCの錠剤を噛むとアスコルビン酸（$C_6H_8O_6$）の酸っぱい味がする．

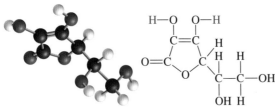

アスコルビン酸

§13・2で述べるように，水溶液中でプロトン（H^+）を供与する化合物を酸とよぶ．このような化合物は，プロトン源となる1個以上の水素原子をもつ．§13・4で述べるように，多くの酸はそのような水素原子を1個だけもつ一塩基酸であるが，複数個のプロトン源をもつ多塩基酸も存在する．たとえば，上のアスコルビン酸にはイオン解離が可能な2個の水素原子（赤色のH）が存在する．

一方，水溶液中で水酸化物イオン（OH^-）を生じる塩基は苦味をもち，食品に含まれることは少ない．実際，人間は強い苦味を感じることで，有毒な植物の摂取を避けていると考えられる．

13・2 酸と塩基の定義

アレニウスの定義

3章と10章で述べた，水溶液中で水素イオン（H^+）を生じる物質を酸，水酸化物イオン（OH^-）を生じる物質を塩基とする定義は，19世紀末にスウェーデンの化学者アレニウス（Svante Arrhenius）が提出したものである．たとえば，塩化水素（HCl）は水に溶かすと H^+ を生じ，酸として働く．

$$HCl(aq) \xrightarrow{H_2O} H^+(aq) + Cl^-(aq)$$

同様に，水酸化ナトリウムは水溶液中で OH^- を生じ，塩基として働く．

$$NaOH(aq) \xrightarrow{H_2O} Na^+(aq) + OH^-(aq)$$

しかし，アレニウスの定義には，水溶液以外で酸や塩基として働く化合物に適用できない，OH基を含まない化合物が塩基として働くことを説明できないなどの欠点がある．たとえば，アンモニアと塩化水素が気相中で反応し，塩化アンモニウムを生じる現象を説明できない．

$$NH_3(g) + HCl(g) \longrightarrow NH_4Cl(s)$$

ブレンステッド・ローリーの定義

1923年，デンマークの化学者ブレンステッド（Johannes Brønsted）と英国の化学者ローリー（Martin Lowry）は，この欠点を修正する新たな酸塩基理論をそ

れぞれ独立して提出した[*1]．この理論では，他の物質にプロトン（H^+）を与えるものを酸，他の物質からプロトンを受取るものを塩基と定義する[*2]．また，これらの定義に従う物質をそれぞれ**ブレンステッド酸**，**ブレンステッド塩基**とよぶ．すなわち，アレニウスの定義がH^+とOH^-の解離に基づくのに対して，ブレンステッド・ローリーの理論では物質間のプロトン授受をもとに酸と塩基が定義されている．

ブレンステッド・ローリーの定義をもとにアンモニアと塩化水素との反応を見ると，HClからNH$_3$にプロトンが供与されているので，HCl が酸，NH$_3$ が塩基として

$$H-\underset{|}{\overset{|}{N}}-H \quad + \quad H-Cl \quad \longrightarrow \quad \left[H-\underset{H}{\overset{H}{\underset{|}{\overset{|}{N}}}}-H \right]^+ \quad Cl^-$$

ブレンステッド塩基　　ブレンステッド酸

働いていることがわかる．気相中で生じた NH$_4^+$ と Cl$^-$はイオン結合して塩化アンモニウム（NH$_4$Cl）の固体となる．

ブレンステッド・ローリーの定義を用いると，H^+の関与する酸塩基反応系について，より真実に近い姿を記述することができる．たとえば，HCl を水に溶かすと水分子がブレンステッド塩基として働き，H^+と結合して**ヒドロニウムイオン**（H_3O^+）が生成する．実際，水溶液中において，H^+が遊離の状態で存在することはない．§13・3で述べるように，酸塩基反応において，水は単なる溶媒ではなく，酸としても塩基としても働く反応物である．

$$HCl(aq) \quad + \quad H_2O(l) \quad \longrightarrow \quad H_3O^+(aq) \ + \ Cl^-(aq)$$

ブレンステッド酸　　ブレンステッド塩基

コラム 13・1　ジェイムズ・リンド

スコットランド生まれの医師であるリンド（James Lind, 1716～1794）は，英国海軍のいく度かの遠征隊で軍医を務めたが，1747 年の軍艦ソールズベリー号による遠征でのできごとが特に有名である．リンドはこの遠征で，壊血病治療の臨床試験を世界で初めて実施した．

リンド
[ⓒ History Archives/Alamy]

現在，壊血病はビタミン C の欠乏によって起こることがわかっているが，病気そのものは古代から知られており，長期間航海をする船員にとって重大な問題であった．病気により，結合組織の不全，歯肉の慢性出血と歯

の脱落，貧血，衰弱性の痛みと倦怠感などの症状が現れる．壊血病で死んだ英国の船員の数は，敵との戦闘などによる死者数よりも多かったと考えられている．ジョージ・アンソン元帥による 18 世紀半ばの世界周航では，当初の 1900 人の乗組員のうち 1400 人が壊血病で死亡したとされている．

船員が壊血病になりやすい原因は，塩漬けの豚肉，乾燥エンドウマメ，オートミール，堅パン，ラム酒をおもな食材とする日々の食事にあった．すなわち，毎日配給されるこれらの食材にビタミン C は含まれていなかった．

リンドはソールズベリー号で壊血病を発症した多くの船員を対象に実験を計画し実行した．具体的には，男性を 6 グループに分けて，通常の配給品以外に，グループごとに異なるサプリメント（栄養補助剤）を提供した．それらは，リンゴ酒，硫酸，酢，海水，スパイス入りの麦茶，柑橘類（オレンジ 2 個とレモン 1 個）の 6 種類である．その結果，柑橘類を提供した最後のグループだけに，わずか 1 週間で著しい改善が見られた．当時，ビタミンという概念は知られていなかったが，リンドは柑橘類の何らかの成分が壊血病の治療に役立っているものと推測した．リンドの実験は成功したが，英国海軍の船員に柑橘類が日常的に提供されるようになったのは，19世紀初頭のことである．

[*1]　訳注: 同年，米国のルイス（Gilbert Lewis）は，電子対を受容する物質を酸（**ルイス酸**），電子対を供与する物質を塩基（**ルイス塩基**）とする別の定義を提出した．H^+の授受を必要としないこの定義は，より一般性が高く，ほとんどすべての酸塩基反応を記述することができる．

[*2]　訳注: **プロトン**は陽子を表す言葉であるが，ここでは水素イオンと同義語として使用されている．H^+は水素イオンよりもプロトンとよばれることが多い．

共役酸と共役塩基

　ブレンステッド酸（AH）から H^+ が解離して残る A^- を AH の**共役塩基**という．逆に，ブレンステッド塩基 (B) に H^+ が付加して生成する BH^+ を B の**共役酸**という．さらに，"AH と A^-" および "B と BH^+" の組合わせをそれぞれ**共役酸塩基対**という．ブレンステッド酸とブレンステッド塩基との反応では，H^+ の移動を伴って常に共役酸と共役塩基が生成する．表 13・1 に代表的な酸と共役塩基との関係を，また表 13・2 に代表的な塩基と共役酸との関係を示す．

表 13・1　酸と共役塩基との関係

酸	共役塩基
CH_3CO_2H	$CH_3CO_2^-$
H_2O	OH^-
HNO_2	NO_2^-
H_2SO_4	HSO_4^-

表 13・2　塩基と共役酸との関係

塩　基	共役酸
NH_3	NH_4^+
H_2O	H_3O^+
OH^-	H_2O
H_2NCONH_2（尿素）	$H_2NCONH_3^+$

　たとえば，HCl と H_2O の反応で生成する Cl^- は HCl の共役塩基，H_3O^+ は H_2O の共役酸である．この反応では，水分子がブレンステッド塩基として働いている．

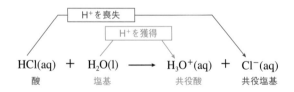

　また，NH_3 と H_2O の反応で生成する NH_4^+ は NH_3 の共役酸，OH^- は H_2O の共役塩基である．この反応では，水分子がブレンステッド酸として働いている．

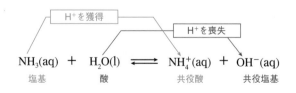

＊　訳注: 水の**自己プロトリシス**ともいう．

例 題 13・1

　(a)〜(d) の化学式を書け．
　(a) HNO_3 の共役塩基，(b) O^{2-} の共役酸，(c) HSO_4^- の共役塩基，(d) HCO_3^- の共役酸
解　(a) NO_3^-，(b) OH^-，(c) SO_4^{2-}，(d) H_2CO_3

練習問題 13・1　(a)〜(d) の化学式を書け．
　(a) ClO_4^- の共役酸，(b) S^{2-} の共役酸，(c) H_2S の共役塩基，(d) $C_6H_5CO_2H$ の共役塩基

13・3　ブレンステッド酸・塩基としての水

　地球生命の源である水は，しばしば "万能溶媒" とよばれる．本節では，水のブレンステッド酸あるいはブレンステッド塩基としての性質について説明する．上記のように，水は塩基である NH_3 とも，酸である HCl とも酸塩基反応を起こす．このように，酸と塩基のいずれとも反応する物質を**両性物質**という．

　溶質を含まない純水中でも，水の分子間でプロトンの授受が起こり，ごく少量ではあるがヒドロニウムイオンと水酸化物イオンが生成する．この現象を水の**自己解離**という＊．

$$H-O-H + H-O-H \longrightarrow \left[\begin{array}{c} H \\ | \\ H-O-H \end{array} \right]^+ + \left[O-H \right]^-$$

塩基　　　　　酸　　　　　　　　　　共役酸　　　　共役塩基

　上の反応式からわかるように，自己解離によって生じるヒドロニウムイオンと水酸化物イオンの濃度は等しく，25 ℃ で $[H_3O^+] = [OH^-] = 1.00 \times 10^{-7}$ mol/L である．

　酸が水に溶けると H_3O^+ の濃度が上がり，OH^- の濃度が下がる．このような水溶液を酸性水溶液という．逆に，塩基が水に溶けると H_3O^+ の濃度が下がり，OH^- の濃度が上がる．このような水溶液を塩基性水溶液という．さらに，同じ濃度の H_3O^+ と OH^- を含む水溶液を中性水溶液という．

$$[H_3O^+] > [OH^-] \quad 酸性$$
$$[H_3O^+] < [OH^-] \quad 塩基性$$
$$[H_3O^+] = [OH^-] \quad 中性$$

　溶質の濃度が十分に低い溶液では H_3O^+ と OH^- の濃度の積が定数となり，酸性，塩基性，中性のいずれの状

態でも変化しない（13・1式）.

$$K_w = [H_3O^+] \times [OH^-] = 1.00 \times 10^{-14} \quad (25\,^\circ\text{C})$$
$$(13\cdot1)$$

K_w を水の**自己解離定数***という. 温度に依存する定数で, 25 ℃ での値は 1.00×10^{-14} である.

13・4　強酸と強塩基

　水溶液中で, ほぼ完全にイオンに解離する酸を**強酸**という. HCl は代表的な強酸であり, 水溶液中で H_3O^+ と Cl^- にほぼ完全に変化する（図 13・1）. 下の表に示す種々の強酸も, 水溶液中で H_3O^+ と対応する共役塩基にほぼ完全に変化する. 塩酸から過塩素酸まではプロトン源となる水素原子を 1 個だけもつ**一塩基酸**である. これに対して, 硫酸（H_2SO_4）は 2 個のプロトン源をもつ**二塩基酸**であるが, 1 個目と 2 個目の水素原子の解離のしやすさが異なり, 水溶液中では大部分が H_3O^+ と HSO_4^- として存在する.

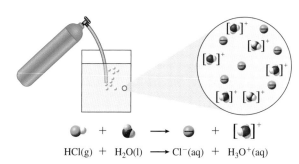

$$HCl(g) + H_2O(l) \longrightarrow Cl^-(aq) + H_3O^+(aq)$$

図 13・1　HCl（強酸）は水溶液中で, ほぼ完全に H_3O^+ と Cl^- に変化する.

強　酸	イオン化反応
塩　酸	$HCl(aq) + H_2O(l) \rightarrow H_3O^+(aq) + Cl^-(aq)$
臭素酸	$HBr(aq) + H_2O(l) \rightarrow H_3O^+(aq) + Br^-(aq)$
ヨウ素酸	$HI(aq) + H_2O(l) \rightarrow H_3O^+(aq) + I^-(aq)$
硝　酸	$HNO_3(aq) + H_2O(l) \rightarrow H_3O^+(aq) + NO_3^-(aq)$
塩素酸	$HClO_3(aq) + H_2O(l) \rightarrow H_3O^+(aq) + ClO_3^-(aq)$
過塩素酸	$HClO_4(aq) + H_2O(l) \rightarrow H_3O^+(aq) + ClO_4^-(aq)$
硫　酸	$H_2SO_4(aq) + H_2O(l) \rightarrow H_3O^+(aq) + HSO_4^-(aq)$

　水溶液中でカチオンと水酸化物イオンにほぼ完全に変化する**強塩基**は少なく, 次の表に示すアルカリ金属（1 族元素）の水酸化物と, アルカリ土類金属（2 族元素）

のうちカルシウム（Ca）とストロンチウム（Sr）, バリウム（Ba）の水酸化物のみである.

	強塩基	イオン化反応
1 族元素の 水酸化物	LiOH	$LiOH(aq) \rightarrow Li^+(aq) + OH^-(aq)$
	NaOH	$NaOH(aq) \rightarrow Na^+(aq) + OH^-(aq)$
	KOH	$KOH(aq) \rightarrow K^+(aq) + OH^-(aq)$
	RbOH	$RbOH(aq) \rightarrow Rb^+(aq) + OH^-(aq)$
	CsOH	$CsOH(aq) \rightarrow Cs^+(aq) + OH^-(aq)$
2 族元素の 水酸化物	$Ca(OH)_2$	$Ca(OH)_2(aq) \rightarrow Ca^{2+}(aq) + 2OH^-(aq)$
	$Sr(OH)_2$	$Sr(OH)_2(aq) \rightarrow Sr^{2+}(aq) + 2OH^-(aq)$
	$Ba(OH)_2$	$Ba(OH)_2(aq) \rightarrow Ba^{2+}(aq) + 2OH^-(aq)$

例題 13・2

　次の強酸水溶液のヒドロニウムイオン濃度と水酸化物イオン濃度を求めよ. 温度は 25 ℃ とする.

　(a) 0.0311 mol/L の HNO_3 水溶液, (b) 4.51×10^{-5} mol/L の $HClO_4$ 水溶液, (c) 8.71×10^{-6} mol/L の HI 水溶液

解　(a) $[H_3O^+]$ = 0.0311 mol/L
　　　　$[OH^-]$ = 3.22×10^{-13} mol/L
　　　(b) $[H_3O^+]$ = 4.51×10^{-5} mol/L
　　　　$[OH^-]$ = 2.22×10^{-10} mol/L
　　　(c) $[H_3O^+]$ = 8.71×10^{-6} mol/L
　　　　$[OH^-]$ = 1.15×10^{-9} mol/L

練習問題 13・2　次の濃度の水酸化物イオンを含む臭化水素水溶液について, 水溶液の濃度を求めよ. 温度は 25 ℃ とする.

　(a) 1.2×10^{-8} mol/L, (b) 3.75×10^{-9} mol/L, (c) 4.88×10^{-12} mol/L

例題 13・3

　次の水溶液のヒドロニウムイオン濃度と水酸化物イオン濃度を求めよ. 温度は 25 ℃ とする.

　(a) 0.0121 mol/L の LiOH 水溶液, (b) 2.22×10^{-6} mol/L の $Ca(OH)_2$ 水溶液, (c) 5.41×10^{-4} mol/L の KOH 水溶液

解　(a)$[H_3O^+]$ = 8.26×10^{-13} mol/L, $[OH^-]$ = 0.0121 mol/L, (b) $[H_3O^+]$ = 2.25×10^{-9} mol/L, $[OH^-]$ = 4.44×10^{-6} mol/L, (c) $[H_3O^+]$ = 1.85×10^{-11} mol/L, $[OH^-]$ = 5.41×10^{-4} mol/L

練習問題 13・3　9.6×10^{-9} mol/L のヒドロニウムイオンを含む水酸化バリウム水溶液の濃度を求めよ. 温度は 25 ℃ とする.

---

*　訳注: **自己プロトリシス定数**や**イオン積**ともいう.

13・5 弱酸と弱塩基

§13・4で述べた強酸に対して，水溶液中で部分的にしかイオンに解離しない解離度の低い酸を**弱酸**という*.
図13・2に示すように，弱酸であるHFを水に溶かすとプロトンが水に供与され，共役塩基（F^-）とH_3O^+が生成するが，これらの生成物の間でもH_3O^+からF^-へのプロトン供与が起こり平衡状態となる．平衡は反応式の左に偏り，HFの多くは分子として存在している.

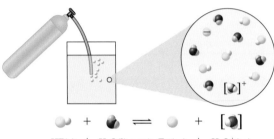

$$HF(g) + H_2O(l) \rightleftharpoons F^-(aq) + H_3O^+(aq)$$

図 13・2 HF（弱酸）は水溶液中で，一部がH_3O^+とF^-に変化する.

表13・3に種々の弱酸を示す．上記の通り，これらの酸は部分的にしかイオン化しないので，強酸に比べてH_3O^+濃度が低く，水溶液の酸性度は低い.

表 13・3 種々の弱酸

酸	分子式 （示性式）	構造式	pK_a[†]
フッ化水素酸	HF	H—F	3.17
シアン化水素酸	HCN	H—C≡N	9.21
ギ 酸	HCO_2H	$\overset{\displaystyle O}{\underset{\displaystyle}{H-C-O-H}}$	3.55
酢 酸	CH_3CO_2H	$\overset{\displaystyle O}{CH_3-C-O-H}$	4.76
安息香酸	$C_6H_5CO_2H$	$\overset{\displaystyle O}{C_6H_5-C-O-H}$	4.00

[†]　数値は理科年表2019，国立天文台編，丸善出版（2018）より引用．水溶媒中，25℃の値.

表中のフッ化水素酸とシアン化水素酸は無機化合物の酸で，**無機酸**とよばれる．一方，有機化合物の酸であるギ酸，酢酸，安息香酸は**有機酸**とよばれる．有機酸の化学式は示性式で書かれている．多くの有機化合物では，

炭素と水素からなる炭化水素の骨格に，化合物の性質を特徴づける**官能基**とよばれる原子団が結合している．示性式は，官能基が判別しやすいように区別して書いた分子式である．有機酸は**カルボキシ基**（$-CO_2H$ または $-COOH$）とよばれる官能基をもち，**カルボン酸**と総称される．酸塩基反応では，カルボキシ基の水素原子（赤色）がプロトン源となる.

水溶液中で部分的にイオンに変わる塩基を**弱塩基**という．図13・3に示すように，NH_3を水に溶かすと水からプロトンが供与され，共役酸（NH_4^+）とOH^-が生成する．反応は平衡であり，大部分のアンモニアはそのまま水に溶けている．水酸化物イオンの濃度は低く，強塩

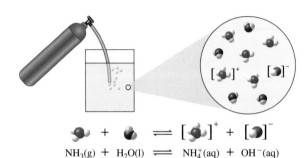

$$NH_3(g) + H_2O(l) \rightleftharpoons NH_4^+(aq) + OH^-(aq)$$

図 13・3 NH_3（弱塩基）は水溶液中で，一部がNH_4^+とOH^-に変化する.

表 13・4 種々の弱塩基（有機塩基）

有機塩基	示性式	構造式	pK_b[†]
アンモニア	NH_3	$H-\overset{\cdot\cdot}{\underset{H}{N}}-H$	4.76
メチルアミン	CH_3NH_2	$CH_3-\overset{\cdot\cdot}{\underset{H}{N}}-H$	3.34
エチルアミン	$CH_3CH_2NH_2$	$CH_3-CH_2-\overset{\cdot\cdot}{\underset{H}{N}}-H$	3.35
ジメチルアミン	$(CH_3)_2NH$	$\overset{H\ H}{H-C-\overset{\cdot\cdot}{N}-C-H}$	3.27
アニリン	$C_6H_5NH_2$	$-\overset{\cdot\cdot}{\underset{H}{N}}-H$	9.35
ピリジン	C_5H_5N	$N:$	8.58

[†]　数値は理科年表2019，国立天文台編，丸善出版（2018）（優先）と化学資料集（国際バカレロ機構）からの引用．水溶媒中，25℃の値.

---

*　訳注: 分子やイオン化合物などの物質がより小さな分子やイオンに解離する割合を**解離度**という．イオンへの解離度は電離度ともよばれる.

基に比べて塩基性度は低い.

表 13・4 に種々の**有機塩基**を示す. いずれも水溶液中で弱塩基性を示す.

13・6 pK_a と pK_b

12 章では, さまざまな可逆反応に対して平衡定数を定義し, 平衡の位置を議論できることを述べた. 酸 HA を水に溶解した際に起こる酸解離平衡に対して, **酸解離定数 K_a** を (13・2) 式のように定義する[*]. 酸解離定数は, 温度が一定の薄い水溶液であれば濃度にかかわらずほぼ同じ値をとるので, 物質の酸性度を表す基本的な数値として利用される.

$$HA(aq) + H_2O(l) \rightleftharpoons H_3O^+(aq) + A^-(aq)$$

$$K_a = \frac{[H_3O^+][A^-]}{[HA]} \qquad (13・2)$$

酸解離定数は広範囲に変化するので, K_a の常用対数である pK_a (酸解離指数) を用いて酸性度の尺度とする. ここでマイナスの符号は pK_a を正の値とするために付けられている.

$$pK_a = -\log K_a$$

前節の表 13・3 に弱酸の pK_a 値を示した. pK_a が小さいほど強い酸, 大きいほど弱い酸となる. この表ではフッ化水素酸が最も強い酸, シアン化水素酸が最も弱い酸である.

同様に, 塩基 B を水に溶解した際に起こる平衡反応に対して, (13・3) 式の平衡式と塩基性の尺度となる pK_b 値が定義される.

$$B(aq) + H_2O(l) \rightleftharpoons BH^+(aq) + OH^-(aq)$$

$$K_b = \frac{[BH^+][OH^-]}{[B]} \qquad (13・3)$$

$$pK_b = -\log K_b$$

表 13・4 に弱塩基の pK_b 値を示した. pK_b が小さいほど強い塩基, 大きいほど弱い塩基となり, この表ではジメチルアミンが最も強い塩基である.

塩基 B の共役酸である BH^+ の K_a は (13・4) 式のように表される.

$$BH^+(aq) + H_2O(l) \rightleftharpoons H_3O^+(aq) + B(aq)$$

$$K_a = \frac{[H_3O^+][B]}{[BH^+]} \qquad (13・4)$$

次式に示すように, (13・4) 式の K_a と (13・3) 式の K_b の積をとると $[H_3O^+] \times [OH^-]$ となり, (13・1) 式の K_w と一致する.

$$K_a \times K_b = \frac{[H_3O^+][B]}{[BH^+]} \times \frac{[BH^+][OH^-]}{[B]}$$

$$= [H_3O^+] \times [OH^-] = K_w$$

さらに両辺の対数をとると以下の関係式が得られ, pK_a と pK_b の和が pK_w と一致することがわかる. 25 ℃において pK_w = 14.00 (K_w = 1.00×10^{-14}) なので, 共役酸 BH^+ の pK_a がわかれば, 塩基 B の pK_b が求まる.

$$(-\log K_a) + (-\log K_b) = (-\log K_w)$$

$$pK_a + pK_b = pK_w = 14.00 \quad (25 ℃)$$

物質の酸性度を求めることは, 塩基性度を求めるよりも容易なので, アミンをはじめとする多くの塩基性化合物について共役酸の pK_a 値が報告されている.

13・7 pH

水溶液の酸性度はヒドロニウムイオン濃度 $[H_3O^+]$ に依存する. そこで, (13・5) 式により**水素イオン指数 pH** を定義し, 水溶液の酸性度の尺度とする.

$$pH = -\log [H_3O^+] \qquad (13・5)$$

§13・3 で述べたように, 25 ℃ の中性水溶液では

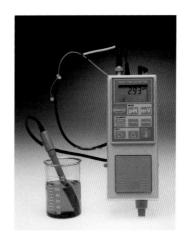

図 13・4 pH メーター [© McGraw-Hill Education/Charles D. Winters, photographer]

---

[*] 訳注: 平衡式は $K_c = [H_3O^+][A^-]/[HA][H_2O]$ であるが, 希薄溶液において溶媒である水の濃度は一定とみなせるので, これを定数 (活量 1) として K_a を定義する.

$[H_3O^+] = [OH^-] = 1.00 \times 10^{-7}$ mol/L なので，pH = 7.00 である．一方，$[H_3O^+] > [OH^-]$ の酸性水溶液では pH < 7，$[H_3O^+] < [OH^-]$ の塩基性水溶液では pH > 7 となる．

実験室では pH メーターを用いて pH を測定する（図 13・4）．表 13・5 に種々の液体の pH を示す．なお pH は，温度が一定でも物質の濃度により変化するので，これらは概数値である．人体の液体成分は pH が広い範囲で変化する．胃液は pH が低く，食物の消化にはこの強い酸性条件が必要である．一方，血液の pH は 7 よりも少し大きく，酸素の運搬にはこの弱い塩基性条件が必要である．

表 13・5 種々の液体の pH（概数値）

液体	pH	液体	pH
胃　液	1.5	レモンジュース	2.0
尿	4.8 〜 7.5	食用酢	3.0
唾　液	6.4 〜 6.9	オレンジジュース	3.5
純　水	7.0	雨　水	5.5
血　液	7.35 〜 7.45	牛　乳	6.5
涙	7.4	アンモニア水	11.5

pH は常用対数なので，pH が 1 小さくなるとヒドロニウムイオン濃度 $[H_3O^+]$ が 10 倍になる．pH から $[H_3O^+]$ への換算は次式を用いて行う．

$$[H_3O^+] = 10^{-pH}$$

例 題 13・4

次の濃度のヒドロニウムイオンを含む水溶液の pH を求めよ．

(a) 3.5×10^{-4} mol/L，(b) 1.7×10^{-7} mol/L，(c) 8.8×10^{-11} mol/L

解　(a) pH = 3.46，(b) pH = 6.77，(c) pH = 10.06

練習問題 13・4　次の濃度の水酸化物イオンを含む水溶液の pH を求めよ．温度は 25 ℃ とする．

(a) 8.3×10^{-8} mol/L，(b) 3.3×10^{-4} mol/L，(c) 1.2×10^{-3} mol/L

例 題 13・5

次の pH を示す水溶液のヒドロニウムイオン濃度を求めよ．

(a) pH = 4.76，(b) pH = 11.95，(c) pH = 8.01

解　(a) 1.7×10^{-5} mol/L，(b) 1.1×10^{-12} mol/L，(c) 9.8×10^{-9} mol/L

練習問題 13・5　次の pH を示す水溶液の水酸化物イオン濃度を求めよ．温度は 25 ℃ とする．

(a) pH = 11.89，(b) pH = 2.41，(c) pH = 7.13

pH に比べて頻度は少ないが，次式に示す pOH を塩基性の尺度として使用することがある．

$$pOH = -\log [OH^-]$$

希薄溶液では $[H_3O^+]$ と $[OH^-]$ の積 (K_w) が 1.00×10^{-14} なので（13・1式），pH と pOH との間には次の関係がある．

$$pH + pOH = 14.00$$

さて，強酸は水中でほぼ完全にイオンに解離するので，溶液濃度からヒドロニウムイオン濃度と pH を見積もることができる．一方，解離度の低い弱酸については，溶液濃度と pK_a 値から以下のように pH が計算される．

酸 HA の酸解離平衡に対して，各成分の平衡濃度を次のように表すことができる．ここで，C_0 は HA の初濃度（初めに水に溶かした HA のモル濃度），α は HA の**解離度**（HA が H_3O^+ と A^- に解離した割合）である．

酸解離平衡　　$HA(aq) + H_2O(l) \rightleftharpoons H_3O^+(aq) + A^-(aq)$
平衡濃度　　　$C_0(1-\alpha)$　　　　　　　　$C_0\alpha$　　　$C_0\alpha$

これらの平衡濃度を（13・2）式に代入すると，**オストワルトの希釈律**とよばれる次の関係式が得られる（13・6式）．

$$K_a = \frac{[H_3O^+][A^-]}{[HA]} = \frac{C_0\alpha \times C_0\alpha}{C_0(1-\alpha)} = \frac{C_0\alpha^2}{1-\alpha} \tag{13・6}$$

酢酸などの解離度の小さな弱酸について，$\alpha \ll 1$ の条件が成立するとき $(1-\alpha) \fallingdotseq 1$ と近似できるので，次式により解離度が計算される．

$$\alpha = \sqrt{\frac{K_a}{C_0}}$$

また，$[H_3O^+] = C_0\alpha = \sqrt{K_a \cdot C_0}$ なので，次式から弱酸の水溶液の pH を求めることができる．

$$pH = -\log [H_3O^+] = -\log (\sqrt{K_a \cdot C_0})$$

たとえば，0.100 mol/L の酢酸水溶液（pK_a=4.76，K_a= 1.74×10^{-5}，25 ℃）の pH は次のように計算される．

$$pH = -\log (\sqrt{1.74 \times 10^{-5} \times 0.100}) = 2.88$$

例題 13・6

次の酢酸水溶液（$pK_a = 4.76$）のpHを計算せよ．
(a) 0.200 mol/Lの酢酸水溶液，(b) 0.0100 mol/Lの酢酸水溶液
解 (a) pH = 2.73, (b) pH = 3.38（ヒント：$[H_3O^+]$ $= \sqrt{K_a \cdot C_0}$）

練習問題 13・6 次の水溶液のpHを計算せよ．ただし，塩化アンモニウムは完全に解離するものとする．
(a) 0.116 mol/Lのギ酸水溶液（$pK_a = 3.55$），(b) 0.200 mol/Lの塩化アンモニウム水溶液（$pK_a = 9.24$）

例題 13・7

(13・6)式と同様に，弱塩基の解離平衡定数K_bと初濃度C_0および解離度αとの間に次の関係式を導くことができる．以下の問 (a) と (b) に答えよ．

解離平衡 $NH_3(aq) + H_2O(l) \rightleftharpoons NH_4^+(aq) + OH^-(aq)$
平衡濃度 $C_0(1-\alpha)$ $C_0\alpha$ $C_0\alpha$

$$K_b = \frac{[NH_4^+][OH^-]}{[NH_3]} = \frac{C_0\alpha \times C_0\alpha}{C_0(1-\alpha)} = \frac{C_0\alpha^2}{1-\alpha}$$

(a) 0.100 mol/Lのアンモニア水溶液（$K_b = 1.74 \times 10^{-5}$）の水酸化物イオン濃度を求めよ．(b) アンモニア水溶液のpHを求めよ．

解 (a) $[OH^-] = 1.32 \times 10^{-3}$ mol/L（ヒント：$[OH^-]$ $= \sqrt{K_b \cdot C_0}$），(b) pH = 11.12

練習問題 13・7 (a) 0.200 mol/Lのメチルアミン水溶液（$pK_b = 3.36$）の解離度αを求めよ．(b) pHを求めよ．

13・8 酸塩基滴定

酸塩基滴定は，中和反応を用いて水溶液中の酸あるいは塩基の濃度を決定する分析法で，中和滴定ともよばれる．図13・5に，未知濃度の塩酸水溶液を既知濃度（C_B）の水酸化ナトリウム水溶液を用いて滴定する実験を示す．(a) 塩酸水溶液から一定体積（V_A）の試料を三角フラスコにとり水で希釈する．(b) 中和反応の**終点**を示す**指示薬**としてフェノールフタレインを加え，ビュレットから水酸化ナトリウム水溶液を滴下する．(c) 終点で水溶液が無色から薄い赤色に変化するので，それまでに滴下した水酸化ナトリウム水溶液の体積（V_B）を読み取る．

溶質の物質量は溶液のモル濃度に溶液の体積を掛けた値である（9・2式）．また，中和反応の終点ではHClとNaOHの物質量比が1:1となるので，$C_A \times V_A = C_B \times V_B$が成立する．よって，塩酸水溶液の濃度（$C_A$）は次式により与えられる．

$$C_A = C_B \times \frac{V_B}{V_A}$$

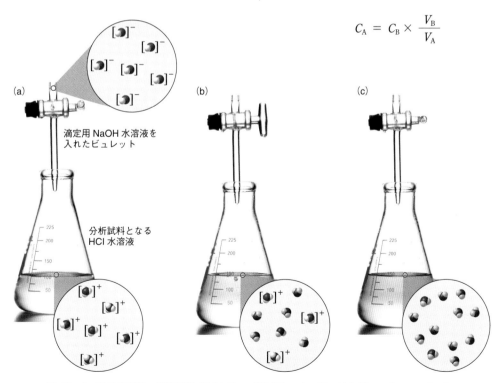

図 13・5 酸塩基滴定の実験手順 ［© McGraw-Hill Education/David A. Tietz, photographer］

例 題 13・8

（a）未知濃度の塩酸水溶液 25.0 mL を，0.203 mol/L の水酸化ナトリウム水溶液を用いて中和滴定し，46.3 mL で終点となった．塩酸水溶液の濃度を求めよ．（b）未知濃度の硫酸水溶液 25.0 mL を，0.203 mol/L の水酸化ナトリウム水溶液を用いて中和滴定し，46.3 mL で終点となった．硫酸水溶液の濃度を求めよ．

解　（a）0.376 mol/L，（b）0.188 mol/L

練習問題 13・8　（a）22.6 mL の次亜塩素酸水溶液（1.42 mol/L）の中和に必要な水酸化ナトリウム水溶液（0.336 mol/L）の体積を求めよ．（b）275 mL の水酸化バリウム水溶液（0.0350 mol/L）の中和に必要な塩酸水溶液（0.211 mol/L）の体積を求めよ．

13・9 緩 衝 液

　純水に強酸や強塩基を加えると，ほんの少量でも pH が大きく変化する．たとえば，図 13・6 に示すように，純水に 1.0 mol/L の塩酸を 1 滴加えただけで，pH は 7.0 から 3.3 にまで変化する．

　緩衝液は，このような pH の劇的な変化を緩和する溶液で，弱酸とその共役塩基（弱塩基）あるいは弱塩基とその共役酸（弱酸）を緩衝剤に用いて調製される．図 13・7 に，酢酸（CH_3CO_2H）と酢酸イオン（$CH_3CO_2^-$）を緩衝剤とする実験を示す．（a）0.10 mol/L の酢酸水溶液 100 mL に 0.010 mol（0.82 g）の酢酸ナトリウム（0.10 mol/L）を溶かして緩衝液を調製する．（b）この溶液の pH は 4.76 である．上の図 13・6 とは異なり，（c）1.0

図 13・6　純水に 1 滴の塩酸水溶液（1.0 mol/L）を加えた際の pH 変化
[© McGraw-Hill Education/David A. Tietz, photographer]

コラム 13・2　ナ ト ロ ン 湖

　ナトロン（natron）は，炭酸ナトリウムと炭酸水素ナトリウムを主成分とし，これに少量の塩化ナトリウムと硫酸ナトリウムが混合した天然鉱物である．この鉱物の成分はタンザニアのナトロン湖に高濃度で存在し，この

ナトロン湖 [© shutterstock]

湖の水は pH 9〜10.5 と，かなり高い塩基性を示す．ほとんどの微生物はこの過酷な環境下では繁殖できないので，動物の死骸も水中で分解されない．

　なぜ炭酸イオンや炭酸水素イオン，硫酸イオンが存在すると湖の pH レベルが異常に高くなるのであろうか？　これらのイオンが弱酸の共役塩基であることを思い出してほしい．それぞれのイオンは水からプロトンを受取り，水酸化物イオンを生じる．これにより水は塩基性となる．

$$CO_3^{2-}(aq) + H_2O(l) \rightleftharpoons HCO_3^-(aq) + OH^-(aq)$$
$$HCO_3^-(aq) + H_2O(l) \rightleftharpoons H_2CO_3(aq) + OH^-(aq)$$
$$SO_4^{2-}(aq) + H_2O(l) \rightleftharpoons HSO_4^-(aq) + OH^-(aq)$$

　さらに，水の塩濃度が高いと浸透圧により細胞から水分が引き出され，死骸は著しく乾燥して分解されにくくなる．その結果，古代エジプトで遺体がミイラ化により保存されたように，哺乳類や鳥類の死骸が保存される．

mol/Lの塩酸を1滴加えてもpHに変化は観測されない．
(d) さらに9滴の塩酸を追加した後でもpHは4.72に
留まり，その変化はきわめて小さい．

　この緩衝液のpH値（4.76）は，表13・3に示した酢
酸のpK_a値と一致している．その理由について考えてみ
よう．(13・2)式のHAをCH_3CO_2H，A^-を$CH_3CO_2^-$と
して両辺の対数をとると次のようになる．

$$\log K_a = \log\left(\frac{[H_3O^+][CH_3CO_2^-]}{[CH_3CO_2H]}\right)$$
$$= \log[H_3O^+] + \log\left(\frac{[CH_3CO_2^-]}{[CH_3CO_2H]}\right)$$

ここで$\log K_a = -pK_a$，$\log[H_3O^+] = -pH$なので，こ
れらを代入して整理すると次式が得られる．

$$pH = pK_a + \log\left(\frac{[CH_3CO_2^-]}{[CH_3CO_2H]}\right)$$

酢酸ナトリウムは，水溶液中で$CH_3CO_2^-$とNa^+にほぼ
完全に解離する．また，$CH_3CO_2^-$が添加された水溶液

中において，弱酸であるCH_3CO_2Hの酸解離平衡は，ル
シャトリエの原理（§12・4参照）により酢酸側に大き
く傾く．そのため，緩衝液中のCH_3CO_2Hと$CH_3CO_2^-$
の濃度は，緩衝剤として加えた酢酸と酢酸ナトリウムの
濃度にほぼ等しいと考えることができる．図13・7の実
験では$[CH_3CO_2Na]_0 = [CH_3CO_2H]_0 = 0.10$ mol/Lな
ので，$\log([CH_3CO_2^-]/[CH_3CO_2H]) = 0$となり，pH
$= pK_a$の関係が成立する．

　生体内では，このような緩衝作用が生命活動の維持に
重要な役割を果たしている．生物学的な過程のほとんど
はきわめて狭いpH領域でしか起こらない．たとえば，
ヒトの血漿は7.35〜7.45のpH領域に維持される必要が
あり，この領域を外れると嗜眠，発作，死亡にいたる重
度の障害が起こる．血漿中の弱酸は酢酸ではなく炭酸
（H_2CO_3）であるが，上と同様の緩衝作用によりpHが
維持されている．

　緩衝液には，強酸を中和する弱塩基と，強塩基を中和
する弱酸が緩衝剤として含まれている．酢酸と酢酸ナト
リウムを組合わせた上記の緩衝液について考えてみる．
強酸を加えると酢酸イオンとの間に次の中和反応が起こ

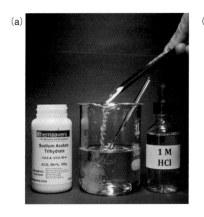
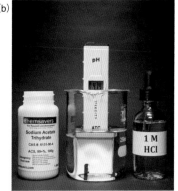
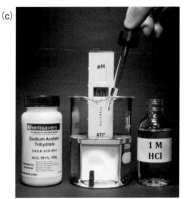
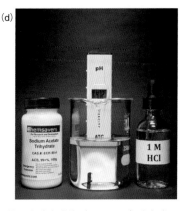

図 13・7　酢酸緩衝液に1滴および10滴の塩酸水溶液（1.0 mol/L）を加え
た際のpH変化 ［© McGraw-Hill Education/David A. Tietz, photographer］

る.

$$H_3O^+(aq) + CH_3CO_2^-(aq) \longrightarrow CH_3CO_2H(aq) + H_2O$$

一方, 強塩基を加えると酢酸との間に次の中和反応が起こる.

$$OH^-(aq) + CH_3CO_2H(aq) \longrightarrow H_2O(l) + CH_3CO_2^-(aq)$$

すなわち, 緩衝液中では強酸が弱酸に, 強塩基が弱塩基にそれぞれ変換されるため, 溶液の pH の変化が小さくなる. これらの緩衝作用が有効に働くためには, 添加される酸や塩基に比べ, 緩衝剤が十分に多く存在する必要がある. 逆にいうと, 緩衝剤を超える量の酸や塩基を加えると緩衝液は機能しなくなる.

例 題 13・9

次の化合物の組合わせのうち緩衝剤として使用できるものを答えよ. 使用できない場合は, その理由を述べよ.
(a) HCl と NaCl, (b) NaF と KF, (c) HCN と NaCN

解 (c) が使用可能. (a) 強酸 (HCl) は緩衝剤に使用できない. (b) 塩どうしの組合わせは緩衝剤にならない.

練習問題 13・9 次の化合物の組合わせのうち緩衝剤として使用できるものを答えよ. 使用できない場合は, その理由を述べよ.
(a) NaNO₂ と LiNO₂, (b) HCO₂H と HCO₂K, (c) HF と KF

例 題 13・10

酢酸と酢酸カリウムをそれぞれ 0.10 mol/L の濃度で水に溶かし, 125 mL の緩衝液を調製した. 1.0 mol/L の塩酸を加えた際, 急激な pH 変化が始まる添加量を体積で答えよ.

解 12.5 mL

練習問題 13・10 例題の緩衝液 (125 mL) に, 5 mL の塩酸 (1.0 mol/L) を添加したときの pH を求めよ. 酢酸の $pK_a = 4.76$ とする.

キ ー ワ ー ド

ブレンステッド酸 (Brønsted acid) 121
ブレンステッド塩基 (Brønsted base) 121
ヒドロニウムイオン (hydronium ion, H_3O^+) 121
ルイス酸 (Lewis acid) 121
ルイス塩基 (Lewis base) 121
プロトン (proton) 121
共役塩基 (conjugate base) 122
共役酸 (conjugate acid) 122
共役酸塩基対 (conjugate acid-base pair) 122
両性 (amphoteric) 122
自己解離 (self-ionization) 122
自己プロトリシス (autoprotolysis) 122
自己解離定数 (self-ionization constant) 123
強酸 (strong acid) 123
一塩基酸 (monoprotic acid) 123
二塩基酸 (diprotic acid) 123
強塩基 (strong base) 123
自己プロトリシス定数 (autoprotolysis constant) 123
イオン積 (ionic product) 123
弱酸 (weak acid) 124
解離度 (degree of dissociation) 124, 126
無機酸 (inorganic acid) 124
有機酸 (organic acid) 124
官能基 (functional group) 124
カルボキシ基 (carboxy group) 124
カルボン酸 (carboxylic acid) 124
弱塩基 (weak base) 124
有機塩基 (organic base) 125
酸解離定数 (acid dissociation constant, K_a) 125
水素イオン指数 (potential of hydrogen, pH) 125
オストワルトの希釈律 (Ostwald dilution law) 126
酸塩基滴定 (acid-base titration) 127
終点 (endpoint) 127
指示薬 (indicator) 127
緩衝液 (buffer) 128

CHAPTER 14

酸 化 と 還 元

10章では，化学種と化学種との間を電子が移動する酸化還元反応と，酸化数の概念をもとに電子の移動を追跡する方法について学んだ．本章では，反応をさらに詳しく調べ，酸化と還元の組合わせにより電気が起きることや，金属が腐食することを学ぶ．さらに，電気を使って酸化還元反応を起こす方法と，その用途について学ぶ．

14・1 酸化還元反応

酸化と**還元**にはいくつかの定義がある．たとえば，酸素を受取ることを酸化，酸素を失うことを還元という．また，水素を失うことを酸化，水素を受取ることを還元という．さらに，電子を失うことを酸化，電子を受取ることを還元という．

次の反応（$KClO_3$ の分解）では，塩素から酸素が脱離しているので塩素は還元されている．

$$2KClO_3(s) \longrightarrow 2KCl(s) + 3O_2(g)$$
$$\underset{(\times 3)}{+5-2} \qquad -1 \qquad 0$$

一方，次の反応（CH_4 の燃焼）では，炭素は酸素と化合して酸化されている．

$$CH_4(g) + 2O_2(g) \longrightarrow CO_2(g) + 2H_2O(g)$$
$$-4 \qquad 0 \qquad \underset{(\times 2)}{+4-2} \qquad \underset{(\times 2)}{-2}$$

酸化であるか還元であるかは，各原子の酸化数の変化をもとに判定することができる．上記の例では，酸化数の増加する赤い原子が酸化され，酸化数の減少する青い原子が還元されている．

以上の反応式に示した酸化数は，共有結合によって結ばれた原子間の電気陰性度の差をもとに割り振られた"形式"酸化数であり，たとえば CH_4 が CO_2 に変化する際に炭素から8電子が完全に失われているわけではな

い．これに対して，次の反応では Sn から Cu^{2+} に電子が実際に移動し，Sn が酸化されて Sn^{2+} に変わり，Cu^{2+} が還元されて Cu に変化している．すなわち両者の間で**電子移動**が起こっている．

$$Sn(s) + Cu^{2+}(aq) \longrightarrow Sn^{2+}(aq) + Cu(s)$$
$$0 \qquad +2 \qquad +2 \qquad 0$$

電子移動を伴う酸化還元反応では，原子数だけでなく，電子数についても反応式の左右両辺で一致させる必要があり，反応式の組立てが複雑となる．そこで利用されるのが**半反応式**である．酸化還元反応の反応物は，電子を受取る**酸化剤**と，電子を与える**還元剤**とに分類される．そこでまず，酸化剤と還元剤の変化をそれぞれ別の半反応式に表し，続いてそれらをまとめて全反応式を構成する．次節に示す電極反応も半反応式を用いて記述される．半反応式は，酸化剤と還元剤の変化を，反応時に受容あるいは供与される電子を含めて，別々のイオン反応式に表したものである．

鉄（II）イオン（Fe^{2+}，還元剤）と二クロム酸イオン（$Cr_2O_7^{2-}$，酸化剤）との反応を用いて具体的に説明する．これらのイオンを酸性水溶液中で混合すると，鉄とクロムの酸化数に次の変化が起こる．

還元剤の変化（電子を供与し，自身は酸化される）

$$Fe^{2+} + Cr_2O_7^{2-} \longrightarrow Fe^{3+} + Cr^{3+}$$
$$+2 \qquad +6 \qquad +3 \qquad +3$$

酸化剤の変化（電子を受容し，自身は還元される）

このイオン反応式は質量保存の法則に反している．特に反応物に存在する酸素原子が生成物に存在しない．また，

還元と酸化に伴う電子数が異なっているので，半反応式を用いてこれらの点を修正する．その際，酸性水溶液中の反応なので，溶液中に多量に存在する H^+ と H_2O を適宜補って半反応式を構成する．

1. まずイオン反応式を，還元剤の変化と酸化剤の変化を表す二つの半反応式に分離する．

   還元剤の変化　　　　$Fe^{2+} \longrightarrow Fe^{3+}$

   酸化剤の変化　　　　$Cr_2O_7^{2-} \longrightarrow Cr^{3+}$

2. 次に，質量保存の法則に適合するように半反応式を修正する．還元剤の半反応式は，両辺の原子数が一致しているので修正の必要がない．一方，酸化剤である $Cr_2O_7^{2-}$ が Cr^{3+} に変化する際に失われる O は，H^+ と結合して H_2O に変換されると考える．

   還元剤の変化　　　　$Fe^{2+} \longrightarrow Fe^{3+}$

   　　　　　　　　　　　1-Fe-1

   酸化剤の変化　$Cr_2O_7^{2-} + H^+ \longrightarrow Cr^{3+} + H_2O$

   　　　　　　　　　　　2-Cr-1
   　　　　　　　　　　　7-O-1
   　　　　　　　　　　　1-H-2

3. §10・3 の説明に従って化学量論係数を割り振ると，両辺の原子数が一致した以下の半反応式が見つかる．

   還元剤の変化　　　　$Fe^{2+} \longrightarrow Fe^{3+}$

   　　　　　　　　　　　1-Fe-1

   電荷数の合計　　　　+2　　　　+3

   酸化剤の変化　$Cr_2O_7^{2-} + 14H^+ \longrightarrow 2Cr^{3+} + 7H_2O$

   　　　　　　　　　　　2-Cr-2
   　　　　　　　　　　　7-O-7
   　　　　　　　　　　　14-H-14

   電荷数の合計　　　　+12　　　　+6

4. 上の各半反応式の下に電荷数の変化を示した．還元剤の変化に伴って 1 電子（e^-）が失われている．一方，酸化剤は 6 電子（$6e^-$）を受取って生成物に変化している．酸化還元反応では，還元剤が失う電子数と，酸化剤が受取る電子数が一致している必要がある．そこで，還元剤の半反応式の両辺に係数の 6 を追加し，酸化と還元に伴う電子の変化を含めて書き直すと，以下の半反応式が得られる．

   還元剤の変化　　　　$6Fe^{2+} \longrightarrow 6Fe^{3+} + 6e^-$

   酸化剤の変化　$Cr_2O_7^{2-} + 14H^+ + 6e^- \longrightarrow$
   　　　　　　　　　　　　　　　　　　$2Cr^{3+} + 7H_2O$

5. 二つの半反応式の左辺と右辺をそれぞれ足し合わせると両辺から $6e^-$ が消去され，Fe^{2+} と $Cr_2O_7^{2-}$ との酸化還元反応を表す全イオン反応式が得られる[*]．

   全反応式　　　　$6Fe^{2+} + Cr_2O_7^{2-} + 14H^+ \longrightarrow$
   　　　　　　　　　　　　　　$6Fe^{3+} + 2Cr^{3+} + 7H_2O$

   塩基性水溶液中の酸化還元反応についても，上と同様の手順で半反応式を構成することができるが，最後に次の手続きが追加される．

6. イオン反応式の両辺に OH^- を加えて H^+ を H_2O に変換する（塩基性条件に変える）．さらに両辺にある H_2O を差し引いて反応式を整理する（例題 14・1 参照）．

例題 14・1

塩基性水溶液中で過マンガン酸イオン（MnO_4^-）とヨウ化物イオン（I^-）を混合すると次の酸化還元反応が起こる．(a) 酸化剤と還元剤の変化を表す半反応式を書き，(b) 全イオン反応式を完成せよ．

$$MnO_4^- + I^- \longrightarrow MnO_2 + I_2$$

解　(a) 酸化剤の変化：$MnO_4^- + 4H^+ + 3e^- \longrightarrow$
　　　　　　　　　　　　　　　　　　$MnO_2 + 2H_2O$

還元剤の変化：$2I^- \longrightarrow I_2 + 2e^-$

(b) 半反応式から得られる全イオン反応式は

$$2MnO_4^- + 8H^+ + 6I^- \longrightarrow 2MnO_2 + 4H_2O + 3I_2$$

であるが，塩基性条件なので両辺に 8 個の OH^- をそれぞれ加えて H^+ を H_2O に変換し，整理すると次式が得られる．

$$2MnO_4^- + 6I^- + 4H_2O \longrightarrow 2MnO_2 + 3I_2 + 8OH^-$$

練習問題 14・1　酸性水溶液中で鉄(II)イオン（Fe^{2+}）と過マンガン酸イオン（MnO_4^-）を混合すると次の酸化還元反応が起こる．(a) 酸化剤と還元剤の変化を表す半反応式を書き，(b) 全イオン反応式を完成せよ．

$$MnO_4^- + Fe^{2+} \longrightarrow Mn^{2+} + Fe^{3+}$$

14・2　電　池

§10・4 で述べたように，銅(II)イオンを含む水溶液

---

[*]　訳注：この反応に用いられる化合物が $FeSO_4$ と $K_2Cr_2O_7$ であるとき，傍観イオン（K^+, SO_4^{2-}）を含めた化学反応式は

$$6FeSO_4 + K_2Cr_2O_7 + 7H_2SO_4 \longrightarrow 3Fe_2(SO_4)_3 + Cr_2(SO_4)_3 + K_2SO_4 + 7H_2O$$

となる．

に亜鉛板を浸すと，Zn が酸化されて Zn^{2+} となり，Cu^{2+} が還元されて Cu に変化する．すなわち，還元剤である Zn から酸化剤である Cu^{2+} に電子が移動して酸化還元反応が起こる．

$$Zn(s) + Cu^{2+}(aq) \longrightarrow Zn^{2+}(aq) + Cu(s)$$

これ自身はあまり有用な反応ではないが，この反応を構成する二つの半反応を物理的に分離し，導線を通して Zn 原子から Cu^{2+} イオンに電子が移動するようにすると，両者の間に電流が流れる．

　外部からエネルギーを加えることなく自発的に進行する酸化還元反応を利用して電気を起こす装置を**ガルバニ電池**あるいは**ボルタ電池**とよぶ．図 14・1 に，改良型のガルバニ電池である**ダニエル電池**の実験装置を示す．ビーカーを二つ用意し，一方に $ZnSO_4$ 水溶液と亜鉛棒を，他方に $CuSO_4$ 水溶液と銅の棒を入れ，両者を導線で結ぶ．電池は，Zn が Zn^{2+} に酸化される際に放出される電子が導線を伝わって移動し，Cu^{2+} から Cu への還元

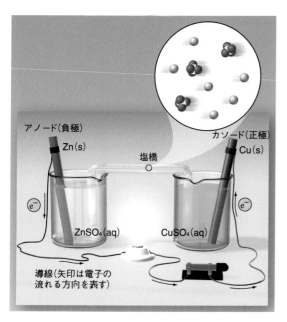

図 14・1　ダニエル電池

に使用されて作動する．亜鉛と銅の棒を**電極**とよぶ．定義により，酸化反応が起こる電極を**アノード（負極）**，還元反応が起こる電極を**カソード（正極）**とよぶ[*1, *2]．また，アノード側とカソード側をそれぞれ構成している容器と電極および電解質溶液との組合わせを**半電池**とよぶ．

　図 14・1 の電池では，次の 2 種類の半反応が起こる．

酸化反応（アノード側）:　$Zn(s) \longrightarrow Zn^{2+}(aq) + 2e^-$
還元反応（カソード側）:　$Cu^{2+}(aq) + 2e^- \longrightarrow Cu(s)$

電池の内部回路を完成させて導線に電流を流すためには，二つの溶液を導電性媒体で結び，カチオンとアニオンが二つの半電池間を移動できるようにする必要がある．このイオンの通り道となるのが**塩橋**であり，反応不活性な KCl や NH_4NO_3 などの電解質溶液を寒天などで固め U 字管に詰めて作成される．電池が作動すると，電子は導線を伝ってアノード（Zn 電極）からカソード（Cu 電極）に流れる．このとき溶液中では，アニオン（SO_4^{2-}，Cl^-）がアノード側に，カチオン（Zn^{2+}，Cu^{2+}，K^+）がカソード側にそれぞれ移動して電荷のバランスが保たれる．塩橋をもたない装置ではこのイオンの移動が起こらないので，アノード側にカチオン（Zn^{2+}）が，カソード側にアニオン（SO_4^{2-}）がそれぞれ蓄積して電池はすぐに作動しなくなる．

　電子がアノードからカソードに流れるのは電極間に電位差があるためである．この状況は，滝の水が重力ポテンシャルの高い上方から低い下方に向かって流れることに似ている．表 14・1 は，金属を電極電位の順に並べたもので，イオン化傾向の序列とほぼ一致している[*3]．表の上位の金属ほど酸化されやすく，電子を失ってカチオンになりやすい．逆に下位の金属ほど酸化されにくく，還元されて金属単体になりやすい．そのため，上位の金属と下位の金属のカチオンを共存させると，上位の金属が酸化されてカチオンに変わり，下位の金属カチオンが還元されて金属に変わる．図 14・1 の電池では，銅よりも亜鉛が上位にあるので，亜鉛が酸化され，銅(II)イオンが還元される．

　アノードとカソードの電位差は電池の**起電力**（E，

---

*1　訳注: アノードはギリシャ語で上り口を意味する *Anodos* に，カソードは下り口を意味する *Cathodos* に由来し，それぞれ電子の入口と出口を意味する．すなわち，酸化反応で放出される電子の入口となる電極をアノード，還元反応で使用される電子の出口となる電極をカソードとよび，この関係は電池でも電気分解でも変わらない．なお日本語では，電池のアノード（酸化側）を負極，カソード（還元側）を正極とよぶのに対して，電気分解のアノード（酸化側）を陽極，カソード（還元側）を陰極とよんでいる．すなわち，電池と電気分解で電極を表す用語の意味が逆転するので注意が必要である．

*2　訳注: 負電荷と正電荷をもつイオンを表すアニオンとカチオンの用語は，まだイオンのもつ電荷がわからない時代に，アノード側に移動するイオンをアニオン，カソード側に移動するイオンをカチオンとよんだことに由来する．

*3　訳注: 標準状態（25 ℃）において，水素の酸化還元電位を基準（0 V）として表した電極電位を標準電極電位という．

emf) に相当する*. 起電力は**電圧**（単位 V）ともよばれ，実験的には電圧計を用いて測定される（図 14・2）. 電池の電圧は，電極とイオンの種類だけでなく，イオン濃度や電池の作動温度によっても変化する.

表 14・1　金属の酸化の起こりやすさ（活性）の序列

元　素	酸化反応	活　性
リチウム	$Li \rightarrow Li^+ + e^-$	大
カリウム	$K \rightarrow K^+ + e^-$	
バリウム	$Ba \rightarrow Ba^{2+} + 2e^-$	
カルシウム	$Ca \rightarrow Ca^{2+} + 2e^-$	
ナトリウム	$Na \rightarrow Na^+ + e^-$	
マグネシウム	$Mg \rightarrow Mg^{2+} + 2e^-$	
アルミニウム	$Al \rightarrow Al^{3+} + 3e^-$	
マンガン	$Mn \rightarrow Mn^{2+} + 2e^-$	
亜　鉛	$Zn \rightarrow Zn^{2+} + 2e^-$	
クロム	$Cr \rightarrow Cr^{3+} + 3e^-$	
鉄	$Fe \rightarrow Fe^{2+} + 2e^-$	
カドミウム	$Cd \rightarrow Cd^{2+} + 2e^-$	
コバルト	$Co \rightarrow Co^{2+} + 2e^-$	
ニッケル	$Ni \rightarrow Ni^{2+} + 2e^-$	
ス　ズ	$Sn \rightarrow Sn^{2+} + 2e^-$	
鉛	$Pb \rightarrow Pb^{2+} + 2e^-$	
水　素	$H_2 \rightarrow 2H^+ + 2e^-$	
銅	$Cu \rightarrow Cu^{2+} + 2e^-$	
銀	$Ag \rightarrow Ag^+ + e^-$	
水　銀	$Hg \rightarrow Hg^{2+} + 2e^-$	
白　金	$Pt \rightarrow Pt^{2+} + 2e^-$	
金	$Au \rightarrow Au^{3+} + 3e^-$	小

図 14・2　電圧計［© McGraw-Hill Education/Ken Karp, photographer］

電池の構成は**電池式**を用いて表す. たとえば，ダニエル電池（図 14・1）の電池式は次のように書く.

$$Zn(s)\,|\,Zn^{2+}(aq)\,\|\,Cu^{2+}(aq)\,|\,Cu(s)$$

一重の縦線（|）は異なる相の境界を表す. Zn 電極と Cu 電極は固相，Zn^{2+}水溶液とCu^{2+}水溶液は液相である. 一方，二重線（‖）は塩橋を表す. 電池の構成は，アノードからカソードに向けて順に記入する.

電池のうち，マンガン乾電池やアルカリ乾電池など，充電できない電池を**一次電池**という. 一方，鉛蓄電池やリチウムイオン電池など，繰返し充電できる電池を**二次電池**という.

例題 14・2

次の酸化還元反応に対応する電池式を書け.

$$Al(s) + 3AgNO_3(aq) \longrightarrow Al(NO_3)_3(aq) + 3Ag(s)$$

解　$Al(s)\,|\,Al^{3+}(aq)\,\|\,Ag^+(aq)\,|\,Ag(s)$

練習問題 14・2　次の電池式に対応する酸化還元の反応式を書け.

$$Ni(s)\,|\,Ni^{2+}(aq)\,\|\,Cu^{2+}(aq)\,|\,Cu(s)$$

マンガン乾電池とアルカリ乾電池

乾電池は，電解質溶液（電解液）をペースト状にして液漏れを防ぎ，携行しやすくした実用電池である. 最も一般的なマンガン乾電池とアルカリ乾電池は，いずれも亜鉛と二酸化マンガンとを組合わせた一次電池であるが，放電時に起こる反応が少し異なっている.

マンガン乾電池では，亜鉛の容器（アノード）に，ショートを防ぐためのセパレーター（隔離板）を挟んで，電解液と二酸化マンガン（カソード）および炭素棒（集電体）が入っている（図 14・3）. 電解液は塩化アンモニウムと塩化亜鉛の水溶液をペースト状にしたもので，これに二酸化マンガンが混合されている. 放電時に次の反応が起こり，1.5 V の電圧が得られる.

酸化反応（アノード側）: $Zn(s) \longrightarrow Zn^{2+}(aq) + 2e^-$
還元反応（カソード側）: $2NH_4^+(aq) + 2MnO_2(s) + 2e^- \longrightarrow Mn_2O_3(s) + 2NH_3(aq) + H_2O(l)$

全反応: $Zn(s) + 2NH_4^+(aq) + 2MnO_2(s) \longrightarrow Zn^{2+}(aq) + Mn_2O_3(s) + 2NH_3(aq) + H_2O(l)$

---

* 訳注: 厳密には，二つの電極間の標準電極電位（$E^\ominus$）の差が起電力となる. ダニエル電池では，亜鉛（$Zn^{2+}(aq) + 2e^- \rightarrow Zn(s)$，$E^\ominus = -0.763\,V$）と銅（$Cu^{2+}(aq) + 2e^- \rightarrow Cu(s)$，$E^\ominus = +0.337\,V$）の標準電極電位の差（$E = 1.10\,V$）が起電力となる.

アルカリ乾電池でも亜鉛の酸化と二酸化マンガンの還元が起こるが，マンガン乾電池が弱酸性であるのに対して，塩基性条件で反応が起こるので "アルカリ" 電池とよばれている．電池の容器に二酸化マンガンと黒鉛粉末を混合して固めたカソード混合物（正極合剤という）を入れ，多孔質のセパレーターを挟んで亜鉛粉末と KOH の濃厚溶液をゲル化したアノード混合物（負極合剤という）が充填されている（図 14・4）．放電時に次の反応が起こり，1.5 V の電圧が得られる．アルカリ乾電池はマンガン乾電池に比べて少し高価であるが，大電流を流しても長時間安定した電圧が保てるという特長がある．

酸化反応（アノード側）：$Zn(s) + 2OH^-(aq) \longrightarrow$
$$Zn(OH)_2(s) + 2e^-$$
還元反応（カソード側）：$2MnO_2(s) + 2H_2O(l) + 2e^-$
$$\longrightarrow 2MnO(OH)(s) + 2OH^-(aq)$$

全反応：$Zn(s) + 2MnO_2(s) + 2H_2O(l) \longrightarrow$
$$Zn(OH)_2(s) + 2MnO(OH)(s)$$

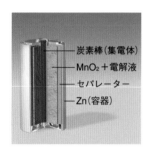

図 14・3　マンガン乾電池

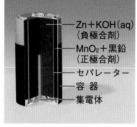

図 14・4　アルカリ乾電池

鉛 蓄 電 池

自動車で使用される鉛蓄電池は，6 個の単位電池を直列につないだ二次電池である．個々の電池は金属板に鉛（Pb）を塗ったアノード（負極板）と酸化鉛（PbO_2）を塗ったカソード（正極板）から構成され，これらが電解液となる希硫酸に浸されている（図 14・5）．放電時に次の反応が起こり，電池 1 個につき 2 V，合計 12 V の電圧が得られる．

酸化反応（アノード側）：$Pb(s) + SO_4{}^{2-}(aq) \longrightarrow$
$$PbSO_4(s) + 2e^-$$
還元反応（カソード側）：$PbO_2(s) + 4H^+(aq)$
$$+ SO_4{}^{2-}(aq) + 2e^- \longrightarrow$$
$$PbSO_4(s) + 2H_2O(l)$$

全反応：$Pb(s) + PbO_2(s) + 4H^+(aq) + 2SO_4{}^{2-}(aq)$
$$\longrightarrow 2PbSO_4(s) + 2H_2O(l)$$

自動車エンジンの点火には大電流を瞬時に放電する必要があるが，鉛蓄電池はこの要求を満たしている．電池の充電は外部から電圧をかけて行い，その際に放電とは逆の電気化学反応が起こる．この充電時に起こる反応を電気分解ともいう（§14・4 参照）．

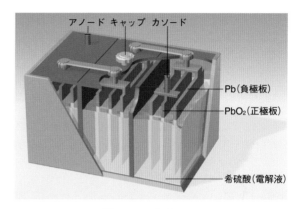

図 14・5　鉛 蓄 電 池

リチウムイオン電池

リチウムイオン電池は優れた特性をもつ次世代型の二次電池である．放電時の反応は次の通りで，充電時にはこれと逆の反応が起こる．なお水溶液を用いたこれまでの電池と異なり，エチレンカーボネートとよばれる有機溶媒に $LiPF_6$ などの塩を加えた電解液が使用される．

酸化反応（アノード側）：$Li(s) \longrightarrow Li^+ + e^-$
還元反応（カソード側）：$Li^+ + CoO_2 + e^- \longrightarrow$
$$LiCoO_2(s)$$

全反応：$Li(s) + CoO_2 \longrightarrow LiCoO_2(s)$

リチウムイオン電池の最大の特長は，電圧（3.4～3.7 V）とエネルギー密度（単位重量あるいは単位体積当たりエネルギー量）の高さにある．これはおもに，リチウムが最も軽量（原子量 6.941）で，最も酸化されやすい金属であることに起因する（表 14・1 参照）．さらに，充放電を繰返しても電池の性能が低下しにくく，小型軽量で高性能なバッテリーを作成できる．そのため，スマートフォンやデジタルカメラ，ノートパソコンなどの携帯型電子機器に幅広く利用され，それら機器の小型軽量化にも大きく貢献している．

燃 料 電 池

化石燃料は主要なエネルギー源であるが，燃焼反応を利用する火力発電は必ずしも効率的な発電システムではない．たとえばメタンの燃焼について考えてみる．

$$CH_4(g) + 2O_2(g) \longrightarrow CO_2(g) + 2H_2O(l) + 燃焼熱$$

この反応を利用して発電するには，燃焼熱を使って水を水蒸気に変え，タービンを回して発電機を駆動する必要がある．この発電システムは各段階でエネルギーの損失を伴うので，多くの火力発電所では，もとの化学エネルギーの40%程度しか電気エネルギーに変換されない．一方，燃焼は酸化還元反応の一種であり，電気化学的な方法でこれを行い，電気に直接変換できればエネルギー効率が大幅に向上するはずである．これを可能としたのが**燃料電池**である．これまでの電池は，電気のもととなる反応物をあらかじめ蓄えた自給自足型の装置であった．これに対して，反応物を外部から連続的に供給する燃料電池は，厳密には電池（電気を蓄えたもの）ではない．

最も単純なアルカリ電解質型燃料電池は，KOH水溶液などの電解質溶液と，触媒を入れた二つの電極から構成されている．図14・6に示すように，二つの電極に水素（アノード側）と酸素（カソード側）の気泡をそれぞれ吹き込むと以下の反応が起こり，1.23 Vの起電力が発生する．

酸化反応（アノード側）：$2H_2(g) + 4OH^-(aq) \longrightarrow$
$$4H_2O(l) + 4e^-$$
還元反応（カソード側）：$O_2(g) + 2H_2O(l) + 4e^- \longrightarrow$
$$4OH^-(aq)$$

全反応：$2H_2(g) + O_2(g) \longrightarrow 2H_2O(l)$

水素以外にも種々の燃料を用いる燃料電池が開発されている．たとえば，プロパンを使った燃料電池では次の反応が起こる．全反応はプロパンの燃焼反応と同じである．

酸化反応（アノード側）：$C_3H_8(g) + 6H_2O(l) \longrightarrow$
$$3CO_2(g) + 20H^+(aq) + 20e^-$$
還元反応（カソード側）：$5O_2(g) + 20H^+(aq) + 20e^-$
$$\longrightarrow 10H_2O(l)$$

全反応：$C_3H_8(g) + 5O_2(g) \longrightarrow 3CO_2(g) + 4H_2O(l)$

前述のように，燃料電池は，電気エネルギーのもととなる物質を装置内に蓄えたものではないので，反応物を絶えず供給する必要があり，生成物を絶えず除去する必要がある．しかし，適切に設計された燃料電池のエネルギー効率は70%に達し，この値は内燃機関の約2倍である．さらに，火力発電に付随する騒音，振動，発熱，汚染などの問題が起こらない．一方，長期間にわたって効率的な発電を続けるためには高価な触媒や電解質が必要である．特に，自動車用の燃料電池は運転温度を比較的低温（80〜100 ℃）に設定する必要があるため値段が高い．燃料電池は宇宙船（アポロ計画）でいち早く実用化され，反応時に生じる水は飲料水として利用された．

14・3　腐　食

腐食とは電気化学プロセスによる金属の劣化である．腐食により鉄に赤さびが生じ，銀が黒ずみ，銅や真ちゅうに緑青が生成する．本節では，腐食の仕組みとその防止法について述べる．

鉄が赤さび（$Fe_2O_3 \cdot xH_2O$）に変化するには酸素と水が必要である．図14・7に赤さびの生成機構を示す．腐食に伴う反応は複雑でさまざまな可能性があるが，おもな過程は次のように考えられている．まず金属表面の一部がアノードとして働き，次の酸化反応が起こる．

$$Fe(s) \longrightarrow Fe^{2+}(aq) + 2e^-$$

また，金属表面の別の部分がカソードとなり，鉄から放

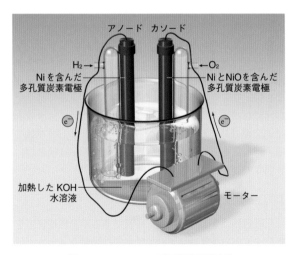

図 14・6　アルカリ電解質型燃料電池

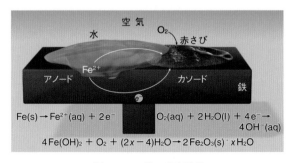

図 14・7　鉄の腐食過程

出された電子を使って溶存酸素と水から水酸化物イオンが生じる.

$$O_2(aq) + 2H_2O(l) + 4e^- \longrightarrow 4OH^-(aq)$$

Fe^{2+} と OH^- から $Fe(OH)_2$ が生成し, これが酸素による酸化と脱水を伴って赤さびである酸化鉄 (III) の水和物となる. なお, 水和物中の水分子の数は変化するので, 組成を $Fe_2O_3 \cdot xH_2O$ と表している.

$$4Fe(OH)_2(aq) + O_2(aq) + (2x-4)H_2O(l) \longrightarrow$$
$$2Fe_2O_3(s) \cdot xH_2O(s)$$

図 14・7 からわかるように, 鉄が腐食する際には電子が金属内を伝わるとともに, 鉄イオンが水溶液中を移動する必要がある. 塩水 (電解質溶液) で腐食が促進されるには, このイオンの移動が電解質溶液中で起こりやすいためである. たとえば, 海辺 (NaCl) や, 融雪剤 (CaCl₂) をまいた冬期の道路で, 自動車はさびやすくなる.

鉄以外の金属も酸化される. たとえば, 航空機や飲料缶, アルミホイルなどに使用されるアルミニウムは鉄よりも酸化されやすい. しかし, 酸化物である Al_2O_3 が水に不溶で, 表面を保護膜として覆うため, それ以上の腐食が防止される.

硬貨に使われる銅や銀は, 鉄に比べて酸化されにくく腐食しにくい. 通常の大気中で銅の表面に生じるさびは, 炭酸銅 ($CuCO_3$) を主成分とする緑青であり, 保護膜となって下層の腐食を抑える役割を果たす. 一方, 銀食器が黒ずむのは, 食品中の硫黄成分との反応により硫化銀 (Ag_2S) が生成するためである.

鉄などの金属を腐食から防止する方法の一つは, 表面を塗装してさびの原因となる酸素や水との接触から守ることである. しかし, この方法では塗料の一部がはがれると, その損傷部分から腐食が起こる. より効果的な鉄の防食法は, 鉄よりも酸化されやすい亜鉛で表面を覆う亜鉛めっきであり, めっき処理を施したトタンなどの建築資材が古くから使用されている. 1970 年代に米国で開発されたアルミニウム・亜鉛合金めっき鋼板 (ガルバリウム鋼板) はさらにさびにくい. めっき処理を施した鉄は, 傷ついても腐食しにくい特長がある.

14・4 電 気 分 解

§14・2 で述べた鉛蓄電池は充電が可能な二次電池である. 充電は外部から電圧をかけ, 放電とは逆の電気化学反応を進行させて行う. 電気エネルギーを駆動力として, 熱力学的に不利な非自発的な化学反応を行うことを**電気分解**または**電解**という. また, 電気分解を行うための装置を**電解槽**という. 電解槽はガルバニ電池と同様な構成をもつ. 以下に代表的な塩化ナトリウムと水の電気分解について説明する.

溶融塩化ナトリウムの電気分解

イオン化合物である塩化ナトリウム (融点 801 ℃) の固体を高温で融解して Na^+ と Cl^- に解離させ, 電気分解すると, ナトリウムと塩素の単体に分離される. 図 14・8(a) に工業的に使用されるダウンズ (Downs) 法の電解装置を示す. また (b) に装置の概念図を示す. 電解槽に一対の電極が取り付けられ電源に接続されている.

以下の半反応式に示すように, 電極間に電圧をかけてカソード (陰極) から電子を押し出すと, Na^+ が電子を受取って還元され, 金属ナトリウム (Na) の液体に変化する. 一方, Cl^- はアノード (陽極) に電子を渡して (酸化されて) 塩素ラジカル (Cl・) となり, さらに 2 個

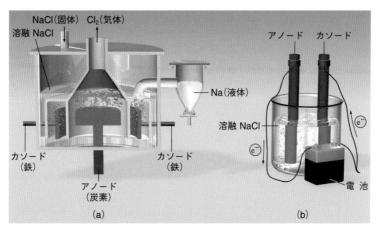

図 14・8 溶融 NaCl の電気分解. (a) ダウンズ法の電解槽, (b) 概念図

の塩素ラジカルが結合して塩素の気体（Cl_2）が生じる.

酸化反応（アノード側）: $2Cl^-(l) \longrightarrow Cl_2(g) + 2e^-$
還元反応（カソード側）: $2Na^+(l) + 2e^- \longrightarrow 2Na(l)$

全反応: $2Na^+(l) + 2Cl^-(l) \longrightarrow 2Na(l) + Cl_2(g)$

以上は金属ナトリウムと塩素ガスの工業的な製造法であり，比較的高い電圧（4 V 程度）をかけて行われる.

水 の 電 気 分 解

　水は安定な化合物であり，常温常圧において自発的に水素と酸素に分解することはない. 一方，電解槽に水を入れ，電極に電圧をかけるとカソード（陰極）側からH_2 の気体が，アノード（陽極）側からO_2 の気体がそれぞれ発生する（図 14・9）. 電極には白金板が使用され，水に電流を流すため少量の酸（H_2SO_4）や塩基（NaOH）を添加して電気分解が行われる.

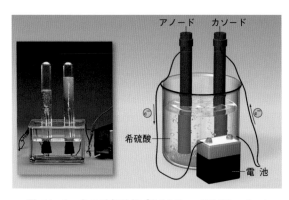

図 14・9 水の電気分解 ［© McGraw-Hill Education/
Ken Karp, photographer］

酸化反応（アノード側）: $2H_2O(l) \longrightarrow$
$$O_2(g) + 4H^+(aq) + 4e^-$$
還元反応（カソード側）: $4H^+(aq) + 4e^- \longrightarrow 2H_2(g)$

全反応: $2H_2O(l) \longrightarrow O_2(g) + 2H_2(g)$

キ ー ワ ー ド

練習問題の解答

1 章

1・1 (a) 中性原子, (b) ＋1, (c) −1 　**1・2** (a) 6, 炭素, C, (b) 3, リチウム, Li, (b) 8, 酸素, O 　**1・3** (a) K, 19, 19, (b) ベリリウム, 4, 4, (c) 臭素, Br, 35

1・4 解答は赤丸の箇所.

元　素	Rb	B	Co	Mg	K	Cl	Ar
主族元素	○	○		○	○	○	○
遷移元素			○				
金　属	○		○	○	○		
非金属						○	○
半金属		○					
アルカリ金属	○				○		
アルカリ土類金属				○			
ハロゲン						○	
貴ガス							○

1・5 解答は赤字の箇所.

同位体	元素名	質量数 (A)	中性子数	陽子数	電子数
^{15}N	窒　素	15	8	7	7
^{14}N	窒　素	14	7	7	7
^{23}Na	ナトリウム	23	12	11	11

1・6 (a) ^{24}Mg, (b) ^{7}Li, (c) ^{181}Ta 　**1・7** 20.18

2 章

2・1 $n = 1$ (1s), $n = 2$ (2s, 2p$_x$, 2p$_y$, 2p$_z$), $n = 3$ (3s, 3p$_x$, 3p$_y$, 3p$_z$, 3d$_{x^2-y^2}$, 3d$_{z^2}$, 3d$_{xy}$, 3d$_{xz}$, 3d$_{yz}$) 　**2・2** (a) リン, P, (b) 鉄, Fe, (b) スズ, Sn, (d) ゲルマニウム, Ge, (e) アンチモン, Sb, (f) バリウム, Ba 　**2・3** (a) 4, (b) 4, (c) 5, (d) 1, (e) 6, (a) 7 　**2・4** (a) Al^{3+}, (b) Br^{-}, (c) Ca^{2+}, (d) K^{+}, (e) S^{2-}, (f) O^{2-} 　**2・5** (a) $\cdot\ddot{\text{P}}\cdot$ $[\ddot{:}\ddot{\text{P}}\ddot{:}]^{3-}$ (b) $\cdot\ddot{\text{Se}}\cdot$ $[\ddot{:}\ddot{\text{Se}}\ddot{:}]^{2-}$ (c) $\dot{\text{Sr}}\cdot$ $[\text{Sr}]^{2+}$

3 章

3・1 純物質:(b)(単体),(d)(化合物). 混合物:(a),(c) 　**3・2** 物理変化: (c), 化学変化: (a). (c) → (d): 物質の構造は変わらず, 分散状態が変化している. (a) →(d): 物質の構造が変化し, 化学反応が起こっている. 　**3・3** (a) Ca$_3$N$_2$, (b) KBr, (c) CaBr$_2$ 　**3・4** (a) Fe$_3$P$_2$, FeP, (b) PbI$_2$, PbI$_4$, (c) Cu$_2$O, CuO 　**3・5** (a) Pb^{2+}, (b) Na^{+}, (c) Zn^{2+}, (d) Fe^{3+}, (e) Mn^{2+} 　**3・6** (a) FeO, (b) ZnBr$_2$, (c) SrS, (d) K$_2$O, (e) Fe$_2$S$_3$ 　**3・7** (a) 二塩素化酸素, (b) 四塩化ケイ素, (c) 塩化二酸素, (d) 四臭化炭素 　**3・8** (a) CS$_2$, (b) N$_2$O$_3$, (c) SF$_6$ 　**3・9** (a) 硫酸ナトリウム, (b) 硝酸銅(II), (c) 炭酸鉄(III), (d) クロム酸カリウム 　**3・10** (a) Pb(ClO$_3$)$_2$, (b) NaHCO$_3$, (c) K$_2$SO$_3$, (d) (NH$_3$)$_3$PO$_4$, (e) FePO$_3$ 　**3・11** (a) シアン化水素 (シアン化水素酸), (b) 亜硝酸, (c) 過塩素酸, (d) 硫化水素 (硫化水素酸) 　**3・12** (a) H$_2$SO$_3$, (b) H$_2$CrO$_4$, (c) HClO$_3$

4 章

4・1 (a) 5 ns, (b) 9.82 GB, (c) 8.5 cm, (d) 6.7 μg, (e) 4.9 MHz, (d) 5.4 dL 　**4・2** (a) 37 °C (人の体温), (b) −196 °C (液体窒素の沸点) 　**4・3** (a) 1×10^{12} g, (b) 1×10^9 W, (c) 1×10^6 Hz, (d) 1×10^3 m 　**4・4** (a) 1×10^{-2} m, (b) 1×10^{-3} s, (c) 1×10^{-6} m, (c) 1×10^{-9} s 　**4・5** (a) 4 桁, (b) 4 桁, (c) 2 桁または 3 桁, (d) 1 桁, (e) 2 桁, (f) 4 桁 　**4・6** (a) 32.44 cm^3, (b) 4.2×10^2 kg/m^3, (c) 1.008×10^{10} kg, (d) 40.75 mL, (e) 227 cm^3

4・7 (a) $2.10 \times 10^2 \, \cancel{\text{GHz}} \times \dfrac{1 \times 10^9 \, \text{Hz}}{1 \, \cancel{\text{GHz}}} = 2.10 \times 10^{11} \, \text{Hz}$

(b) $9.31 \times 10^9 \, \cancel{\text{pm}} \times \dfrac{1 \, \text{m}}{1 \times 10^9 \, \cancel{\text{pm}}} = 9.31 \, \text{m}$

(c) $5.88 \times 10^7 \, \cancel{\text{W}} \times \dfrac{1 \, \text{MW}}{1 \times 10^6 \, \cancel{\text{W}}} = 5.88 \times 10^1 \, \text{MW}$

4・8 (a) 13.6 g/mL, (b) 1.63 kg

5 章

5・1 (a) 110 g, (b) 0.30 g, (c) 4.125×10^{-3} g 　**5・2** (a) 180.156, 495 g, (b) 85.00, 0.704 mol 　**5・3** C 70.95%, H 6.31%, F 3.40%, N 5.02%, O 14.32% 　**5・4** C$_5$H$_4$O$_6$ 　**5・5** C$_4$H$_{10}$O$_2$

6 章

6・1 (a)

$$\left[\ddot{\underset{..}{O}} - \overset{..}{\underset{..}{Cl}} - \ddot{\underset{..}{O}} \right]^{-} \quad \text{(b)} \quad \left[\begin{array}{c} :\ddot{Cl}: \\ | \\ :\ddot{Cl} - P - \ddot{Cl}: \\ | \\ :\ddot{Cl}: \end{array} \right]^{+}$$

(c)

$$\begin{array}{c} :\ddot{Br}: \\ | \\ :\ddot{Br} - Si - \ddot{Br}: \\ | \\ :\ddot{Br}: \end{array}$$

6・2

$$\left[\begin{array}{c} H \quad \ddot{\underset{..}{O}} \\ | \quad \| \\ H - C - C - \ddot{\underset{..}{O}}: \\ | \\ H \end{array} \right]^{-} \longleftrightarrow \left[\begin{array}{c} H \quad :\ddot{\underset{..}{O}}: \\ | \quad | \\ H - C - C = \ddot{\underset{..}{O}}: \\ | \\ H \end{array} \right]^{-}$$

6・3 (a) 三角錐形, (b) 四面体形, (c) 平面三角形 **6・4** (a) 非極性共有結合, (b) 極性共有結合, (c) 非極性共有結合 **6・5** (a) 極性分子, (b) 極性分子, (c) 極性分子, (d) 無極性分子 **6・6** (a) CH_3Cl, (b) OCS **6・7** (a) CH_3OH, (c) CH_3CH_2OH **6・8** (a) 分散力＋双極子-双極子相互作用, (b) 分散力＋双極子-双極子相互作用＋水素結合, (c) 分散力＋双極子-双極子相互作用＋水素結合, (d) 分散力のみ

7 章

7・1 (a) 分子結晶（水素結合）, (b) イオン結晶（イオン間相互作用）, (c) 分子結晶（分散力） **7・2** 分子量の小さな無極性分子で分子間力が弱いため. **7・3** $BCl_3 < PCl_3 < PBr_3$ **7・4** 両者の分子量はほぼ同じ（60 と 62）であるが, ヒドロキシ基（OH 基）を二つもつエチレングリコールの方が水素結合に伴う分子間力が強く, 蒸気圧が高い. **7・5** 117 kJ

8 章

8・1 (a) 38.9 atm, (b) 1.33×10^3 torr, (c) 4.88 mmHg **8・2** 1.80 atm **8・3** 300 ℃ **8・4** 37.3 L **8・5** 9.66 atm **8・6** −201 ℃ **8・7** 5.10 L **8・8** 11.0 atm **8・9** 全圧 2.18 atm, He 分圧 0.184 atm, H_2 分圧 0.390 atm, Ne 分圧 1.61 atm **8・10** $P_{Xe} = 4.95$ atm, $n_{Xe} = 3.14$ mol, $P_{Ne} = 1.55$ atm, $n_{Ne} = 0.988$ mol **8・11** 1.03 g

9 章

9・1 (a) 0.739 %, (b) 36.9 %, (c) 0.167 % **9・2** (a) 59.8 g, (b) 154 g, (c) 711 g **9・3** (a) 1.01 mol/L, (b) 0.0787 mol/L, (c) 0.841 mol/L **9・4** (a) 19.5 g, (b) 5.32 g, (c) 0.348 g **9・5** (a) 1.31 mol/kg, (b) 4.22 mol/kg **9・6** 12.7 % **9・7** (a) 0.707 mol/L, (b) 6.48 L, (c) 16.1 mol **9・8** 3.8 L **9・9** −8.44 ℃ **9・10** 107.04 ℃

10 章

10・1 $C_3H_8(g) + 5O_2(g) \rightarrow 3CO_2(g) + 4H_2O(g)$ **10・2** $2NH_3(g) + 3CuO(s) \rightarrow 3Cu(s) + N_2(g) + 3H_2O(l)$ **10・3** (a) 不溶, (b) 可溶, (c) 不溶 **10・4** 反応式: $K_2SO_4(aq) + BaCl_2(aq) \rightarrow 2KCl(aq) + BaSO_4(s)$ イオン反応式: $Ba^{2+}(aq) + SO_4^{2-}(aq) \rightarrow BaSO_4(s)$ **10・5** 反応式: $H_2SO_4(aq) + Ba(OH)_2(aq) \rightarrow 2H_2O(l) + BaSO_4(s)$ イオン反応式: $2H^+(aq) + SO_4^{2-}(aq) + Ba^{2+}(aq) + 2OH^-(aq) \rightarrow 2H_2O(l) + BaSO_4(s)$ 理由: 中和反応により水と水に不溶な硫酸バリウムが生成するため沈殿が生成する. **10・6** $CaCO_3(s) + 2HCl(aq) \rightarrow CaCl_2(aq) + H_2O(l) + CO_2(g)$ **10・7** (a) H +1, O −1, (b) Mn +4, O −2, (c) O −1, (d) Cl +1, O −2

11 章

11・1 (a) $P_4O_{10}(s) + 6H_2O(l) \rightarrow 4H_3PO_4(aq)$, (b) 411 g **11・2** (a) $H_3PO_4(aq) + 3KOH(aq) \rightarrow K_3PO_4(aq) + 3H_2O(l)$, (b) H_3PO_4 117.6 g, KOH 269.3 g **11・3** 122 g **11・4** (a) $Pb^{2+}(aq) + 2Cl^-(aq) \rightarrow PbCl_2(s)$, (b) 0.466 L **11・5** 91.2 mL **11・6** 5.175 ppm. 計算方法: ［$KMnO_4$ 溶液の濃度（2.175×10^{-5} mol/L）］ × (［$KMnO_4$ 溶液の体積（21.30 mL）］ / ［試料溶液の体積（25.00 mL）］) × 5 ［Fe^{2+} と MnO_4^- の物質量比］ × ［Fe のモル質量（55.85 g/mol）］ × 1000 ［g を mg に換算］ **11・7** 8.48 L **11・8** 3.48 g

12 章

12・1 (a) $H_2(g) + Cl_2(g) \rightleftharpoons 2HCl(g)$, (b) $H^+(aq) + F^-(aq) \rightleftharpoons HF(aq)$, (c) $Cr^{3+}(aq) + 4OH^-(aq) \rightleftharpoons Cr(OH)_4^-(aq)$, (d) $HClO(aq) \rightleftharpoons H^+(aq) + ClO^-(aq)$, (e) $H_2SO_3(aq) \rightleftharpoons H^+(aq) + HSO_3^-(aq)$, (f) $2NO(g) + Br_2(g) \rightleftharpoons 2NOBr(g)$

12・2

(a) $K_c = \dfrac{[BrCl]^2}{[Br_2][Cl_2]} = \dfrac{(1.4 \times 10^{-2})^2}{(2.3 \times 10^{-3})(1.2 \times 10^{-2})} = 7.1$

(b) 1.6×10^{-2} mol/L **12・3** (a) 右, (b) 左, (c) 右, (d) 左 **12・4** (a) 分子数が増加する右方向に平衡が移動する. (b) 反応式の左右で分子数に変化がないので平衡は移動しない. (c) 分子数が増加する左方向に平衡が移動する.

13 章

13・1 (a) $HClO_4$, (b) HS^-, (c) HS^-, (d) $C_6H_5CO_2^-$　**13・2**　(a) 8.3×10^{-7} mol/L, (b) 2.67×10^{-6} mol/L, (c) 2.05×10^{-3} mol/L　**13・3**　5.2×10^{-7} mol/L　**13・4**　(a) pH = 6.92, (b) pH = 10.52, (c) pH = 11.08　**13・5**　(a) 7.8×10^{-3} mol/L, (b) 2.6×10^{-12} mol/L, (c) 1.3×10^{-7} mol/L　**13・6** (a) pH = 2.24, (b) pH = 4.97　**13・7**　(a) $\alpha =$ 0.0467, (b) pH = 11.97　**13・8**　(a) 95.5 mL, (b) 91.2 mL　**13・9**　(b) と (c) が使用可能. (a) 塩ど うしの組合わせは緩衝剤にならない.　**13・10**　pH = 4.39

14 章

14・1　(a) 酸化剤: $MnO_4^- + 8H^+ + 5e^- \rightarrow Mn^{2+} + 4H_2O$, 還元剤: $Fe^{2+} \rightarrow Fe^{3+} + e^-$, (b) 全イオン反応式: $MnO_4^- + 5Fe^{2+} + 8H^+ \rightarrow Mn^{2+} + 5Fe^{3+} + 4H_2O$　**14・2**　$Ni(s) + Cu^{2+}(aq) \rightarrow Ni^{2+}(aq) + Cu(s)$

索　引

小澤文幸
<small>お ざわ ふみ ゆき</small>

1954 年 新潟県に生まれる
1976 年 東京都立大学工学部 卒
1978 年 東京工業大学大学院修士課程 修了
京都大学名誉教授
専攻 有機遷移金属化学, 分子触媒化学
工 学 博 士

第 1 版 第 1 刷 2020 年 1 月 17 日 発行

バージ
トリーセン 化 学 入 門

訳　者　　小　澤　文　幸
発 行 者　　住　田　六　連
発　行　　株式会社 東京化学同人
東京都文京区千石 3 丁目 36-7 (〒112-0011)
電話 (03) 3946-5311・FAX (03) 3946-5317
URL: http://www.tkd-pbl.com/

印刷・製本　新日本印刷株式会社

ISBN 978-4-8079-0982-7　Printed in Japan

基 礎 物 理 定 数

電子の質量	$m_e = 9.109\,383\,56(11) \times 10^{-31}\,\mathrm{kg}$
陽子の質量	$m_p = 1.672\,621\,898(21) \times 10^{-27}\,\mathrm{kg}$
中性子の質量	$m_n = 1.674\,927\,472(21) \times 10^{-27}\,\mathrm{kg}$
電気素量	$e = 1.602\,176\,634 \times 10^{-19}\,\mathrm{C}$ （定義値）
統一原子質量単位	$u = 1.660\,539\,040(20) \times 10^{-27}\,\mathrm{kg}$
気体定数	$R = 8.314\,462\,618\,\mathrm{J\,mol^{-1}\,K^{-1}}$ （定義値）
理想気体のモル体積	$V_0 = 22.413\,969\,54\,\mathrm{L\,mol^{-1}}$ （1 atm, 273.15 K, 定義値）
	$V_0 = 22.710\,954\,64\,\mathrm{L\,mol^{-1}}$ （10^5 Pa, 273.15 K, 定義値）
アボガドロ定数	$N_A = 6.022\,140\,76 \times 10^{23}\,\mathrm{mol^{-1}}$ （定義値）
真空中の光速度	$c = 2.997\,924\,58 \times 10^8\,\mathrm{m\,s^{-1}}$ （定義値）
プランク定数	$h = 6.626\,070\,15 \times 10^{-34}\,\mathrm{J\,s}$ （定義値）
ファラデー定数	$F = 9.648\,533\,289(59) \times 10^4\,\mathrm{C\,mol^{-1}}$
ボルツマン定数	$k_B = 1.380\,649 \times 10^{-23}\,\mathrm{J\,K^{-1}}$ （定義値）